知识产权实务丛书

专利分析运用实务

主　编　董新蕊　朱振宇

副主编　谭　凯　李　梁　李德堂

参　编　丁亚非　郭　锋　汪　勇

　　　　曹建飞

国防工业出版社

·北京·

内 容 简 介

本书以专利分析整套流程为主线，以专利分析方法的应用和创新为重点，梳理出专利分析的基础性流程，包括技术分解、数据检索、数据处理、数据分析、图表制作、报告撰写、信息挖掘、信息扩展、案例分析等内容。本书条理清楚，难易适合，理论和案例兼备，为专利分析所必备基础知识的集成。本书为专利分析的入门人士提供实务参考，为专利信息利用人员提供学术参照，对专利分析基础用多层次、多视角的专利分析方法进行了详细的描述和深入的分析。

为了方便读者阅读，在书中加入了二维码链接，利用智能手机的扫一扫功能，可即刻呈现资源链接的相关内容。

本书适用于专利分析入门者，政府和企事业部门的科技管理者和战略规划者、专利分析情报工作人员、高校和研究院所的科技信息研究人员、相关专业的大学生。

图书在版编目（CIP）数据

专利分析运用实务／董新蕊，朱振宇主编 . —北京：
国防工业出版社，2016.6
（知识产权实务丛书）
ISBN 978 - 7 - 118 - 10929 - 0

Ⅰ. ①专…　Ⅱ. ①董…　②朱…　Ⅲ. ①专利—分析
Ⅳ. ①G306

中国版本图书馆 CIP 数据核字（2016）第 138234 号

※

*国防工业出版社*出版发行
（北京市海淀区紫竹院南路 23 号　邮政编码 100048）
北京嘉恒彩色印刷有限公司
新华书店经售

*

开本 710×1000　1/16　印张 17½　字数 268 千字
2016 年 6 月第 1 版第 1 次印刷　印数 1—3000 册　定价 68.00 元

（本书如有印装错误，我社负责调换）

国防书店：（010）88540777　　　发行邮购：（010）88540776
发行传真：（010）88540755　　　发行业务：（010）88540717

《知识产权实务丛书》编委会

王活涛　深圳峰创智诚科技有限公司 CEO

薛　丹　国家知识产权局人事司副司长

姚　坤　国家工商行政管理总局商标审查协作中心副主任

杨　立　北京轻创知识产权公司总经理

曾学东　重庆市知识产权局副局长

张　平　北京大学知识产权学院常务副院长，教授、博士生
　　　　导师

赵　杰　比亚迪股份有限公司知识产权高级经理

郑友德　华中科技大学法学院教授、博士生导师

朱雪忠　同济大学知识产权学院院长，教授、博士生导师

朱谢群　深圳大学法学院教授

总主编：袁　杰

副总主编：苏　平　薛　丹

编务办公室主任：胡海容　高小景　颜　冲

编务成员：黄光辉　穆丽丽　何培育　王烈琦
　　　　　　张　婷　覃　伟　邓　洁　郭　亮

《知识产权实务丛书》总序

中国知识产权制度的百年史，是一个从"逼我所用"到"为我所用"的法律变迁史，也是一个从被动移植到主动创制的政策发展史。从清朝末年到民国政府的50年时间里，我国知识产权制度始终处于"被动性接受"状态。自中华人民共和国成立以来，长达30年间则处于"法律虚无主义"阶段，知识产权尚无法律形式可言；至20世纪80年代以来，中国开始了知识产权立法进程，在极短的时间内创建了比较完整的知识产权法律体系。然而，这一时期的知识产权立法既有对外开放政策的内在驱使，同时也有外来经济和政治压力的影响，因此具有被动的特点和一定的功利色彩。进入新千年后，特别是《国家知识产权战略纲要》颁布实施以来，中国知识产权制度建设进入了战略主动期，即根据自身发展需要，通过知识产权制度创新去推动和保障知识创新，从而实现了由"逼我所用"到"为我所用"的制度跨越。

当前，我国经济发展进入新常态，实施创新驱动发展战略成为时代主题，创新已经成为引领发展的第一动力。知识产权制度既是创新活动激励之法，也是产业发展促进之法。可以认为，创新驱动发展战略的核心内容就是要实施国家知识产权战略，助推创新发展。中共中央《关于全面深化改革若干重大问题的决定》强调"加强知识产权运用和保护"，表明了影响我国当前创新发展的两大关键节点，也指出了未来知识产权战略实施的重要攻坚难点。这即是说，知识产权的有效运用，是创新发展的基本路径；知识产权的有力保护，是创新发展的基本保障。经济发展的新常态带来知识产权事业的新常态，知识产权学人要认识新常态、适应新常态、引领新常态。

伴随着中国知识产权事业的进步，我国的知识产权研究在三十余年间也经历了起步、发展到逐步繁荣的阶段。知识产权学者在知识产权的基础理论、制度规范和法律应用等方面积累了丰硕的研究成果，这也为我国知识产权的制度完善和战略实施提供了足够的理论支撑。然而，知识产权是一门实践性很强的学科。因此，知识产权问题的研究不应仅仅满足于学理研究，而且要坚持问题导向，回应现实需求，注重应用研究。我国的知识产权应用研究相对薄弱，知识产权文化普及还缺乏新的抓手，这显然不能满足当前知识产权事业发展的需要。我们十分欣喜地看到，在国家知识产权局人事司的支持下，重庆市知识产权局、国家知识产权培训（重庆）基地、重庆理工大学重庆知识产权学院组织编纂了《知识产权实务丛书》，可谓恰逢其时，正应其需。该丛书具有以下几个特点：一是以知识产权实务操作为核心，理论联系实际，并重在实践和具体操作，因而非常契合加强知识产权运用和保护的战略需求；二是编写人员采用"混搭"的方式，既有从事知识产权理论研究和教学的高校教师，也有具备丰富实践经验的律师、知识产权代理人、企业知识产权管理人员和专利审查员等实务专家；三是丛书既涉及知识产权申请、保护、分析、运营以及风险管理等具有普遍适用性的主题，同时也有晶型药物等特定领域的研究成果；四是从案例出发，以案说法，以事喻理，以经验示范，使所述内容颇具可读性。因此，这是一套适合知识产权从业者阅读的专业书籍，更是适合普通公民了解知识产权知识、运用知识产权制度的科普性读物，它使知识产权走下"神坛"，为公众所能知、能用。这对于普及知识产权文化，增强知识产权意识有所裨益。

　　值此丛书出版之际，谨以此文为序。

吴汉东①

2015 年 11 月 30 日于武汉

————————

　　①　本序作者为教育部社会科学委员会法学学部委员、国家知识产权战略专家、中南财经政法大学文澜资深教授、知识产权研究中心主任.

前　言

品味专利分析之美

中央电视台《舌尖上的中国》系列节目的热播，往往裹挟着人们汹涌的口水闪亮登场。作为《舌尖上的中国》的发烧友，作者在甘之若饴欣赏此片的同时，也深深地感到它本质上并不仅仅是一部美食纪录片，而是通过美食折射出中国人传统的生活哲学。这其中蕴涵着对生活的热爱，感受着对信仰的执着，体会着对自然的敬畏，领略着对辛劳的豁达，品味着对苦难的坚忍，弥漫着对乡愁的眷恋。在这里，美食不是最终目的，而是一种手段，其中被赋予了太多历史的味道、记忆的味道、故乡的味道、人情的味道。才下舌尖，又上心头。透过《舌尖上的中国》，如何发现其中蕴藏的专利分析之道，完成一份完美的专利分析报告"美味"，值得我们思考。

自然的馈赠，选择合适的专利数据库。大自然赐予我们丰富的美食原材料，专利数据库赋予专利分析最宝贵的信息资源，因为专利文献记载了世界上最新、最全面的技术信息情报，据世界知识产权组织报道，世界上发明成果的70%～90%首先在专利文献中公开。面对专利信息数据库这个无比巨大的"原材料资源"，专利分析师（厨师）根据不同的检索目的（菜系、食客、时节）确定检索目标（菜单），通过技术信息检索、新颖性检索、法律状态检索、同族检索、申请人检索、发明人检索等专利检索方式获得定向数据分析所需的基础数据（完成原材料采购）。厨师利用自己的高超厨艺，通过煎炸烹炒令原材料变成饕餮美食，专利分析师则要利用不同专利分析手段将原始的专利信息从量变到质变，转变成更有针对性、更有价值的专利情报大餐。

心传的火候，检索分析收放自如。烹饪时，火候的把握需要根据原材料的性质和炉火的大小来判断。专利检索时，数据的准确性和效率之间的合理协调就是"检索火候"把控。专利数据分析属于小数据分析范畴，因此首先必须保证检索数据的查全查准，基于分析研究模型误差允许的范围调整误差，直至符合终止检索标准。专利分析时，分析深度广度和用户需求之间的有机平衡就是"分析火候"的拿捏。从用户的价值出发，基于对产品、对用户的了解用心做专利分析，如同根据食客或浓或淡的口味喜好为其量身定做美食一样，在用户满意的基础上还要有意想不到的创意和建议作为专利分析报告的"赠菜"，而赠送的配菜风头切忌盖过主菜——用户的真实需求，以免主次颠倒。

厨房的秘密，专利分析工具宁精勿滥。"工欲善其事，必先利其器"，西餐厨房刀具包括平刀片、直刀片、拉刀片、推拉刀、反刀片、斜刀片等各种专用刀具。中餐厨房的秘密在于厨师追求"一刀一生"，用刀讲究力透腕指、气贯刀尖；中餐厨师能够一刀多用，砍、切、剁、推、拍、拉、抖样样精通。专利分析师将采集后的专利数据清理后，并将数据加工汇总，利用相关数据分析软件进行专利数据分析。专利分析过程中固然可以使用多种分析工具，但是应当将重点聚焦于目标的实现而不是过程，如好的专利分析师数据提取之后仅用 Excel 软件便能基本完成所有专利数据统计。所以说专利分析工具只是一种实现手段而已，分析过程中不应过度依赖于专利分析工具。

转化的灵感，专利分析需透过表面看本质。大豆富含蛋白，但是直接食用不利于消化，大豆加水磨制成豆浆，豆浆加石膏转为豆腐，低温下豆腐变成冻豆腐，高温下豆腐在有益菌的帮助下发酵成为毛豆腐，毛豆腐继续转化变成臭豆腐。好的厨师能够利用一种食材，合理地利用其转化制作不同风格的美味食品（如乐山豆花、麻婆豆腐、大烫干丝、油煎毛豆腐、安徽臭豆腐，等等）。专利数据转化也一样，在尊重事实强调逻辑的基础上，面对千头万绪的复杂数据和专利信息能够像"庖丁解牛"一样分解开来。除了以"数"为"据"还原行业的专利真实情况外，还要熟悉企业运营流程，掌握各业务模块的基础知识，用 PEST 方法分析各种外部条件，才能透过冰冷的专利数据表面解读专利数据变化之后的管理和运营策略，做出的报告才能更接地气。

秀色亦可餐，用心感受报告图表之美。美食讲究色香味俱全，"色"排美食之首位，可见菜品之重要。风雨兼程为那舌尖美食时，却意外收尽旖旎迷人风光，因为秀色可餐，粗茶淡饭亦能悄然变成珍馐美食。专利分析中用心制作数据图表，透过图表看数据，用色彩丰富、清晰简明的图表代替大量堆砌的文字和数字，让读者以愉悦的心情去阅读相对枯燥的数据分析报告，有助于读者更形象直观地看清问题，也有助于让专利分析的结果更深入人心。

五味的调和，造就丰满的专利分析报告。烹小鲜讲究酸甜苦辣咸的五味调和，这样才能展现美食的愉悦鼻腔、美味味蕾、色彩感官的最佳效果。专利分析报告也要讲究五味调和的搭配，以保证分析报告可读性要强。整个报告要贯穿"盐焗鸡"一样以咸为主的分析主线，点缀"糖水桂花梨"一样以甜为主令人兴奋的分析结论，找出"糖醋菠萝排骨"一样酸甜可口开胃生津的重要专利，坚持"重庆麻辣火锅"一样犀利热辣的观点，重视"凉拌苦瓜"一样追求苦尽甘来的问题发现与解决思路。

最简单也最困难的是分析结论。正像庾澄庆歌里唱的那样："蛋炒饭，最简单也最困难，中国五千年做饭的艺术就在这一盘。"专利分析报告的结论也一样，既要简练明了，又要概括准确，还要建议中肯，最好提供可选的解决方案。美食需要尊重食材的本味，专利分析结论则要真实反映分析结果。另外还要能够充分解读数据分析的结果，并且能够发现其中的机会或问题，即使在不完备的信息和数据中也能洞察数据背后的问题和关联，并尽可能给出多个解决方案供用户选择。

《舌尖上的中国》对于美食的探索永无止境，对于专利数据的分析方法探索也不会停息，只要专利分析师用热爱美食的心态去热爱专利数据分析，用唇齿咀嚼专利信息，用舌尖品味专利之美，就能用心感受专利分析之用。

本书以专利分析的整套流程为主线，以专利分析方法的基础性介绍和创新为切入点，梳理出专利分析的基础性流程，包括技术分解、数据处理、数据分析、图表制作，并囊括了竞争对手分析、企业链分析、战略挖掘、权利分析、布局分析等环节。

全书共15章，董新蕊，负责前期收集资料、搭建框架，独立撰写第5~6

章、第8~9章、第11章、第13~14章，参与撰写第1~4章，统筹全书统稿；朱振宇，负责搭建研究框架，负责全书统稿；谭凯，参与撰写第3~4章，参与全书统稿；李梁，独立撰写第7章和第10章；李德堂，参与撰写第3~4章；汪勇，独立撰写第12章；丁亚非，参与撰写第1~2章；郭锋，独立撰写第15章；曹建飞，参与撰写第3章。

本书旨在为专利分析入门者提供专利分析的流程参考和思路借鉴，既有理论指导，又有实务操作，可供政府、企事业部门的科技管理者和战略规划者作为入门级的参考工具书，也可为情报工作人员提供创意思路，还适合高校师生、研究院所的科技信息研究人员参考。

由于编写组能力有限，在编写过程中难免存在疏漏之处，恳请读者批评指正。

编　者

目　　录

第1章 专利分析的目的和意义

专利技术是生产力中最活跃、最先进的部分之一，专利制度的核心是保护发明创造、鼓励技术创新，其重要的作用是在法律保护下，加快专利技术的推广应用，促进社会进步和经济发展。从世界范围看，运用专利战略保护自己的知识产权，增强竞争优势已经是市场竞争中的重要手段，而作为制定、运用专利战略的基础和前提，专利信息分析是非常重要的。

另外，专利文献记载了世界上最新、最全面的技术信息情报，据世界知识产权组织报道，世界上发明成果的70% ~ 90%首先在专利文献中公开。专利信息分析就是从专利文献中采集专利信息，经过加工、整理、分析，形成专利竞争情报，为企业乃至国家的科技、产业发展战略服务。

1.1 专利分析的目的

由于专利信息分析的过程是通过使用各种定量或定性的分析方法，对大量杂乱的、孤立的专利信息进行分析，研究专利信息之间的关联性，挖掘深藏在大量信息中的客观事实真相，从而对特定技术、特定领域或者行业做出趋势预测、对竞争对手做跟踪研究等，从而生成指导国家、行业、企业生产和经营决策的重要情报。

因此，专利分析的目的就是对特定的问题，通过对杂乱、孤立的专利信息进行分析，转化成有价值的专利竞争情报，根据这一情报从专利的视角研判企业或国家在相关产业和技术领域的重点技术及技术发展方向、主要竞争对手的技术组合和技术投资动向，为企业乃至国家制定与总体发展战略相匹配的专利战略[①]。其目的主要表现在以下几个方面。

---

① 刘俊士. 专利分创造性分析原理 [M]. 北京：知识产权出版社，2012.

（1）进行专利分析为国家制定国家战略提供参考。对于国家重点技术，尤其是面临"走出去"的技术，如高铁、核电等，面临强大的国际竞争，通过进行专利分析，支持重点技术"走出去"，为国家制定战略提供帮助。

（2）进行专利分析以推行行业的专利战略，通过分析行业的背景、行业专利保护的现状和问题，提出推动行业发展的措施和建议。

（3）进行专利分析以推行区域的专利战略，通过分析某区域的专利信息，结合技术发展现状，提出推动区域发展的措施和建议。

（4）进行专利分析以促进企业、研究院所的技术开发，通过对大量现有专利信息的研究，找出技术发展的方向，推动专利的二次开发或者自主研发等方式，进行技术"回输"，促进技术快速发展，"弯道超车"般地赶超竞争对手。

（5）进行专利分析以帮助企业提高专利创造、运用、保护和经营管理的水平[1]。通过对企业技术的现状进行专利分析，使企业了解其技术发展的动向和趋势，了解竞争对手的技术情况，以做出专利布局，并充分利用专利信息的分析报告，帮助企业避免侵权纠纷，保护自身权益，对企业的研发、投资、收购等活动形成参考意见。

1.2　专利分析的意义

2015 年 12 月，国务院发布《国务院关于新形势下加快知识产权强国建设的若干意见》（国发【2015】71 号文），在第（六）项指出：建立重大经济活动知识产权评议制度。研究制定知识产权评议政策。完善知识产权评议工作指南，规范评议范围和程序。围绕国家重大产业规划、高技术领域重大投资项目等开展知识产权评议，建立国家科技计划知识产权目标评估制度，积极探索重大科技活动知识产权评议试点，建立重点领域知识产权评议报告发布制度，提高创新效率，降低产业发展风险。

《国务院关于新形势下加快知识产权强国建设的若干意见》中指出的专利评议即指专利分析。专利权作为一种商品化的权力，一种市场竞争手段，如果得到妥善有效

一扫拓展

---

① 杨林村.国家专利战略研究［M］.北京：知识产权出版社，2006.

的利用，将会给企业带来极大的经济效益。因此，对于企业而言，科学的进行企业的专利分析工作，通过专利分析制定企业的专利战略，对于提升自身产品的竞争能力，更好地占领和开拓市场等都具有重要的意义。

专利分析的意义主要表现在以下几个方面。

（1）通过专利分析制定企业专利战略是保护我国国内市场和振兴民族工业的重要举措。

（2）通过专利分析制定企业专利战略是我国企业开拓国际市场、获得可持续发展的需要。随着经济全球化和知识经济时代的到来，在市场竞争尤其是国际市场竞争日趋激烈的形势下，有计划地针对市场和竞争对手制定实施战略性的专利部署，专利信息分析无疑是企业在竞争中取得市场的重要措施。

（3）通过专利分析制定企业专利战略是我国企业有效地保护企业知识产权，防止无形资产流失的需要。专利作为财产已成为企业竞争的重要筹码，企业的许多科技成果通过专利进行保护，防止无形资产流失。

（4）通过专利分析制定企业专利战略还可以激励企业创新技术活力，是实现企业技术创新的重要保障。

（5）通过专利分析制定企业专利战略是解决企业专利与技术引进、专利与企业经营脱节，增强企业活力的重要手段。

（6）通过专利分析制定企业专利战略是落实我国专利战略推进工程的基础性工作，对于国家专利战略的实现具有重要的保障作用[①]。

1.3　专利分析人员具备的素质

"工欲善其事，必先利其器。"对于专利分析而言，武器包括专利分析人员、专利数据库、专利分析工具等，其中最利害的武器是专利分析人员，也称为专利分析师。

专利分析人员不同于一般的检索人员，专利分析人员除了具备熟练的检索技能外，还得具有分析能力，并且要熟悉有关的专利法律法规，能够判断是否侵权等。

---

① 杨利华，等. 企业制定专利战略的重大意义与原则探析［J］. 电子知识产权，2006，05.

　　首先，专利分析人员要掌握专利分析的理论基础，对相关技术有一个总括的了解和较为深入的思考，这是进行专利分析的基础。

　　其次，专利分析人员要掌握正确的专利分析方法，对专利信息进行定量分析和定性分析。定量分析又称为统计分析，主要是通过专利文献的外表特征来进行统计分析，也就是通过专利文献上著录项目，如申请日期、申请人、类别、申请国家等，来识别有关文献；然后将这些专利文献按有关指标，如专利数量、同族专利数量、专利引文数量等，来进行统计分析，并从技术和经济的角度对有关统计数据的变化进行解释，以取得动态发展趋势方面的情报。统计的主要内容有专利技术按时间的分布、空间的分布。定性分析是指通过专利说明书、权利要求、图纸等来识别专利，并按技术特征来归并有关专利并使其有序化，一般用来获得技术动向、企业动向、特定权利状况等方面的情报。如果专利内容以原理为主，说明这项技术尚未成熟；如果专利内容以用途的多样性为主，则说明技术已能实用；将某技术领域各主要公司的专利按专利内容列表分析可以看出各公司的技术特色及开发重点；将有关专利按技术内容异同分成各个专利群，对某一公司拥有的不同专利群或对不同时期专利群变化情况进行分析，可以对某项技术或产品发展过程中的关键问题、今后发展趋势及应用动向、与其他技术的关系等进行分析与预测。

　　最后，专利分析人员还需要熟练掌握专利法律法规，以便对专利权终止、复审、重新转让，专利有效性申诉，专利许可、合资、转让及专利诉讼等法律事项做出相应的分析并准确地予以判断。

第2章 专利分析的基础知识

2.1 专利分析相关的基本内容

2.1.1 专利文献的概念、内容及作用

1. 专利文献的概念

世界知识产权组织（WIPO）1988 年编写的《知识产权法教程》将专利文献定义为："专利文献是包含已经申请或被确认为发现、发明、实用新型和工业品外观设计的研究、设计、开发和试验成果的有关资料，以及保护发明人、专利所有人及工业品外观设计和实用新型注册证书持有人权利的有关资料的已出版或未出版的文件（或其摘要）的总称。"

2. 专利文献的内容

记录有关发明创造信息的文献。广义包括专利申请书、专利说明书、专利公报、专利检索工具以及与专利有关的一切资料；狭义仅指各国（地区）专利局出版的专利说明书或发明说明书。

专利说明书是属于各国专利机构出版的一种专利文件，是用于描述发明创造内容和限定专利保护范围的一种官方文件或其出版物。专利说明书是专利文献的主体，其主要作用一是公开技术信息，二是限定专利权的范围。任何专利信息用户在检索专利文献时，最终要获取的也是这种全文出版的专利文件。只有在专利说明书中才能找到申请专利的全部技术信息及准确的专利权保护范围的法律信息。

各国专利说明书的内容已逐渐趋于一致，并形成了固定的格式，一般由扉页、权利要求、说明书（及其附图）三部分组成。

1）扉页

扉页通常是指专利说明书的首页，还包括专利文献著录项目的后续页。其

上描述了每件专利的基本信息，使读者清晰、快速地获得每件专利的各项基本信息。

专利文献著录项目包括全部专利信息的特征，有表示专利法律信息的特征，如专利申请人（或专利权人）、申请日期、申请公开日期、公告日期、批准专利的授权日期等；有表示专利技术信息的特征，如发明创造的名称、发明技术内容的摘要，以及具有代表性的附图或化学公式等。对享有优先权的申请，还有优先权的申请日、申请号及申请国等相关内容。

2）权利要求

权利要求以科学术语定义该专利或专利申请所给予的保护范围。它是申请专利的核心，也是确定专利保护范围的重要法律文件。它们不论在专利申请还是专利诉讼中都起着最关键的作用。权利要求应该记载发明或者实用新型的技术特征，技术特征可以是构成发明或实用新型技术方案的组成要素，也可以是要素之间的相互关系。

（1）权利要求的类型。按照性质划分，权利要求有两种基本类型，即物的权利要求和活动的权利要求，或者简单地称为产品权利要求和方法权利要求。第一种基本类型的权利要求包括人类技术生产的物（产品、设备）；第二种基本类型的权利要求包括有时间过程要素的活动（方法、用途）。属于物的权利要求有物品、物质、材料、工具、装置、设备等权利要求；属于活动的权利要求有制造方法、使用方法、通信方法、处理方法以及将产品用于特定用途的方法等权利要求。

独立权利要求应当从整体上反映发明或者实用新型的技术方案，记载解决技术问题的必要技术特征。在一件专利申请的权利要求中，独立权利要求所限定的一项发明或者实用新型的保护范围最宽。如果一项权利要求包含另一项同类型权利要求中的所有技术特征，且对该另一项权利要求的技术方案做了进一步的限定，则该权利要求为从属权利要求。

（2）权利要求应当满足的要求。权利要求书应当以说明书为依据，清楚、简要地限定要求专利保护的范围。权利要求书应当以说明书为依据，是指权利要求应该得到说明书的支持。权利要求书中的每一项权利要求所要求保护的技术方案应该是所属技术领域的技术人员能够从说明书充分公开的内容中得到或概括得出的技术方案，并且不得超出说明书公开的范围。

权利要求书是否清楚，对于确定发明或者实用新型要求保护的范围是极为重要的。权利要求书应清楚，一是指每一项权利要求应清楚，二是指构成权利要求书的所有权利要求作为一个整体也应清楚。

权利要求书应简要，一是指每一项权利要求应简要，二是指构成权利要求书的所有权利要求作为一个整体也应简要。

（3）权利要求的撰写规定。发明或者实用新型的独立权利要求应包括前序部分和特征部分，按照下列规定撰写：前序部分应写明要求保护的发明或者实用新型技术方案的主题名称和发明或者实用新型主题与最接近的现有技术共有的必要技术特征；特征部分应使用"其特征是"或者类似的用语，写明发明或者实用新型区别于最接近的现有技术的技术特征，这些特征和前序部分写明的特征合在一起，限定发明或者实用新型要求保护的范围。

发明或者实用新型的从属权利要求应包括引用部分和限定部分，按照下列规定撰写：引用部分应写明引用的权利要求的编号及其主题名称；限定部分应写明发明或者实用新型附加的技术特征。

3）说明书及其附图

（1）说明书。说明书是用于对发明创造全部技术方案进行解释和说明的文件。它是一件发明或者实用新型专利申请必须有的，并且应对发明或实用新型做出清楚、完整的说明，以所属技术领域的技术人员能够实现为准。说明书内容清楚，具体应主题明确和表述清楚，完整的说明书应包括有关理解、实现发明或者实用新型所需的全部技术内容。所属技术领域的技术人员能够实现，是指所属技术领域的技术人员按照说明书记载的内容，就能够实现发明或者实用新型的技术方案，解决其技术问题，并且产生预期的技术效果。

说明书应写明发明或者实用新型的名称，并且应包括以下组成部分：技术领域、背景技术、发明或者实用新型内容、附图说明和具体实施方式。

技术领域应写明要求保护的技术方案所属的技术领域；背景技术应写明对发明或者实用新型的理解、检索、审查有用的背景技术；有可能的，并引证反映这些背景技术的文件；发明或者实用新型内容应写明发明或者实用新型所要解决的技术问题以及解决其技术问题采用的技术方案，并对照现有技术写明发明或者实用新型的有益效果；附图说明是指说明书有附图的，应对各幅附图做简略说明；具体实施方式应详细写明申请人认为实现发明或者实用新型的优选方式；必要时，举例说明；有附图的，对照附图说明。

（2）说明书附图。附图是说明书的一个组成部分。附图的作用在于用图形补充说明书文字部分的描述，使人能够直观地、形象化地理解发明或者实用新型的每个技术特征和整体技术方案。对于机械和电学技术领域中的专利申请，说明书附图的作用尤其明显。因此，说明书附图应该清楚地反映对发明专利申请，用文字足以清楚、完整地描述其技术方案的，可以没有附图。实用新型专利申请的说明书必须有附图。

4）检索报告

专利检索报告是各国专利机构通过对专利申请所涉及的技术方案对现有技术开展检索，记载检索的结果，特别是记载构成相关现有技术的文件。

目前，出版附有检索报告的专利文件的国家或组织包括欧洲专利局、世界知识产权组织国际局、英国专利局和法国工业产权局等。

通常，检索报告中采用符号来表示对比文件与发明创造主题的关系，以下列出了几个常见的符号。

X：仅考虑该文献，权利要求所记载的发明不能被认为具有新颖性或创造性。

Y：当该文献与另一篇或多篇此类文献结合，并且这种结合对于本领域技术人员是显而易见，权利要求所记载的发明不能认为具有创造性。

A：一般现有技术文文献，无特别相关性。

D：由申请人在申请中引证的文献，该文献是在检索过程中要参考的，代码"D"应始终与一个表示引证文献相关性的类型相随。

E：PCT细则33条1（c）中确定的在先专利文献，但是在国际申请日当天或之后公布的。

O：涉及的口头公开、使用、展出或其他方式公开的文献。

P：申请日前公布的文献（在PCT申请的情况下，即国际申请日），但其公布日迟于申请中所要求的优先权日，代码"P"始终与"X""Y"或"A"类型之一相随。

T：在申请日（在PCT申请的情况下，即国际申请日）或优先权日后公布的文献，它与申请不抵触，但引证它是为了理解构成发明的原理或理论。

3. 专利文献的作用

专利文献是专利制度的产物，同时又是专利制度的重要基础，是专利制度的两大功能即法律保护和技术公开的集中体现。专利文献在专利制度中的作用主要体现在以下三个方面。

1）传播专利信息，促进技术进步

专利制度的根本目的是推动科学技术的进步，这一根本目的是通过在法律保护下公开通报新的发明创造体现出来的。公开通报新发明创造的媒介就是专利文献。因此，只有连续不断公开、出版新的专利文献，以促进发明创造技术的传播，才能体现专利制度的根本目的和基本作用。

专利是人类智慧的结晶，专利文献就是这种结晶的宝库。每一项发明创造都使技术向前迈进了一步，同时又成为新技术发展的一个起点。而在经济快速发展的今天，可以利用专利文献传播发明创造、快速准确地获取专利信息，通过消化、吸收、再次创新并形成自主知识产权。特别在我国这样的发展中国家，为了实现科技迅速进步，必须充分认识到专利文献对促进科技进步中的作用，利用后发优势，实现跨越式发展。

2）实施专利保护的依据

专利制度是以技术公开为条件，依法给予发明创造以法律保护。在经济活动中，我们既要善于创新和保护自己的知识产权，又要善于规避侵犯他人知识产权的侵权指控。通常，在申请专利之前开展专利信息检索，分析申请的主题是否具有专利性和确定保护范围的合适性，可以大大降低申请的风险，提高能够专利申请的获得授权的可能性以及专利申请的稳定性。

一旦涉及专利侵权纠纷，无论是侵权方还是专利权人，在诉讼过程中均得通过有效的专利信息检索和分析，从专利文献数据库中寻求有效的专利文献作为证据来主张自己的权利。因此，在各种侵权纠纷中，专利文献均是实施专利保护的依据。

3）为经济、贸易活动提供参考信息

随着我国经济水平的日益发展，我国政府机构在制定宏观科技发展规划过程中越来越重视专利文献的作用，通过系统、全面地对国内外专利文献开展统计分析与研究工作，根据需要对国内外专利文献中的技术信息，法律信息以及相关的经济信息进行收集、分析、归纳和总结，使得各级政府、企业和学校能够系统和全面的了解与掌握各个特定领域的专利分布情况、专利动态以及发展趋势。

因而，有效的专利信息检索可以为政府科学制定科技发展规划提供决策基础，为企业发展提供信息支撑，为企业制定战略决策提供确实可行的有效依据，可以避免学校科研的重复研发，提高科研开发的起点和水平，避免学校大量的人力、财力和物力的浪费。

2.1.2 专利分析的概念及其目的

1. 专利分析的概念

专利信息是指以专利文献作为主要内容或以专利文献为依据，经分解、加工、标引、统计、分析、整合和转化等信息化手段处理，并通过各种信息化方式传播而形成的与专利有关的各种信息的总称。专利信息的内容涵盖了技术信息、法律信息和经济信息。

专利分析是对专利信息进行分析、加工、组合，并利用统计学方法和技巧使这些信息转化为具有总揽全局及预测功能的竞争情报，从而为企业的技术、产品及服务开发中的决策提供参考。也就是说，专利信息是情报，而专利情报是产品，专利分析可以理解为由专利信息获得专利情报的理论和方法。

2. 专利分析的目的

专利分析可以用于比较、评估不同国家或企业之间的技术创新情况、技术发展现状，以及跟踪和预测技术发展趋势，并以此为科学发展政策，尤其是专利战略的制定提供决策依据。

专利分析在不断向经济、社会各个方面扩展和延伸，其应用领域非常宽广。在现阶段，专利分析的目的主要体现在以下几个方面。

1）分析各行业专利技术现状及其发展趋势

通过专利分析可以更加准确及时地了解所属行业的发展状况和发展趋势，通过监测国内外某行业的专利数量和专利发展方向，可以预测市场的发展趋势。专利分析由于是采用准确的数据手段，往往比市场调查具有更加准确的预见性。

2）分析具体技术领域的专利空白区并实施专利预警

通过了解具体技术领域的专利分布状况，分析相关的专利布局，为本企业的专利布局提供参考资料。找出具体技术领域的专利雷区，为企业专利预警服务。对于具有核心技术专利的企业，进行核心专利分析，及时准确地调整本企业的专利布局战略。

3）分析相关企业的技术实力以及市场发展方向

此分析的目的主要是掌握对本企业的发展有影响的竞争对手的情况。通过分析相关企业的各项专利信息，可以准确了解相关企业在整个行业中所处的技术地位；通过分析相关企业在某个技术方向的专利申请情况，可以准确地了解相关企业的市场重点及市场转移趋势，准确推断出其技术、市场的国际化发展战略。通过对竞争对手的专利分析，可以合理确定企业的市场竞争策略。

2.2 专利分析研究的基本流程

专利分析研究的基本流程通常包括分析准备、数据采集处理、专利分析和报告形成及利用四个阶段。每个阶段都包括多个环节，如分析准备阶段包括成立分析课题组、制定工作计划、技术及行业调研和技术项目分解等环节，其中有些环节还进一步包括多个具体步骤。有些分析研究项目，需要在项目实施的中期开展中期评估，评估后，可能需要对分析方向以及某些环节进行调整。在分析实施的过程中，课题组还需将内部质量的控制和管理贯穿始终。

2.2.1 分析准备阶段

在分析准备阶段的主要工作环节包括完成立分析课题组、制定工作计划、了解技术及行业现状和技术项目分解等，其中开题评议是对课题准备阶段工作成果的阶段性评价。

1. 成立分析课题组

根据分析课题要求，选择相应人员组建课题组。组建课题组是对课题研究管理和成果获得的关键，课题组人员选择得是否恰当是决定课题研究质量的关键因素。成立课题组还要注意课题组的人员构成、课题组成员的职责、课题目标定位及成员能力要求。课题组成员通常包括以下几类人员。

1）课题组织者或联系人

课题组织者或联系人负责课题整个流程的组织、管理和协调。确定各个课题组成员的工作任务和职责，合理分工和分配资源；组织课题组成员研究分析目标并且制定工作计划，确保课题按计划顺利开展；负责课题研究中的业务研讨和审核各阶段文件质量；负责课题报告的统稿工作等。

2）课题分析人员

课题分析人员负责课题主要章节的撰写工作，是课题的主要撰写人，参与课题调研和项目分解等工作并负责制定检索式，对专利文献进行检索、标引、分析和筛选，撰写课题分析报告等。

3）课题咨询专家

课题咨询专家负责课题专业技术领域的工作，对课题中的相关技术问题提供支持，对课题的技术分解提供专家意见，课题咨询专家的来源既可以包括企业，也可以包括科研院所和高等院校。

2. 制定工作计划

制定工作计划是在课题组成立后开始的一个重要环节，工作计划制定得好坏会影响到分析课题的顺利开展。工作计划书是课题正式开始的书面文件，内容可以对整个课题的开展进行全盘规划，其重点是对课题开展的时间、任务以及经费管理等进行安排。工作计划在执行中可以根据实际发生情况进行适当调整，但整体要求应该相对明确，对于主要任务完成的时间节点的控制和管理应当清晰。

3. 了解技术及行业现状

了解技术和行业现状是分析准备阶段的重要环节之一，该工作的成果会对后续的技术项目分解产生直接的影响，进而对整个课题的分析结果产生较大的影响。通常了解技术及行业现状的手段包括相关文献的收集以及技术和市场调研。其中，相关文献的收集包括收集专利技术文献以及非专利文献。在对相关文献收集整理的基础上，还可开展技术和市场调研，通过现场调研并与相关行业的技术专家和产业专利深入座谈，可进一步加深对技术和市场现状的熟悉程度，对于形成符合行业和技术特点的技术分解起到至关重要的作用。

4. 技术分解

技术分解是课题分析阶段的重要工作之一，准确的技术分解可以为后续专利检索和分析提供科学的、多样化的数据支撑。

1）技术分解的重要性

尽管《国际专利分类表》（IPC）已经对专利信息进行了分类，便于审查员迅速有效地从庞大的专利文献中检索到所需的技术和法律信息，但是这样的分类体系并不能充分满足技术项目分解的需要，因为技术项目分解一方面要依据行业内技术分类的习惯，同时也要兼顾专利检索的特定需求以及课题所确定的分析目标的需求，使得分解后的技术重点既反映产业的发展方向又便于检索操作。因此，技术项目分解对于后续的专利检索和分析，以及科学性地得到分析结果起着不可或缺的作用。

2）技术分解的基本原则

一般情况下，在考虑专利分类以及行业习惯的基础上，技术项目可以按照技术特征、工艺流程、产品或者用途等进行分解。通常可以采取行业内技术分类为主、专利分类为辅同时兼顾分析课题需求的基本原则进行分解。

通常而言，一个行业从其产生、发展乃至形成规模必然会形成该行业相对成熟的行业规范或者标准。而以行业内技术分类为主，可以从客观上把握技术的实质以及技术发展演变的脉络，便于课题分析的报告更贴近行业内技术发展的现状以及趋势，使得课题报告对于应用者而言，即企业、高校或研究所等课题应用机构更具有实际意义。

而现有的国际以及各个国家的分类体系的最终目的是便于审查员在最短的时间内从专利文献中检索到相关的现有技术，这与专利分析课题的目的是截然不同的。专利分类体系与行业常使用的技术分类会存在差异，因此采用行业分类为主、专利分类为辅的原则是比较恰当的。

通常情况下，课题的技术分解要遵循上述原则，但是在特定情况下，课题的技术分解还需要兼顾课题的实际需求。在涉及某些特定技术领域或者在行业分类尚不明确的情况下，遵循专利分类优先的原则可能更有利于项目分解的准确性。

2.2.2　数据采集处理阶段

数据采集处理阶段是在前面阶段的基础上，按照分析目标的特点，开展专利数据的采集和处理，该阶段主要的工作包括数据检索和数据加工处理两个环节。其中每个环节还包括多个步骤，例如数据检索环节包括数据库选择、初步检索、补充检索、数据去噪和检索结果确定等步骤。

1. 数据检索

1）数据库选择

数据库的选择应当由熟悉检索技术和数据库特点的课题人员确定，应当充分考虑分析需要的项目和可能的分析维度后确定，应当包括多个互为补充的数据库。通常情况下，可以将项目的分析目标、数据库收录文献特点、数据库提供的检索字段等方面作为选择数据库的依据。

2）初步检索

确定数据库后进行初步检索，通过制定初步检索式获得初步检索结果，初步检索式应该尽可能考虑全面。

3）补充检索

在初步检索结果的基础上，仔细分析初步检索结果，考虑初步检索结果是否遗漏，如果存在遗漏则开展补充检索。

4）数据去噪

在对照分析初步检索和补充检索的检索式基础上，进一步详细分析补充检索获得的结果，对查全率和查准率进行评估，去掉一些不必要的噪声。

5）检索结果确定

最后，确定检索结果后下载最终检索结果，形成专利分析的原始数据。在原始数据的基础上开展后续环节。

2. 数据加工处理

数据检索完成之后，应当依据技术分解后的技术内容对采集的数据进行加工整理，形成分析样本数据库。数据加工处理主要包括数据转换、数据清洗和数据标引等环节。

1）数据转换

数据转换是数据加工的首要步骤，这是由于检索数据库导出的数据格式不同，要进行统一标引和统计，就要进行数据表示格式的转换，将检索到的原始数据转化为统一的、可操作的和便于统计分析的格式。

2）数据清洗

数据清洗包括数据规范和重复专利两种清洗模式。数据规范是指规范不同数据库来源的数据结果在著录项目、数据库标引和表示方式的不同。重复专利是指不同数据库中会存在同一目标专利以及同族专利造成的数量重复情况，要根据去重原则进行数据的精简。

3）数据标引

数据标引就是根据不同的分析目标，利用软件或者人工方式在清洗之后的数据中加入相应的规范性的标引，从而为下一步的分析提供特定的数据项。其中规范性的标引包括著录项目标引和技术内容标引，著录项目标引是在数据库著录项目基础上确定的，技术内容标引是在技术分解表的基础上根据项目特点确定的。

3. 专利分析阶段

专利分析阶段的主要工作是在已经加工处理的数据的基础上，按照分析目标的要求，对这些数据开展深入分析，该阶段的工作环节主要包括选择分析方法、选取分析工具和实施专利数据分析3个环节。

1）选择分析方法

专利分析首先应当确定分析方法，即需要分析的维度和分析内容，这是专利分析目标实现的关键。专利分析的基本方法主要包括专利技术发展趋势分析、地域分析、竞争对手分析、核心技术或核心专利分析和其他分析，这些内容将在后续章节中详细描述。

2）选取分析工具

在确定好分析方法后，根据分析方法的需要选择分析工具。专利分析工具的作用在于，将检索得到的数据项进行处理以输出可利用的图表或可用于制作图表的数据。分析工具的选择应当考虑数据提点和分析目标实现的要求。目前，常用的专利分析工具包括PIAS专利信息分析系统、Patentics专利搜索分析工具、TDA分析系统、微软表格处理工具Excel、东方灵盾专利分析系统、大为专利分析系统等，在下面的章节中将对其中几个主要的专利分析工具详细介绍。

3）实施专利数据分析

选择分析工具后，就可运用分析工具对分析数据开展统计分析。专利数据分析阶段的主要任务在于对分析样本数据进行技术处理和分析解读，主要包括生成统计图表、解读统计图表两个环节。

（1）生成统计图表。

对检索、去重、标引后的数据开展统计，借助分析软件对数据进行分析，生成统计图表，通过图表相对直观地获取分析结果，因此数据统计是图表制作之前的必要环节。图表是传递信息的一种重要形式，清晰有效的图表能帮助分析者或阅读者更直观、更快速地传递或者了解信息。分析图表选择时应当遵循服务于主题、信息量适度、图表与文字相融的原则。同时还要考虑图表综合运用，通过图表结合，全面反映一个主题的整体及各个方面的信息。

（2）解读统计图表。

通过统计图表相对直观地获取分析结果，专利分析阶段最重要的工作是解读专利分析内容和图表，图表只是表现形式，对图表的解读才是形成专利分析结论的关键所在。只有在对图表所传递的信息作出全面、准确地解读的前提下，才能够做进一步的分析，进而得出结论。

解读包括阅读和解释两个步骤。图表的解读并不是仅仅重复图表中直接的信息，而是需要以这些可直接获知的信息为基础，深入发掘这些信息的深层含义，并要对这些信息所展示的现象实施进一步的解释。

4. 报告形成和推广阶段

专利分析报告是专利分析工作最重要的成果，是课题组研究成果的价值体现，这个阶段的主要工作环节包括完成专利分析报告初稿、修改完善报告、报告定稿和成果推广。

在初稿完成后，组织课题专家和行业专家开展座谈讨论。课题组应充分听取和借鉴相关专家学者的意见，据此对报告修改完善。课题报告经过充分修改后，可以形成课题报告定稿。课题评审通过后，可根据行业和技术领域情况进行成果推广。成果推广可以采取多种形式，既可以将课题报告形成公开出版物发行，也可以采用开展宣讲的形式，以此促进行业技术发展和提高行业专利分析水平。

第3章 专利分析的常用分析工具

专利分析是指对来自专利说明书和专利公报中大量的、个别的、零碎的专利信息进行加工及组合，并利用统计手段或技术分析方法使这些信息成为具有总揽全局及预测功能的专利信息的一项分析工作。换句话说，专利分析是将纷繁复杂的专利信息按照不同的指标通过不同的角度来进行整合分析，从而获取对国家、地区或企业有价值的整体性/局部的深层次信息。

随着时代的发展，技术创新步伐的加快，专利申请数量快速增加。随着信息技术的发展，专利检索变得相对简单，这使得专利分析更加成为了企业制胜的"法宝"。面对浩如烟海的专利数据，要有效率地对其进行多角度全方位的分析，就必须寻找合适的专利分析工具。专利分析工具的好坏将直接影响到专利分析结果的效率与准确性，而专利分析工具的价格高低则对于一个企业等是否能够使用起着决定性的作用。因此，专利分析工具在专利分析中的重要性必然会越来越强。

专利分析工具的主要作用就在于要在分析期提供准确的数据并进行科学的分析，同时要为应用期报告的撰写提供可视化的分析结果展示。因此，专利分析工具需要支持分析前的数据准备工作，支持多种统计分析维度和对专利分析的指标，并能将分析结果以直观的形式展现出来，当然也要能方便地导出用户所需的详细专利信息。

专利分析工具提供分析的实现方法主要可以分为基本统计分析、引证分析与聚类分析3大类。对每种分析方法，其分析维度、结果展现方式各有不同。

3.1 PIAS 专利信息分析系统

专利信息分析系统（PIAS）是国家知识产权局知识产权出版社自主研发的专利分析工具。专利信息分析系统是针对专利信息应用和专利战略咨询的需求，全面满足从信息采集、信息管理、信息检索到信息分析要求为一体的系统工具。通过对专利信息进行加工处理，对技术发展趋势、申请人状况、专利保护地域等专利战略要素进行定量、定性分析研究的系统工具，可以对行业领域内的各种发展趋势、竞争态势有一个综合了解，更加全面、深层地挖掘专利文献中的战略信息，是专利战略的研究、制定和实施中不可或缺的技术分析和辅助决策工具（图 3 -1）。

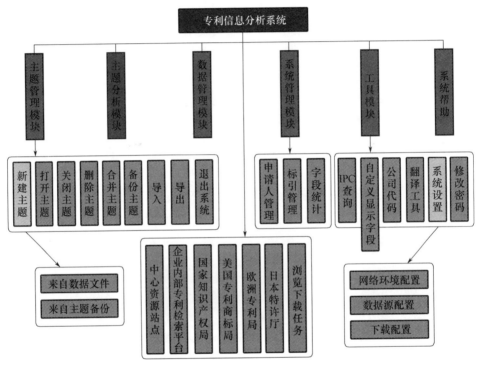

图 3 -1 专利信息分析系统结构图

专利信息分析系统具有如下特点：

（1）吸收并借鉴国内外成熟的分析理论和研究成果，从专利战略的多个视角透视专利技术，为使用者提供了简单分析、通用分析、趋势分析、区域分析、申请人分析、IPC 分析、发明人分析、中国专项分析、美国引证分析等多种分析功能。可对专利数据的原始著录项、自定义标引项等分析要素进行任意组合的统计分析，形成各种直观、形象的数据图表，便于形成清晰、高效的信息情报。

（2）支持七国两组织（中国、美国、日本、德国、英国、法国、瑞士，欧洲专利局、世界知识产权组织）专利信息服务平台的专利数据。同时，也能够自动从美国专利商标局网站、欧洲专利局网站批量下载数据。

（3）实现同一中文界面下对国内外专利数据的统一检索和浏览，并提供有表格检索、逻辑检索、法律状态查询等多种检索途径。同时，利用系统提供的专利说明书本地浏览、互联网链接浏览功能，可以随时洞察最新专利全文信息或对专利信息进行更新。

（4）实行模块化结构，能够随时根据用户的实际需求进行功能拓展或量身定制，能够将各种功能模块灵活搭配和挂接。

（5）基于 SQL server 和 Access 等数据库开发设计了多个版本，满足用户不同环境需求下的使用。简易、灵活的单机版及支持多用户并发访问的局域网络版，为用户提供多种选择方案，并可充分实现内部信息资源的共享。

（6）针对专利信息应用的全过程，设置了专利信息的采集、加工、管理、检索与分析等主要功能，充分体现了高度集成化的特点。同时，提供专利分析报告的自动生成功能。

（7）根据使用者对专利信息标引的需求，提供 12 个自定义标引项，能够最大程度地满足对专利信息的深度加工。

专利信息分析系统在整个操作界面中，主要的操作功能和按钮都集中在界面的左上部，主要包括四个部分：

（1）数据部分：主要包括"数据导入""专题管理""数据管理"三个子部分，用于专利文献数据导入专利分析系统、专题的处理及数据标引等。

（2）分析部分：主要包括"专利数量分析""专利质量分析""发展趋势分析""专利引文分析"和"专利同族分析"五个子部分，利用导入的专利数据进行各个维度的专利数据分析和专利数据挖掘，并生成分析图表。

（3）其他部分：包括"文件""系统管理"和"帮助"等部分，为 Windows 系统的标准菜单。

数据的导入/导出是专利信息分析系统使用的基础，系统在导入专利数据之后才能完成专利信息分析、挖掘的功能，数据的导入/导出主要由菜单"数据导入"下的各个子菜单完成。一般情况下，数据的导入/导出由模板来完成，举例来说，当需要导入中文的 CPRS 专利数据时，必须首先建立 CPRS 专利数据的模板，之后才可以使用模板将专利文献的各个信息导入专利信息分析系统中以便进一步处理。

此外，还可以向专利信息分析系统导入多种文献格式的数据，针对不同文献格式的数据可能保存不同的文献特征信息，因而提出了文献数据模板这一概念。模板的作用是使用户可以根据文献的不同格式，灵活设置和调节文献字段格式，保存导入文献的相关特征信息，从而对该种文献进行数据导入。在分析系统中，可以新建、编辑、删除与导入/导出模板。数据导入/导出的模板可以新建，可以在之前的模板上编辑，也可以通过导入的方式将现成的一些通用模板导入，之后就可以使用这些导入的模板来导入数据了。在软件中，已经保存了 CPRS 和 WPI 等模板，专利分析人员可以直接使用；对于其他格式的数据，专利分析人员可以根据数据格式设置自己的模板来导入 txt、xls、xml 等格式的文件。

数据导入完毕后，系统会提示用户是否对数据进行清理，数据清理的目的是对导入的不符合数据库规范的数据进行清理和更正，如果选择"是"，则系统会立刻开始数据清理；如果选择"否"，可以稍后点击"数据导入"按钮，选择"数据清理"功能进行数据清理。数据清理时，对于"EPODOC WPI 等英文数据项处理项"，可以只勾选"从申请号中提取申请日""从优先权中提取国省""清理申请人信息以及填写申请人类型""根据专利公开化填写地区分布、五局分布和授权信息"，随后点击"开始清理"按钮即可。数据处理后的数据可用于进一步的分析。

在导入一组专利数据后即建立了一个专题，可通过"专题管理"菜单下的"专题显示与拆分"来查看。在"专题名称"处下拉选择一个专题名字，再点击左上角的"显示专题"，即可查看该专题的专利文献的各种数据。此时，可通过点击该对话框上部的"导出 Excel"和"导出文本文件"来将该专题数据导出。此外，也可以通过"检索数据"按钮设定一定的检索条件，来得到某一专题数据中的部分数据。

当点击"增加"和"确定"后，即将权利要求中包含"图像"两个字的专利文献检索出来，此时文献数量从检索前的 415 篇减少到了 209 篇，此时可将检索得到的这 209 条专利数据拆分出来，得到一个新的专题，在点击"拆分专题"按钮后，会出现一个对话框，提示输入新的专题名称。在输入一个专题名字后，新的专题拆分成功，并出现一个对话框，来提示是否删除原专题中的这部分数据，如果点击"是"，则删除这部分数据，相当于利用之前的检索条件将原有的专题拆分成了两个互相没有交集的专题，如果选择"否"，则保留原有专题中的这部分数据，即相当于原有专题保持不变，检索拆分出来的这部分专利数据再单独称为一个新的专题，在实践中可根据实际情况来进行选择。

专利信息分析系统的分析模块提供组合分析和模块化分析两种分析方式，其中，模块化分析是一种定量分析方法，是针对产品技术领域的宏观分析。组合分析是一种定性分析方法，是针对产品技术领域的微观分析。

定量分析方法：主要是通过专利文献的外表特征进行统计分析。也就是通过专利文献上所固有的著录项目来识别相关信息，然后，对有关指标进行统计。最后，用不同方法对有关数据的变化进行解释，以取得动态发展趋势方面的情报。系统可以通过选择不同的分析模块，进行区域、申请人、IPC、发明人及中国专项等信息分析。

（1）趋势分析：企业涉足某种产品、技术的市场竞争，必须了解其技术发展趋势和生命周期，通过专利信息的趋势分析。可以了解目前行业内产品及其技术的生命周期状况。如萌芽期、成长期、成熟期及衰退期，了解并预测产品及其技术的未来发展趋势，为投资决策提供重要参考依据（图3-2）。

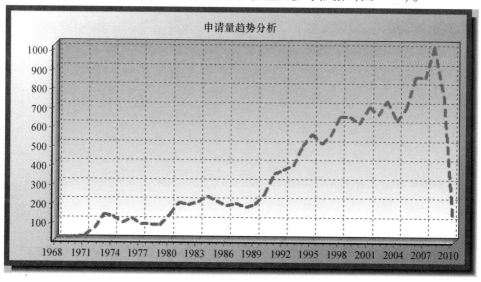

图3-2 专利技术发展趋势分析图

（2）区域分析：企业欲以某种产品、技术参与不同国家和地区的市场竞争，必须了解其区域性消费需求。而这些需求往往通过产品、技术的某些技术特征来体现，这些技术、构造、配方以及相应的制造工艺作为竞争者的差别优势因此备受重视，而保护其商业利益的法律形式就是进行专利保护。通过专利信息的区域性分析，可以了解不同区域行业产品及其技术的特点和差异。换言之，进行专利信息的地区性分析，就是对不同区域的消费需求进行分析（图3－3）。

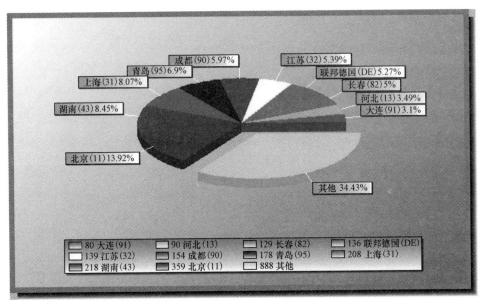

图3－3　专利技术区域分析图

（3）申请人分析：行业竞争决定于行业的供方、买方、竞争者、新进入者和替代产品，不同的企业提供的产品技术不同，决定了其在行业中扮演的角色也不同，为自身经济利益保护的专利类别也各不相同。因此，进行目标技术领域的申请人分析，了解行业竞争体系及其状况，有利于企业分析竞争环境，制定竞争策略和与之相关的专利战略（图3－4）。

（4）IPC分析：企业涉足某种产品、技术的市场竞争，必须了解其技术发展变化趋势以及影响这些变化的技术因素，这些不同因素在不同地域的差别，以及这种差别源自于哪些发明国家。因此，进行产品、技术的发展及衍变趋势的分析能够帮助企业了解竞争的技术环境，增强技术创新的目的性（图3－5）。

（5）发明人分析：发明人是技术的来源，了解发明人对于企业技术创新特

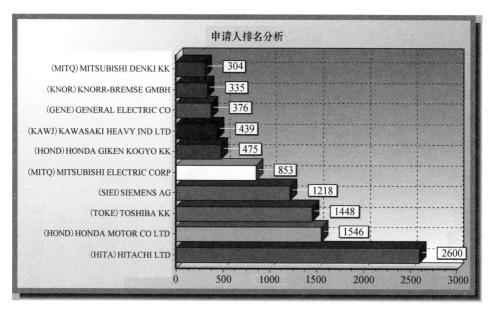

图 3-4 专利技术申请人分析图

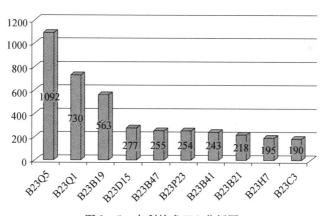

图 3-5 专利技术 IPC 分析图

别是技术合作具有重大意义。围绕某一核心技术，往往会衍生很多相关技术，表面上这些技术与核心技术之间未必有直接联系，但却会对核心技术的效能产生很大的支撑作用。以发明人的专利为研究对象，会从中发现其申请的不同专利中所存在的技术关联。

（6）中国专项分析：针对中国专利信息的特点，进行对专利类型、申请类型、国别类型、代理机构、法律状态、申请人类型、权利要求类型、国内专利申请年度及总体状况表等综合分析。

（7）每国引证分析：引证文献分析是对不同的专利，收集其引用的专利情报进行分析（图 3 -6）。

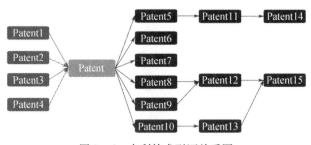

图 3 -6　专利技术引证关系图

定性分析方法主要是通过专利文献的内在特征进行统计分析，即对专利技术内容进行归纳和演绎、分析与综合以及抽象与概括等分析，了解和分析某一技术发展状况的方法。系统可以通过选择不同分析要素的交叉组合来进行信息分析。

（1）简单分析用来研究某种技术在一定时间范围内的发展趋势，指导设计的途径和识别技术领域内的权利冲突。项目包括对申请年、公开年、申请（专利权）人、发明（设计）人、申请国家、国际主分类、美国分类、优先权年、优先权国、指定国等 10 多个著录项目和 12 个自定义项目的分析。

（2）通用分析也称二项分析，采用平面或立体结构生成图形。X 轴可以选择"申请年""申请（专利权）人""发明（设计）人""申请国家""国际主分类""美国分类""优先权年""优先权国"自定义标引项等，而 Y 轴可以选择与 X 轴相同或不同的项目进行分析。通用分析可进行的分析项目组合有 400 余种。

3. 2　Thomson Data Analyzer

Thomson Data Analyzer（TDA）软件是美国汤姆森公司开发的数据分析工具，是 Derwent Analytics 的升级产品。通过该软件可以对 Thomson Scientific 和其他数据库的数据进行深度挖掘并进行可视化分析。TDA 软件具有自动化程度高、界面友好、直观等特点，可为用户提供技术情报和竞争情报的分析，例如，可以通过对专利文献标题中经常出现的名词词组进行提取和分组，并结合关键技术领域中比较活跃的专利权人、国家和时间等因素，组成各种图表来反映某技术领域中关键技术的变化、R&D（研发）投入状况以及新的技术空白点；TDA 软件可在洞察技术发展趋势、掌握竞争对手的专利发展情况、找出多产的专利发明人及其供职的公司、发现行业近年新出现的技术、确定研究战略和发展方向等方面提供有价值的参考依据。

作为进行数据挖掘和可视化分析的第二代德温特分析软件，TDA 软件仍使用 VantagePoint 作为技术支持，其相对于第一代德温特分析家 Derwent Analytics，新增了相当数量的内容以强化分析功能。

在 TDA 软件中，主要新增了以下内容：

（1）新增了三种评估报告，即公司单独报告、公司间比较报告以及技术发展趋势报告。

（2）增加了多个导入过滤器，可以用于处理来自 PatentWeb 和 Aureka 的专利著录项目数据，来自 INSPEC、PROMT、STN 等的数据以及来自 Microsoft Excel 文件的数据。

（3）不同数据源数据的融合。TDA 软件可以将来自不同数据源的数据进行溶合，产生新的记录。例如，为 Web of Science 记录添加 INSPEC 分类，为 DWPI 记录添加 ECLA 分类号以及 PCI 引文数据等。

（4）自用分类的创建。TDA 软件支持创建自用分类表，并为每一条记录增加新的分类，并且可以根据自建的分类来创建新的字段。

（5）其他新增功能，例如数据过滤器的构建等。

随着知识产权意识的增强，各种情报信息的获取和利用得到了广泛的关注。各种信息活动的重点已经由信息的获取转变为对信息的挖掘、鉴别、关联等内在联系的研究，同时催生了一大批分析软件。同样，专利信息在最近几年也得到了极大重视，专利信息分析软件层出不穷，各种分析软件各有侧重，特点各不相同。与其他分析软件特别是专利分析软件相比，TDA 软件是一款功能较全的分析软件，其具有以下显著的特点：支持多种不同格式、任意结构化数据的分析，可以实现数据的整理和概念分组，支持列表、直方图以及矩阵的创建，同时也支持数据的聚类以及文档的聚类地图。

TDA 软件能够对来自不同数据库的不同结构的数据进行分析，而不管该数据库是商业数据库还是内部使用的数据库。可适用的数据主要包括德温特世界专利索引数据，Dialog、STN、Questel – Orbit、Delphion 等数据库中增值的专利信息，还包括 Dialog、STN 中的专利引文索引，此外还包括从 PatentWeb、Aureka 和 Delphion 中获取的专利文献全文，以及 INSPEC 和 ISI 中收录的各种学术杂志，Excel 表格数据。在导入数据时，需要指明要导入的文件，以及其数据格式、需要进行分析的字段等内容。对于初次未导入而后续分析工作需要使用的字段以 "追加字段" 的方式导入（图 3 – 7）。

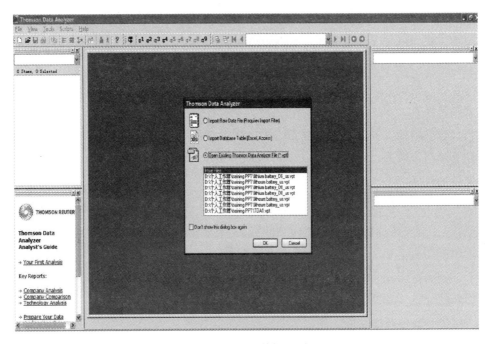

图 3 – 7　TDA 数据导入

数据清理是指清理以确保数据结果的准确性。高质量的数据分析结果首先取决于数据的准确性与完整性，但在很多情况下，即使是在一些高附加值的数据库中，其数据也会存在矛盾。例如，标引的不一致、单词的不同拼写方式（有意的或无意的）、同义词（相同或类似概念的不同表示）、公司的合并或转让、非常用词汇的使用等。只有降低这些因素对数据的影响，才能提高数据分析结果的质量。

例如：发明人 KIM J S 和 KIM S J 实际上是同一个人，而 VANKSLYKE S A 和 SLYKE V S A 也是同一个发明人；申请人 AU OPTRONICS CO LTD 与 A U O P T R O N I C S、A UOPTRONICS CORP 是同一家公司的不同写法；国际专利分类 C01L—1 0I/00 和 C01L 101：00 显然也是同一个分类。如果这些数据不加以整理、合并，统计时就会发生巨大的误差，进而会影响到整个专利分析结果的准确性。因此，在专利分析前，先对数据进行整理是十分必要的。

在以往，数据清理工作由专门的图书管理团队按照一定的数据规则进行，但是 TDA 软件将该项工作交由软件来完成。把需要分析的数据导入之后，使用者只需要进行简单的几步操作就能使得错误、矛盾以及数据重复出现等问题降至最低。清理数据还能够整合字段，产生更有价值的复合记录。TDA 软件拥有的数据清理功能主要包括以下几项内容：列表清理、使用叙词清理数据、聚类、自定义分类等。其中，列表清理、叙词化处理、聚类均是针对一个列表中的条目进行的，并且其相互联系（例如，可以使用列表清理来创建叙词，或依据叙词来创建聚类），而自定义分类则应用于单独的记录。此外，聚类也是一种减少条目数量、提高分析速度的一个好方法。

用户可以使用 TDA 软件的列表清理功能来减少或清理列表。执行列表清理不会影响原始列表，每次清理之后 TDA 软件均会生成一个新的列表。TDA 软件列表清理主要通过寻找相同或类似条目来清理列表。例如，短语 "human – computer interaction" 和 "human computer interaction" 在一个列表中被作为两个条目独立存在（因为在第一种情况下，human 和 computer 之间有一个连字符存在）。TDA 软件的列表清理运算法则会处理该问题以及类似问题，如词语的单复数形式等。TDA 软件在对可能等同的词语进行整合时会提醒使用者进行确认（图 3 - 8）。

使用叙词对数据进行清理，同样不会影响原始列表，而会创建一个新的列表。在主菜单的 "Fields（字段）" 下拉菜单，选择 "Thesaurus（叙词）" 命令，出现叙词对话框。数据的列表或字段将会出现在对话框的左栏，此时可以选择希望使用叙词进行清理的列表。而希望使用的叙词表将出现在对话框的右侧，同时在 "文件名" 窗口输入新生成的列表名称。如果列表中含有组，则要选择针对列表中的组进行何种操作。点击 "Use（应用）" 实现数据清理（图 3 - 9）。

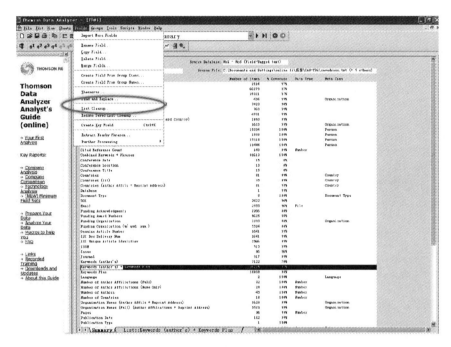

图 3 - 8　TDA 数据列表清理

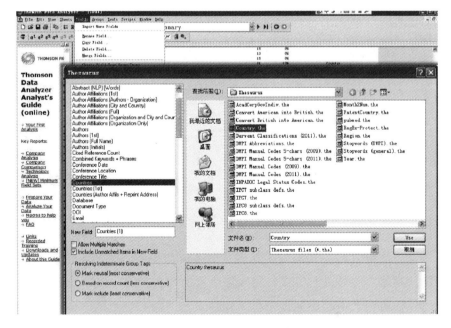

图 3 - 9　TDA 数据叙词表清理

TDA 软件针对常用情况，在系统中已经自设了一些叙词表，例如，针对 NLP 文本字段的叙词表：美式拼写与英式拼写的互换、DWPI 的缩略词表以及 DWPI 的禁用词表等；针对组织机构字段的叙词表：可对组织列表进行快速分类。其通常用于创建组，以快速浏览决定是否需要进行人工编辑。

TDA 软件拥有数个进行数据及文字分析的工具。这些分析工具相对于数据是独立的，不同的分析工具可针对不同问题进行分析。例如，希望了解某字段中，排名前 20 位的记录，那么很显然应该选择列表工具。TDA 软件常用的分析工具有以下几种：

（1）列表：用于对任意字段进行排序。

（2）列表对比：用于两个列表中共同条目比较。

（3）矩阵：用于对两个字段进行对比综合分析，将不同类型的数据（如专利权人和日期）生成比较矩阵，借此发现两种不同类型数据间内在的相互关系。例如，可以通过创建比较矩阵，发现一家公司在一定时间内专利活动的活跃性（图 3 – 10）。

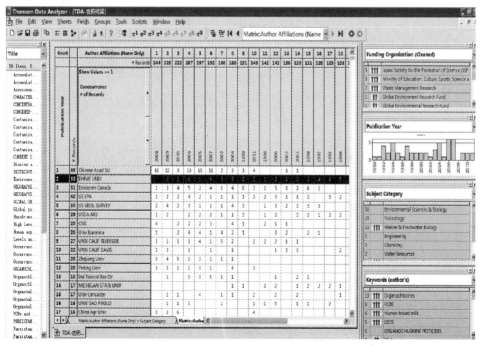

图 3 – 10 TDA 矩阵分析

（4）地图：显示任意字段中条目之间的关系或进行文本聚类。

使用 TDA 软件可以创建数种地图，如因子地图、自相关地图等，以因子地图为例说明分析地图的创建过程（图 3 – 11）。

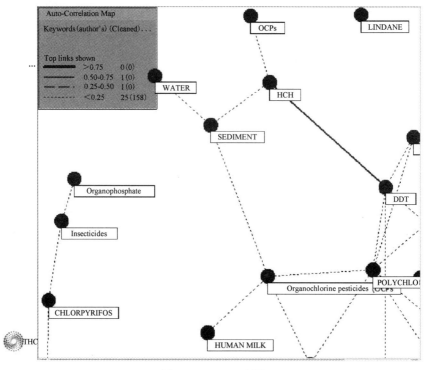

图 3 – 11 TDA 地图

因子地图是进行主要因素分析的图像化显示，通过找寻数据中列表项目集中出现的频次，在地图中以点来代表项目的簇。点之间的连线表示两个项目簇之间的相似性。线的粗细表示相似程（数字 0 和 1 之间），为了减少图中簇点的数量，数据接近的列出项目为一簇。

地图的整体作用：地图可以用于识别两个字段之间的相似或相关程度，例如可以识别哪些公司在进行类似的技术研发、哪些研究人员之间有密切的合作关系等内容，从中发现技术发展的趋势，识别研发队伍的构成等。

（5）词频分析：在文本字段中鉴别关键词或短语。

使用 TDA 软件可以自动生成报告，例如公司报告、公司间比较报告、技术报告等。帮助用户在短时间内从各个角度来了解竞争对手的技术情况，不同公司之间的技术对比、技术的最新应用、关键的发明人等内容。例如公司报告，要求使用的数据记录全部是与该公司相关的记录。该报告可以自动生成一个 Excel 表格，可以从以下几个方面进行分析：组织、个人（如发明人）、涉及的国家（如优先权国家）、年份、技术信息类目（如 IPC、手工代码、关键词）等（图 3 – 12）。

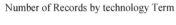

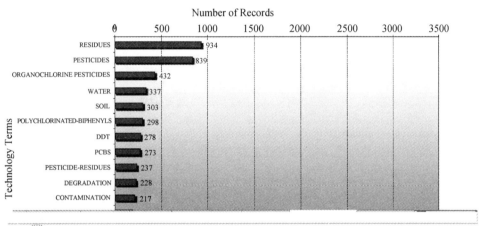

图 3 – 12 TDA 报告

TDA 软件作为一款比较实用的分析软件，其优势主要体现在可使用多种不同格式数据，可以对数据进行清理，进行多种分析并形成分析报告。针对各模块的使用，实现方式和途径也是多种多样的。除以上介绍的功能外，TDA 软件还具有更加复杂的功能，这些功能通过预置在软件中的多个功能模块来实现。

3.3 LindenPat – 东方灵盾专利分析平台

东方灵盾创立于 2003 年，是一家以专利为核心，专业从事知识产权信息咨询服务的国家级重点高新技术企业，并成功入选首批"全国知识产权服务品牌机构培育单位"名单。公司以促进专利信息的有效利用，提升我国企事业单位的科技创新能力和知识产权战略管理水平为目标，致力于对世界专利信息及科技文献进行收集和加工，并基于此打造各种专业情报数据库及多数据联机检索分析平台，为社会各界提供全方位、专业化的专利战略分析、侵权分析、专利预警咨询和知识产权管理咨询等高端信息增值服务。

东方灵盾自主创建有大型《世界专利文献数据库》，可以向社会各界用户提供全面的专利数据资源和建库服务。该数据库收集了自 1836 年以来世界近 103 个国家、地区及知识产权组织 8000 多万条电子版专利文摘数据，还包括专利法律状态数据、重要国家的专利全文数据等，同时加工整理了世界多国专利引证信息、同族专利信息、重点行业词表、公司代码表等信息，并对数据进行及时更新。

该数据仓库的原始数据购买自多个国家和组织权威的知识产权信息发布机构。东方灵盾通过制定统一的数据加工标准，对不同格式的原始数据进行了转化、去重、筛选、修补、分类、关键信息提取等加工工作，最大限度地保证了数据的全面性和准确性，同时提高了专利信息的可检索性和情报价值（图 3 - 13）。

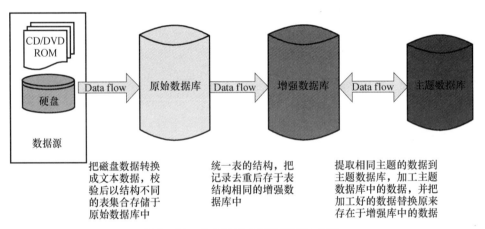

图 3 - 13　东方灵盾专利数据库示意图

LindenPat - 东方灵盾世界专利信息检索分析平台是北京东方灵盾科技有限公司自主开发的适用于社会大众不同专利检索和战略分析需求的系统软件。LindenPat 是一站式服务模式，集检索、分析、标引、管理于一体，是近 10 年数据深加工及数据挖掘经验的汇聚，100 多个高质量专题库的成果积累，为用户最大程度挖掘利用专利信息提供强有力的支撑。相比国内其他同类产品，该平台具有更加强大而个性化的检索和分析功能，能够更高效地满足用户对专利信息的查全、查准的需求，对检索结果进行准确的统计分析。LindenPat 能够激发企业创新能力、提高企业创新起点、准确把握市场动态、及时发现有利商机、避免和防范知识产权风险。

　　LindenPat 目前达到了国内领先水平，是东方灵盾为企业量身定制高质量专业专利数据库的有力工具。该平台能够对技术发展趋势、专利保护地域、专利权人申请状况等专利战略要素进行多向位的统计分析。统计结果可以分别显示为一维、二维、三维的柱状图、饼状图、曲线图和表格形式，使用户能够方便直观地对各技术领域的发展趋势、竞争态势有综合的了解，从而更加深入地挖掘和有效利用专利信息的战略价值（图 3 - 14）。

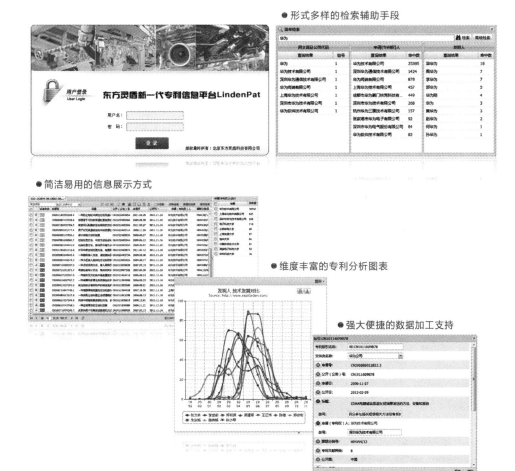

图 3 - 14　LindenPat 界面示意图

3.4 PatentEX – 大为专利分析平台

大为软件公司2001年9月在保定国家高新技术产业开发区注册，公司致力于中国知识产权软件的研究开发，具有多年国际知识产权软件技术合作经验，立志成为新兴的中国知识产权信息服务业一流服务供应商，以专业化、国际化的形象服务于中国市场，为政府、企业、大学、科研院所、知识产权代理机构等用户提供国际一流品质的知识产权信息技术服务。

PatentEX是在"大为PatGet专利下载分析系统"V2.0基础上，根据大量用户反馈，全新研发而成。系统采用全新架构，具有高速下载、高稳定性、高易用性等特点，特别适用于企业、大学、研究机构等创新主体，用于建立本地主题数据库，监视竞争对手技术发展动向，跟踪行业新技术发展动态，挖掘现有人类智慧结晶，研发出世界范围内的优势专利，并通过对行业专利技术的分析，配合企业的经营战略，有效制定企业知识产权发展战略，形成企业的核心竞争力，达到进攻与防御的平衡（图3-15）。

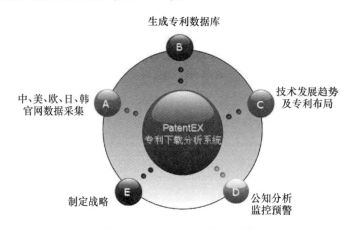

图3-15 大为PatentEX示意图

大为PatentEX分析系统数据来源于中国、美国、欧洲官方免费专利数据库，也可扩展到日本、WIPO官方免费专利数据库。数据内容涵盖专利文摘、法律状态、专利说明书、同族等相关专利（图3-16）。该分析系统具有如下特点：

（1）高速建库：直接连接到专利检索网站输入检索条件预检、保存条件，多线程高速稳定下载检索结果，建立本地主题数据库。

（2）智能更新：根据用户设定的检索条件，智能下载更新本地专利数据库和法律状态，并突出显示更新的专利，方便对行业、对手进行专利跟踪。

（3）法律状态下载：下载专利的法律状态，进行专利有效性的判断。

图 3 - 16　大为 PatentEX 使用界面图

（4）相关专利下载：同族、引用、被引用等相关专利的下载。

（5）协同下载：可由多台计算机智能协同下载所有的任务，大幅度提高下载速度。

（6）多条件主题：主题可以设定任意多个专利网站的检索条件，多个检索条件可同时多线程下载。

该分析系统具有如下数据管理功能：

（1）多级分类：自建分类树，用鼠标拖拉进行无限级数据分类管理。

（2）智能分类：按 IPC、申请人、发明人等进行智能分类；按用户设定的分类规则进行智能分类。

（3）存活期计算：自动计算专利存活期，根据有效性以不同颜色的条形图直观显示，并可按存活期进行排序，方便地找出最有市场价值的核心专利。

（4）相关专利对比：同族、引用、被引用等相关专利对比查看，方便显示核心专利的势力范围，竞争对手的国际市场布局，并方便进行技术对比分析，以及以熟悉的语种阅读说明书。

（5）智能标引：按专利职务状况（职务、非职务）、申请人类型（个人、机关团体、大学、其他）等进行智能标引；同时提供 15 个扩展标引项目由用户进行标引，方便进行专利管理和分析。

该分析系统的分析功能有：

（1）技术生命周期分析：根据逐年专利申请件数和专利申请人（发明人）数量，生成技术生命周期分析图，直观揭示出技术发展的萌芽期、成长期、成熟期。

（2）自定义矩阵分析：标引专利采取的技术手段与产生的功效，生成功效矩阵图，了解矩阵中的空白区、疏松区、密集区，以便于进行创新研发、规避风险、架构专利网或衍生新的专利。

（3）增长率分析：申请人、发明人、技术分类等年度申请量增减幅度分析，了解技术创新能力变化趋势。

（4）存活期分析：对行业、申请人、区域等专利法律状态、存活期进行分析，找出核心专利。

（5）引证分析：按专利的引证数量和相互引证关系生成引证图，分析技术演变过程。

（6）定量分析：对任意的专利著录项目或用户标引项目可进行简单统计分析和组合统计分析。

第4章 专利分析检索

专利文献检索是专利分析的基石，检索结果的好坏直接影响着专利分析的客观性。专利分析检索的目的是为了获得相关技术的目标文献集合，理论上，该目标文献集合应当包含相关技术的所有专利文献，同时不包含任何噪声文献。专利分析检索的首要原则是全面和准确。由于要对整个行业的专利状况进行统计和分析，因此需要检索出某一技术领域下所有相关的专利申请，而专利分析的结果要准确反映行业技术的发展现状和趋势，从而检索结果必须准确。

4.1 专利分析检索的概念

针对检索目的不同，专利分析检索与审查检索在检索思路上也存在着巨大差异。审查检索针对的是某个技术方案，其在检索时只需专注于技术特征，往往都是从权利要求中提取检索要素，并且其检索结果一般就是两三篇对比文件，只要检索到合适的对比文件后就可以停止检索。其追求的是获得相关度高的一篇或几篇对比文件。而专利分析检索是针对某项技术或某个行业在专利方面整体态势的一种情报学检索，其目的是全面准确地反映该技术或行业的专利现状和趋势，进而作为政府决策、企业技术选择的参考，因此专利分析检索不存在现成的技术特征，需要分析人员对技术或行业有着全面深入的了解，在检索过程中要有发散性思维，不断发掘检索要素并及时排去噪声元素，并且其检索的结果是一个目标集合，只有在该集合足够全面、准确时才能终止检索。其追求的是检索的全面性和准确性。

专利分析属于情报分析的范畴，专利分析是基于专利文献而进行的情报挖掘。文献检索是专利分析的基础性工作，检索结果直接影响专利分析报告的客观性，因此对检索得到的专利文献集合进行评估显得尤为重要。1955年，美国的佩里和肯特最先提出了查全率和查准率的概念。英国学者克里维顿在 Cranfield

I 试验中首次将查全率和查准率作为信息检索系统效率的评价指标，并从试验中得出查全率与查准率存在互逆关系的结论。通常而言，查全率和查准率为互逆相关性，查全率一般为 60% ~ 70%，查准率约为 40% ~ 50%。当查全率超过 70% 时，要想再提高查全率就必须降低查准率。查全率与查准率已经成为对信息系统进行评价和试验的重要指标，也是专利分析的检索评估的重要指标。

4.2　专利分析检索流程

专利分析的检索工作一般包括如下步骤：制定检索策略、专利文献检索、检索结果评估，其中检索结构评估环节中可以引入专家讨论环节，具体流程如图 4 - 1 所示。

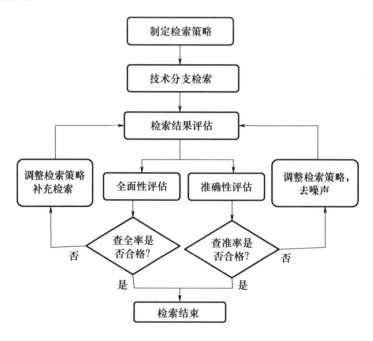

图 4 - 1　专利分析检索流程图

检索策略的制定是专利分析工作的重要环节，应当充分研究行业的背景、技术领域，结合所选数据库的特点来制定检索策略。具体来讲，首先根据技术或行业特点来确定采用何种检索策略进行检索、根据手头的分析工具选择哪些数据库来进行检索、通过初步检索和跟行业专家讨论的结果来决定制定怎样的技术分解表、为各个技术分支确定合适的检索要素等。之后就是按照既定的检索策略对各个技术分支进行全面检索，得到目标检索集合，这一检索过程是一个不断动态调整的过程，需要反复对检索结果进行评估，进而调整检索策略。对检索结果的评估包括全面性评估和准确性评估两部分。全面性评估的评价标准是查全率评价，如果查全率达不到要求就需要重新调整检索策略，针对未能覆盖的检索要素进行补充检索；而准确性评估的依据是查准率评价，如果查准率达不到要求也需要重新调整检索策略，针对存在的噪声进行去噪检索。只有在查全率、查准率都符合要求时，才能终止整个检索过程。

从操作层面来看，专利分析检索包括检索系统及数据库的选取、初步检索、调整检索策略、中止检索、检索结果评估和提取专利数据等步骤，以下从更具体的角度介绍专利分析检索的步骤。

4.2.1　数据库的选取

据不完全统计，全世界每年出版的科学文献中约有 1/4 是专利文献，更重要的是，由于专利文献的法律/技术文献的属性，90% 以上的发明曾以专利文献的形式发表，但其中 80% 的专利文献的都不再以其他任何形式发表。另据 WIPO（世界知识产权组织）的统计，专利所记载的技术信息量约占整个技术信息量的90%。由此可见，如何选择一种或几种恰当的专利数据库，以及如何协同并用好这些专利数据库，对于提高专利文献的查全率和查准率，提高专利分析和研究的质量，具有重要的意义。

首先，在选择数据库时一般需要考虑如下因素：

（1）待分析主题的技术领域，在确定技术领域分支的划分时，应当适当考虑这些分支的检索在数据库的选择方面是否具有普遍规律，以及这些技术分支是否具有各自的独特特点。然后再结合各数据库的专利技术文献的收录范围、规模、年代及检索方法等特点，根据需要选择使用。某一技术领域的分支可以从行业约定速成的习惯结合技术热点变化来进行划分，也可以参考分类号来确定，包括但不限于国际专利分类（IPC）以及各国的分类体系如 UC（美国）、EC/ICO（欧洲）、FI/Fterm（日本），还有各商业公司的分类体系如德温特专利分类（DC）/德温特手工代码分类（MC），再者就是目前正在讨论阶段的五局混合 CHC 分类，等等。

（2）待分析技术的国别和时间。

（3）检索时拟采用的字段和检索系统能够提供的功能。

通常而言，在选择专利数据库时，还需要考虑最低检索范围，当选定了研究领域之后，针对不同的研究目的和需求，要确定必须要检索的数据库最低范围。以及根据检索目的和需求，结合数据库的特点，确定各数据库的选择顺序，以及各个数据库联合使用的规律。

目前专利文摘数据库资源主要包括运行在三个检索系统中的共 13 个专利文摘数据库。专利分析检索常用的检索系统及其相关的数据库有：

（1）CPRS 系统：中国专利摘要数据库（CNPAT）。

（2）专利检索与服务系统（S 系统）：中文简体文摘库 CNABS、CPRSABS，中文繁体文摘库 TWABS、HKABS、MOABS，英文文摘库 DWPI、SIPOABS、CPEA，外文虚拟库 VEN，日文文摘库 JPABS。

（3）EPOQUE 系统：WPI、EPODOC。

具体而言，对于中文专利数据更常用的数据库是：中文摘要库 CNABS 和中国专利摘要数据库 CNPAT。

相比较而言，CNABS 的易用性更佳。CNABS 数据库集成在 S 系统中，提供了丰富的检索入口（特别是提供了 EC、FI/FT 等多个分类号）和逻辑算符，并同时包含了 CNPAT 数据库、中文初加工数据库和中文深加工数据库等多个中文摘要数据，检索时相当于同时检索了多个数据库，检索入口更加丰富、检索结果更加全面，从这个角度看检索效率相对较高。同时，由于中文深加工数据库对中文专利的摘要进行了重新撰写，能够更加明确地反映发明的实质性特点，因此检索时能够更全面有效地覆盖检索内容，降低了对关键词扩展的要求，从该角度看也提高了检索效率。此外，由于检索引擎使用的是 S 系统，因此对检索式上限没有要求，在进行转库、排序等处理时，临时存储空间也更大，这样可以对检索式做更多运算，从而在检索阶段就保持相对较高的查准率。相对而言，另一中文摘要数据库 CNPAT，其在数据库的易用性方面就相差很多。首先，CNPAT 数据库采用的检索系统效率相对较低，提供的检索入口相对单一，逻辑算符仅有与/或/非三种，为了达到更高的查全率，需要对关键词进行全面的扩展，而后在去噪时也相当麻烦，仅仅通过检索查准率仅仅能达到 70% 左右。此外，由于 CNPAT 数据库的一个重要缺陷是其对检索式的复杂程度非常敏感。

对于外文专利数据更常用到的数据库则有 VEN、WPI 和 EPODOC。

这几个数据库在检索易用性方面仅有细微差别。VEN 数据库集成在 S 系统中，是一个英文摘要虚拟库，包含 DWPI 和 SIPOABS 两个数据库的内容，其中 DWPI 数据基本等价于 WPI 数据，其摘要经过重新撰写更能反映发明的实质性特点，且包含对用途和效果的说明，在检索和去噪时效率较高；SIPOABS 数据库基本等价于 EPODOC 数据库，其中提供了 IPC、EC、FI/FT、MC、UC、CPC 等多重分类体系，对于某些技术领域和某些国家的专利检索特别有效。WPI 和 EPODOC 都集成在 EPOQUE 检索系统中，往往使用时二者不单独使用，而是联合使用来保证检索的查全和查准。从上文的对比可以看出 VEN 基本相当于 WPI + EPODOC，因此两者在检索入口上没有太多差别，从 S 系统和 EPOQUE 系统提供的检索功能上看也区别不大，两个系统都提供了 w、d、s、p 等同在算符、高亮显示等功能，从检索运算速度上比 EPOQUE 系统更快一些。

4.2.2　检索

专利信息检索的实质是将用户头脑中的信息需求转化为具体的检索行为，因此在进行专利信息检索时，要将信息需求转化为检索要素，并与数据库中存储的数据进行比较，从中找出与检索要素一致或基本一致的专利信息。

将技术主题中的各个层面的技术概念提取出来加以归纳，就形成了检索要素。而将用户头脑中的信息需求转化为检索行为，还需要进一步把检索要素表达成检索系统能够识别的方式。在专利信息检索中有两种表达最为常用，即分类号和关键词。

1. 分类号

分类号是使各国专利文献获得统一分类的一种工具，它根据专利文献特定的技术主题对其进行逐级分类，从而使其具有共同的类别标识。分类号是对专利文献所披露的技术信息的高度集中概括，使用者可以根据分类号方便地获得技术上和法律上的情报，并可以通过统计等手段对各个领域的技术发展状况做出评价。因此，分类号的运用在专利分析中有着非常重要的意义。

各种专利文献分类体系都是由文献专家建立，按照一定规则和原则对文献进行分类，它的基本目的是作为各国专利局及其他使用者在确定专利申请的新颖性、创造性而进行的专利文献检索时的一种有效检索工具。

现有的分类体系包括：国际专利分类，简称 IPC；各国的专利分类体系，包括欧洲专利局分类体系 ECLA、欧洲专利局的 ICO 标引码、日本专利局的 FI/FT 分类体系、美国专利局的 UCLA 分类体系等；商业公司的专利分类体系，如德温特公司的德温特分类 DC 和手工代码 MC，等等。

国际专利分类法是国际上通用的专利文献分类法。用国际专利分类法分类专利文献（说明书）而得到的分类号，称为国际专利分类号，通常缩写为 IPC 号。《国际专利分类表》（IPC 分类）是根据 1971 年签订的《国际专利分类斯特拉斯堡协定》编制的，是目前唯一国际通用的专利文献分类和检索工具，为世界各国所必备。IPC 分类采用了功能和应用相结合，以功能性为主、应用性为辅的分类原则。采用等级的形式，将技术内容注明：部—分部—大类—小类—大组—小组，逐级分类形成完整的分类体系。

IPC 分类的优点包括：通用性好，使用范围最广，是其他分类体系细分的基础。但同时还存在如下不足：细分不够，某些分类号下文献过多，主要针对权利要求的技术主题进行分类，有更新相对较慢、各国不一致等现象。

欧洲专利局分类体系 ECLA 是欧洲专利局根据 IPC 建立起来的内部分类体系，ECLA 是在 IPC 基础上的进一步细分，对超过 100 篇文献的分类都要增加条目进行细分，由此保证了各个分类号下的文献量适中，从而有利于检索，ECLA 分类号均由欧洲专利局的审查员给出，分类的差异性小于 IPC，ECLA 分类号反映的内容要比 IPC 更为准确、全面，包含了权利要求和说明书中的技术内容。

ECLA 分类号具有的优点包括：及时动态地修订和再分类，并且只有一个版本，分类标准较统一。不足之处在于：传承 IPC 一维体制体系构建，与 IPC 相比无突破和发展。

FI 分类是日本专利局基于 IPC 分类的细分，在某些技术领域对 IPC 进行了扩展。FT 分类是专为计算机检索而设立的技术术语索引分类体系，从技术的多个层面，如发明的目的、用途、构造、技能、材料、控制手段等进一步细分，其标引主要是基于对权利要求的分解进行的，但同时会根据说明书内容以及附图内容进行分类。

FI/FT 分类的优点是：FI 对 IPC 进一步细分，FT 多重角度分类；不足之处在于：仅仅局限于日本文献，多角度也带来使用的复杂性。

UCLA 分类是美国专利商标局内部使用的分类体系，主要是根据产业或用途、做接近功能、效果或产品、结构和多方面分类表等原则来进行分类的。值得注意的是，对于美国专利文献来说，由于其上的 IPC 分类号并非是审查员根据相关技术主题准确给出的，而是通过内部对照表将 UC 与 IPC 进行对照给出的，因此会出现美国专利文献上的 IPC 分类号不准确现象。

UCLA 分类的优点是：具有详细的专利分类定义，动态更新快，有临时性小类机制，标准相对统一。不足之处在于：分类表体系结构不规整，掌握较困难，限于美国文献。

德温特分类 DC 是从应用性角度编制的分类体系，由于 DC 是德温特专业人员给出的，因此其专业性较强，特别是在某些领域分类更为细致。德温特公司将同族专利与基本专利引为相同的 DC，避免了不同专利局对同一发明给出的 IPC 分类号不一致造成的遗漏。手工代码 MC 是对化学领域和电子电气领域文献的等级分类和标引体系，MC 较 DC 分类更为精细，但 MC 和 DC 所涉及的技术领域并不完全相同。

MC 和 DC 的优点包括：专业性强，适用于多个检索系统，新旧手工代码彼此之间互相指引，应用性角度编制，一致性强。不足之处在于：仅仅局限于 WPI 数据库，某些领域并不如 IPC 细化。

分类号在整个专利分析过程的诸多方面都起到非常重要的作用。获取专利数据是专利分析的基础，专利数据的全面准确与否，直接影响专利分析的结果。分类号是专利检索中获取专利数据的重要入口之一，因此，分类号的确定与使用将影响专利数据的全面性和准确性。

在技术分解中，应当重视并利用分类号的辅助功能，尤其是各国分类号体系的指导意义。同时，在检索时，由于分类号包含了某些关键词的上下位概念，是所述关键词的集合，因此利用分类号可以弥补因使用关键词检索造成的漏检，提高查全率和查准率。在数据处理时，可以利用合适的分类号快速标引或除噪，提高数据的处理效率。

在专利分析时，可以结合技术分解表、检索策略、分析统计、专利族、关键词索引、引证和被引证文献等多个方面确定专利分析所需的分类号，从而保证检索的全面性和准确性。而在制定技术分解表、划定检索范围、制定检索策略、数据的清理、标引与评估等工作中，也可以适时、适当地使用分类号以获得事半功倍的效果。例如，在划定检索范围，通过分类号可以将某些分类号的专利文献直接纳入作为专利分析的对象，同样也可以将某些分类号的专利文献排斥在专利分析对象之外。

2. 关键词

关键词是专利文献内容最直观的表现。通过关键词尤其是通过对专利文献的摘要信息的解读，可以直接区分专利文献的技术主题、技术内容的重要信息，因而关键词也起着与分类号同等重要的作用。

与分类号一样，关键词也是获得专利信息的基础，直接影响专利信息的全面性和准确性，决定着专利分析结果的质量。在专利分析中，划定检索范围、制定检索策略、数据清理、标引等工作都离不开关键词，关键词不仅用于确定相关的专利文献，也常用于排除噪声文献。在某些情况下，通过分类号已经无法准确地区分特定技术分支所包含的内容，此时就需要通过关键词进行区分划界。例如在检索中，由于不同国家和地区的专利局对专利文献分类加工的思路不同，因而同一主题的文献有可能会被分在不同的分类号下，这时需要使用关键词对所检索的主题进行补充或者直接将关键词作为检索入口。因而，需要结合专利分析的整个过程对关键词进行确定。

在专利分析的检索中，所确定的关键词是要表达出整个技术领域或整个技术分支的技术特点，这种技术特点对于该技术领域或技术分支而言具有一般性和普遍性，这种技术特点是从单篇或几篇专利文献中无法完整获取的，这需要对给技术领域或该技术分支有较为全面、深入的了解。此外，对于各技术分支，关键词应立足于表达该技术分支的技术特点，包括其特有的物理/化学/半导体等结构特征，也包括其特有的技术效果、特定的制备或处理方法、原料、应用领域等，从这些不同的角度考虑用于表达该技术分支的技术特点的关键词。

由于语言表达的丰富性，同一技术概念的词汇表达方式是多种多样的，尤其在专利文献中，由于其具备技术和法律双重属性，并与申请人的技术背景、思维方式或所处角度不同，技术概念的描述可能会大相径庭。为了使技术概念的关键词表达方式尽可能与数据库中所存储的专利文献的表达方式相符，应当尽可能使关键词更加周全，才能够满足检索的需求。

一般来讲，同义词和近义词是扩充检索要素的技术概念的常用手段，一件事物往往具有多个名称，如科学用语、俗语、口语、不同地区的称谓等，如直升飞机还称为直升机、旋翼机等，手机称为手提电话、移动电话等。此外，同义词还包括同一事物的商品名、全称、简称、旧称、外文缩写以及分子式、符号等。使用同义词和近义词表达检索要素时，有些情况下，某个检索要素具有同一次或近义词，那么该同义词或近义词可以替代该检索要素。

由于专利文献的法律属性，申请人往往倾向于使用较为上位的表达方式，以期望扩大专利的保护范围。因此，在进行专利检索时，也可以适当使用上位词来表达技术概念从而扩大检索范围，如对于"鼠标"可以采用"输入设备""外设"等词来表达。

有些词汇不属于关键词的同义词或上下位词，但其表达的技术概念与检索要素所表达的技术概念密切相关，在进行专利检索时，也可以采用此类相关词汇来表达检索要素。

4.2.3 检索结果评估及调整检索策略

随着检索的进行，需要根据检索结果调整检索策略。包括检索要素的调整与检索数据库的调整。检索者通过对检索结果的初步浏览，可能会发现对该行业技术新的检索要素，或者纯噪声检索要素，此时可以增加、改变或减少检索要素。另一方面，当检索者在某一数据库中没有检索到合适的文件时，需要根据可以使用的检索手段和功能，以及待检索技术的特点重新选择数据库。例如，若使用 EC、UC 或 FI/FT 分类体系进行检索，则选择 SIPOABS 或 VEN 数据库；若使用 MC/DC 分类体系进行检索或使用 CPY 进行申请人检索，则选择 DWPI 数据库。调整数据库的另一个目的在于补充检索，利用各数据库字段的互补性，去补充各数据库中所需的字段。

在专利分析中，全面而准确的检索结果是后续各种研究分析、结论获得的基础，因此，对检索结果进行评估，对于调整检索策略、获得符合预期要求的检索结果集起着至关重要的作用。

检索结果的评估应当贯穿于整个检索过程的始终，并作为动态调整检索策略的重要手段，不断对检索结果进行修正与补充。检索结果评估应针对各个检索步骤，无论是整体技术领域的检索，还是各个技术分支的检索，在检索的每一个环节中，都需要及时对检索结果进行评估，判断检索策略是否合理，以及检索结果是否符合预期标准。

英国学者克里维顿在 Cranfield I 试验中首次将查全率（Recall）和查准率（Precision）作为信息检索系统效率的评价指标。

在信息检索领域，通常意义上的查全率被定义为 $R = a/(a+c)$ =（被检出相关文献量/总文献中所有相关文献量），其中 a 表示被检出相关文献量，c 表示在检索中漏检的相关文献数。而实际操作中由于无法明确漏检文献数 c，因此上述定义不适于对专利检索结果的评估。因此在专利分析检索工作中，将专利文献集合的查全率定义如下：

设 S 为待验证的待评估查全专利文献集合，P 为查全样本专利文献集合（P 集合中的每一篇文献都必须要分析的主题相关，即"有效文献"），则查全率 r 可以定义为

$$r = num\ (P \cap S)\ /num\ (P) \tag{1}$$

式中：$(P \cap S)$ 表示 P 与 S 的交集；num（·）表示集合中元素的数量。

通常意义上的查准率被定义为 $P = a/(a+b)$ = 被检出相关文献量/被检出文献总量，其中 a 表示被检出相关文献量，b 表示被检出误检文献量。类似地，将专利文献集合的查准率定义如下：

设 S 为待评估专利文献集合中的抽样样本，S' 为 S 中与分析主题相关的专利文献，则待验证的集合的查准率 P 可定义为

$$p = num\ (S')\ /num\ (S) \tag{2}$$

式中：num（·）表示集合中元素的数量。

在专利分析检索结果评估中，查全率用来评估检索结果的全面性，即评价检索结果涵盖检索主题下的所有专利文献的程度；查准率用来衡量检索结果的准确性，即评价检索结果是否与检索主题密切相关。由于专利分析的检索结果评估属于抽样评估，因此这里采用的是相对概念的查全率与查准率。

查全率 = 检索结果集/评估样本集

查准率 = 与检索主题密切相关的样本集/待评估抽样检索结果集

在进行专利查全率评估时，用于查全专利文献集合的检索要素与用于构建查全样本专利文献集合的检索要素之间不能存在任何交集，否则将存在用子集检验全集的查全率的现象，必然影响到评估结果的科学性。对于技术分支的检索采用的是关键词和分类号相结合的检索方法，此时，对于构建查全率评估样本集时则不适于采取与检索过程存在交集的检索方法，由于关键词和分类号难

以穷举，容易存在遗漏，因此，在构建查全率评估样本集时通常不使用关键词和分类号。

由于查全率评估属于抽样调查，查全率评估样本集过小，则可能无法全面地反映待评估集合的全貌，出现评估结果的失真；查全率评估样本过大，将带来较大的工作量，失去抽样调查的本意。因此，应当根据带评估集合的数量将样本数量控制在合理的范围内。

常用的查全率评估方法包括：通过申请人评估；利用重要专利评估；基于引证/引用文件；中英反证评估法等。

使用重要申请人来构建查全样本专利文献集合，重要申请人应当满足以下条件：①该申请人的申请量应当足够大；②该申请人的申请主题集中度较高，利于检索确定。若一个申请人所产生的样本容量过小，可以使用多个申请人的专利文献来构建查全样本专利文献集合。

选择本领域重要申请人进行评估。利用申请人作为检索入口进行检索，对获得的检索结果针对待评估的检索主题进行人工阅读、清理和标引，将阅读、清理和标引后的数据作为评估样本集。接着，以相同的申请人为入口，在待评估的检索集合中进行二次检索，同样对获得的检索结果针对待评估的检索主题进行人工阅读、清理和标引，之后将获得的检索结果集与评估样本集进行比对。

其中，重要申请人的选取主要有以下两种方法：

（1）在检索前，通过非专利数据库查找与检索主题相关的综述类文献；通过外网搜索引擎查找相关市场与销售情况，以及通过企业调研从而了解相关行业的技术背景与发展现状，确定行业中具有技术优势和/或市场优势的重要公司、企业与研发机构作为重要申请人。

（2）通过简单的关键词、分类号进行初步检索，对申请人进行排序，选取申请量较大的申请人。

需要注意的是，在选取用于检索结果评估的重要申请人时，需要从技术优势、市场优势以及专利申请量等多个因素综合考虑，选取专利申请方向比较集中，而申请量又符合构成评估样品的申请人，通常而言，选取重要申请人时需要遵循以下基本原则：该重要申请人的申请量适中，符合构成评估样本的数量要求，且研发及专利申请方向较为集中，易于人工阅读筛选。例如，在大飞机领域的空中客车公司，其专利申请集中于该领域，且申请数量较大，适于作为评估样本。

如果通过重要申请人为入口进行检索获得的申请量较大，也不能通过分类号、关键词再次进行限定，由于查全率的评估样本集获得的基本原则是基于与查全过程不同的检索策略进行，则当使用分类号和关键词进行二次限定的时候，容易重蹈检索过程的疏漏之处，出现文献遗漏，因此，应当尽量采取阅读标题与摘要的方式逐篇进行筛选。

对于难以获得合适的重要申请人的情形下，当选取的重要的申请人样本量较大，对于通信行业，华为、中兴是本领域的重要申请人，但其申请量常常达数千篇，难于阅读筛选。此时有两种方法可供参考：一是可通过年代进行二次检索，缩小样本数量，进而进行人工阅读筛选；二是通过关键词和分类号提取与待评估主题密切相关的文献，对剩余文献进行人工阅读筛选，作为补充。当选取的一个申请人的样本数量较小时，可以使用多个申请人构建查全率评估样本集。

应注意检索过程中申请人名称表述的一致性，即如果在获取评估样本集过程中对申请人的名称采用多种表述方法，那么在检索待评估的检索结果集时，应采取同样的多种表述方法。在采用重要申请人评估方法时，尽量选择多个申请人进行评估，以综合评估查全率。

选择前期技术调查以及企业调研中获得的涉及侵权、诉讼以及行业技术发展中的源头专利作为样本，判断在检索结果范围内是否包含样本专利，来评判专利检索的全面性。重要专利评估方法的评估样本集的获取取决于前期技术调查与企业调研中已获取的重要专利的数量，当样本数量较少时，该方法具有一定的局限性，不适于用来评估检索结果。

该方法仅作为检索评估的一个辅助方法，通常而言，收集的重要专利一般是与本技术领域最为密切相关的专利文献，当待评估的样本集中未包含这些专利时，说明需要对前一阶段的检索策略作出调整，是否遗漏了重要的分类号或关键词。相反，当重要专利集均包含在待评估样本集中时，却不能得出值得信任的查全率指标。

基于引证/引用文件的查全率评估方法与重要专利评估方法的思想与方法均类似，引证/引用文件可以在检索前的准备过程中对背景技术的学习过程中收集，在所阅读的专利或非专利文献中搜集的引证/引用的专利文献作为构建全样本专利文献库的元素；另一种获取引用/引证文件的方法是对专利进行追踪检索，对其引用或引证的专利文献进行人工筛选来获得有效文献。但鉴于仅美国申请对申请文件有引证文献的要求，因此基于引证文献来构建查全样本专利文献集合具有一定的局限性。

对同一技术分支分别在中文库和外文库检索，将中文库中的经过阅读、清理和标引后的数据作为评估样本集，通过国别 CN 对英文库的检索结果集进行二次检索，将英文库的检索结果与中文库的样本集进行比对。应用这种方法需要注意的是：

（1）英文库的检索结果应在 DWPI 或 WPI 中合并再取出申请号中带有 CN 的。

（2）中文和英文库的检索要素、检索过程和策略应基本一致。

（3）由于受到文献量及人力、物力、时间等因素的影响，该方法适于对文献量适中的某一技术分支的检索结果进行评估，不适于对检索结果文献量较大的技术分支或整体检索结果进行评估。中英文库反证法适于发现由翻译的多样性导致的漏检；此外，这种方法也利用了 WPI 中的专业改写摘要的特点，来发现和弥补在中文摘要检索的不足。

当在中文库中获得的评估样本集较大时，可作为初步评估外文库检索结果的参考，通常应用于外文库的检索初期。例如，专利分析项目组常规来说先对中文库进行检索由于中文库检索结果数量适中，便于进行精细的数据除噪与补充检索，此时，可在一定程度上认为获得的中文库检索结果是全面和准确的。在外文库的检索初期，可对外文库的检索结果中的中文文献集的数量与中文库检索结果数量进行比对，如相差过大，则需要调整外文库的检索策略。

检索结果的准确性评估采用抽样检测的方法，通过人工阅读、清理、标引，获得与检索主题密切相关的样本集，通过将样本集与待评估的抽样检索结果集比较，获得该检索主题的查准率。其中，抽样检索结果集的选取应充分考虑文献量及人力、物力、时间等因素的影响，选择合适人工阅读、清理和标引的文献量，例如可将文献量适中的某一技术分支的检索结果作为待评估样本，而当待评估的技术分支文献量较大或对整体检索结果进行准确性评估时，可按申请年代抽取数据样本。

在进行专利数据样本的查全率和查准率评估后，根据已获得的检索结果，使用的检索手段和策略，综合考虑时间、精力等成本因素，决定是否可以中止检索。当有理由相信，已经针对待检索的技术领域进行了全面的检索，且检索结果准确的反映了待检索的技术领域时，可以中止检索。

4.3 专利分析检索策略

专利分析检索策略就是为实现对专利分析主题所涵盖的专利信息的检索目标而制定的全盘计划或方案。从发掘检索目的入手，进而确定检索要素及相互间的逻辑关系，选择数据库，科学运用检索技术，构建合理的检索表达式，并最终给出检索的实施方案。

专利分析检索策略的制定是专利分析工作的重要环节，是根据行业背景、技术领域，并结合数据库资源的特点而制定的。专利分析检索的一个要求是获得与技术主题相关的总体文献，以及技术分解表中各技术分支下的文献。对于一个要分析的技术主题而言，常用的检索策略包括总分式检索和分总式检索两种策略。分总式检索策略为根据技术分解表，对各个技术分支展开检索，再将各技术分支的检索结果进行合并，得到总的检索结果。而总分式检索策略则是首先对总的技术主题进行检索，而后从检索结果中二次检索而获得各技术分支的检索结果。

（1）分总式检索策略可以概括为：分别对技术分解表中的各个技术分支展开检索，获得该技术分支之下的检索结果，而后将各技术分支的检索结果进行合并，得到总的检索结果。一般而言，分总式中的"各技术分支"指的是一级技术分支，对每一个一级技术分支可以继续选择分总式或者总分式检索策略。分总式检索策略适用于各技术分支之间的相似度不高（即各技术分支的检索结果之间的交集较小）的情形。分总式检索策略的另一个好处是课题组成员可以并行检索各技术分支，提高检索效率。

（2）总分式检索策略是先进行总体技术主题的检索，而后在总技术主题检索的基础上进行各技术分支的检索。总分式检索策略和分总式检索策略恰好相反，总分式检索策略是先进行总体技术主题的检索，而后在总技术主题检索的基础上进行各技术分支的检索。总分式检索策略适用于技术领域和分类领域等涵盖范围好且较为准确的情形。

（3）引证追踪检索主要对专利文献的引文字段和说明书中引用的文献信息为线索进行追踪。通过对某一技术领域或某一申请人专利的引证、被引证、引证率以及自我引证程度高低分析，在一定程度上确定该技术领域的专利分布情况（基础专利、核心专利、重要专利等）和以重要专利为支撑的技术发展线路，以及获取申请人以及竞争对手在该领域的竞争地位。申请人拥有的专利被引程度越高，自我引证程度越高，被引专利数量越多，则该申请人的技术创新程度越高，更加具备竞争力。在专利分析中，主要通过引文字段进行追踪检索。在以 EPOQUE 检索系统、S 系统和 DII 数据库为代表的众多专利检索系统/数据库中均存在引文字段，其给出了专利文献说明书中引用的现有技术文献，或在专利审查过程中引用的各种文献，或引用本专利的专利文献。其中，DII 数据库整合了 Patents Citation Index（专利引文索引）数据库，既提供引文专利检索（Cited Patent Search），也在结果浏览中提供每篇专利的施引专利和被审查员引用的专利。

（4）分块检索是将某一技术主题或某一技术分支拆分为几个技术点或者技术块。与分总检索不同的是，这里的"块"不仅可以是一个技术分支，更多地是一个技术点或者技术块，在检索时，针对每一个技术点或者技术块进行查全和去噪。分块检索是一种抑制噪声的检索策略。从某种意义上来说，将技术分支拆成技术点或者技术块，是对该技术分支的进一步技术分解，但这一技术分解应当从适合检索的角度出发。也就是说，分解出来的技术点或者技术块应当能够通过简单的检索式进行查全与查准。分块检索策略适用于某一技术分支拆分成易于检索的技术点或者技术面的情形。

在检索策略制定后，采用关键词和分类号进行检索则是最基本的方式。而往往准确的分类号和关键词会使专利分析检索工作更加有效和快捷。

在专利检索时，需要选择不同的数据库进行检索以确保数据的全面性。同时，不同的数据库的分类标准的差异可能使同一技术主题在不同的数据数据库中涉及不同的分类号，因此需要根据技术主题、所使用的数据库特点等合理选择分类号，并根据检索结果的全面性和准确性等方面实时调整和补充分类号。

在不同的技术领域，其分类标准是不同的。专利分析时，通常以产业结构、专利分类系统或者以产业分类标准为主、专利分析系统为辅等分类标准对所分析的技术领域进行技术分解。通常，对于一份确定的技术分类表，其中的某一项技术分支可能涵盖多个分类号下的专利文献，而一个分类号下的专利文献有可能分别归属于多个不同的技术分支。通常，可以通过关键词找到相关技术内容的大致分类位置，再通过在分类表中进行上下级浏览和彼此交叉指引获取准确的分类位置。而在一些近年来发展较快的领域中可能存在 IPC 分类表的更新速度无法与其技术发展速度相适应的问题，甚至一些关键技术都没有相应的确切的分类号，尤其是对于涉及大量交叉学科的技术，必须立足于本学科发展的现状，构建详尽的技术分解表，针对技术分解表的各分支分别确定其对应的分类号。

在专利检索中，对于无法用单纯的关键词表达的技术内容，可以通过分析统计确定分类号。例如，在 EPODOC 数据库中，使用比较准确的关键词检索获得一定数量的专利文献，通过统计 IPC、EC、UC 出现的频次即可得出更为准确的分类号。通过分类号以及其对应的解释，可以确定分类号与所分析的技术领域的相关性，并通过在分类表中进行上下级浏览和彼此交叉指引获取准确和全面的分类位置。

在专利分析中，技术分解、专利检索、数据分析等环节都需要选择、确定并使用分类号，尤其在前期检索阶段时，经常需要根据检索结果的全面性与准确性实时调整和补充分类号，以使专利分析的需求与分类号的动态的调整和补充同步完成。在分类号的调整和补充时，应当充分分析噪声的引入因素从而对分类号进行合理增减。

此外，针对某些特定国家和地区的文献推荐使用对应的分类体系，会有更好的效果。如针对美国文献多用 UC，针对日本文献多考虑 FI/FT，针对欧洲文献多用 ECLA/ICO。例如，针对太阳能电池领域各个不同技术分支进行检索时，通过 FT 检索获取的文献的准确率较高，这源于 FT 较为精确的分类，因而在检索相关日本专利文献时，可参考以 FT 为主、关键词为辅的检索方式。

在专利分析的检索中，所确定的关键词是要表达出整个技术领域或整个技术分支的技术特点，这种技术特点对于该技术领域或技术分支而言具有一般性和普遍性，这种技术特点是从单篇或几篇专利文献中无法完整获取的，这需要对给技术领域或该技术分支有较为全面、深入的了解。此外，对于各技术分支，关键词应立足于表达该技术分支的技术特点，包括其特有的物理/化学/半导体等结构特征，也包括其特有的技术效果、特定的制备或处理方法、原料、应用领域等，从这些不同的角度考虑用于表达该技术分支的技术特点的关键词。

为了获得准确而完整的检索结果集，应当紧密地围绕专利分析项目的主题和涵盖的各级以及各技术分支选择关键词，可有效弥补分类号检索的不完整性和局限性，可以选择综述性科技文献、教科书、技术词典、分类表中的释义、技术资料等中涉及的关键词。对应于技术分解表中的各技术分支，选定的关键词应该能够独立地或者与分类号等的逻辑运算来较准确和完整地表达专利分析的主题或技术分支。同时，通过对调研、研讨等过程中收集的技术专家、企业专利技术人员以及一线的生产研发人员的惯用技术术语，也应当将其作为关键词的来源之一。

此外，在确定某一检索主题和/或技术分支的初步检索式后，在数据库中执行该检索式，然后可以利用该数据库中的统计和排序 Preparation，例如 WPI 中的 . . stat 命令，可对该检索结果的关键词字段依据出现频次进行排序，选取一些词频较高的词作为检索用关键词的备选。

由于关键词表达的多样性和复杂性，在初步进行检索时，很难一下子就确定出所有适用的关键词，在检索过程中，需要对检索结果进行多次取样阅读和评估，以完善检索式，而在这个过程中，可以不断地发现和补充适用的关键词，既包括补充检索用关键词，也包括补充除噪用关键词。同时，在确定了某一检索要素的关键词后，还需要对其扩展，以获得适用于该检索要素的完整的关键词集。这些扩展，包括对其进行同义词、上位词、下位词、缩写式、不同语言等不同表达方式的扩展，也包括根据表达习惯的时间性、地域性、译文以及拼写方式的多样性和常见的错误表达方式进行扩展，同时还要注意适当的使用通配符和/或截词符来使其尽可能地容纳各种拼写方式以及常见的错误拼写。

通常而言，检索过程中容易漏掉部分仅包含隐性关键词的文献。根据关键词与检索结果的相关程度，可以将关键词分为显性关键词与隐性关键词。显性关键词为与技术主题明显相关且在本领域出现频次较高的词，而隐性关键词则是表面与技术主题无明显关系的关键词。分析发现，隐性关键词通常是在技术演进中的随着技术广度的渗透而出现的，在摘要文献库检索过程中容易被漏掉，因为包含这类关键词的专利申请的摘要、权利要求甚至全文中不出现。

在专利分析检索过程中常常需要进行关键词与分类号的组合，通常情况下有以下三种组合方式："关键词与关键词组合""关键词与分类号组合"和"分类号与分类号组合"。

根据检索的目的，首先，将列举的关键词用"与、或、非"等逻辑运算关系进行组合，该组合关系适用于被检索主题没有或很难找到明确的分类号的情况；其次，将列举的关键词语列举的分类号用"与、或、非"等逻辑运算关系进行组合，这是一种最常用的组合方式，一般适用于被检索主题具有比较准确的分类为止，但是被检索技术方案中的重要技术特征没有明确的分类位置的情况，这种组合方式中，分类号的粗细与关键词的多少有较为密切的关系，一般分类越上位，使用的关键词越多，相反，使用的分类越准确，关键词则越少；最后，将列举的分类号用"与、或、非"等逻辑运算关系进行组合，该组合一般适用于被检索的主题涉及不同的技术领域，并且每个技术领域都具有明确的分类，这种直接将所涉及的不同技术领域的分类号进行组合的方式，往往能够快速检索到比较相关的专利文献。

除上述检索策略外，在检索过程中，利用一些检索技巧，可以降低检索的时间，提高检索的准确性。要从数据库中无遗漏地、准确地获得相关的文献，常常需要使用截词符和各种算符，充分了解各种截词符和算符的含义，并进行合理地使用，可以使检索式简明、易操作，同时获得更为准确的检索结果。此外，根据检索的需求可以使用布尔算符 AND、OR、NOT，临近算符 W、D 及同在算符 F、P、S 等将两个检索内容连接起来，对检索内容进行较为紧密和精确的限定，获得更为准确的检索结果。

第5章 专利分析基本方法综述

专利分析方法是做好专利分析的基础，它要求根据不同的需求和目的，对专利数据进行采集、组织、整理，采用不同的方法和模型（定量或定性）挖掘其隐含在专利文献和信息中的法律、经济与技术信息与知识，以指导企业经营决策和技术创新的一种技术方法或手段。

研究专利数量与其他经济或技术指标（变量）之间的关系，进行专利统计分析的理论基础基于以下基本条件：

（1）专利反映了发明活动与创新。

（2）专利政策、专利制度与属性在一定时间内是相对稳定的。

（3）虽然单个专利的质量或价值存在较大的差异，但在大量专利条件下，各类专利存在单个发明的平均价值。

（4）专利的数量与质量之间的关系表现为正态分布，即在其他条件相同情况下，通常专利数量越大，对应的高质量的专利数量也越大。

（5）专利计量具有与文献计量相似的规律。

从分析方法上，专利信息分析方法通常可以分为三类：定量分析方法、定性分析方法和拟定量分析方法。对于分析角度，人们尽可能地以各种深入的分析入口加以反映。

5.1 专利技术分析

专利技术分析是指在对专利进行定量或定性分析的基础上，反映某一技术的发展趋势、生命周期、发展路线、技术焦点和/或空白点的专利分析方法，其能够为技术研发和利用提供较为重要的参考依据。

5.1.1 专利技术发展趋势分析

分析某行业的技术发展趋势可以了解该行业的技术发展态势和发展动向。

这有助于该行业的从业人员或研究人员对行业有一个整体认识，并对研发重点和研发路线进行适应性的调整。

行业的技术发展趋势，则需要结合相关技术资料对相关图表进行解读，从而得到综合的分析结果。综合分析结果的描述大致可以包括以下几个方面：

（1）各发展阶段的申请总量（或趋势）、平均增长量（或平均增长率）。

（2）各发展阶段申请人数量的变化。

（3）各发展阶段的主要申请国家和地区、代表性申请人。需要注意的是代表性申请人并不一定是申请量排名前几位的申请人，也可以是在行业中具有重大影响和/或拟重点研究的申请人，例如占据较大市场份额、专利诉讼率高但专利申请量不是很大的申请人。

（4）各发展阶段的主要技术、代表性专利。需要注意的是主要技术最好是最初制定的技术分解表所提到的技术，以便与后续技术分析前后呼应；代表性专利可以是在行业中具有巨大影响的专利和/或拟重点研究申请人的代表性专利。

（5）各发展阶段产业和政策的发展情况。着重分析政策因素对专利申请量的趋势影响。

（6）对技术发展趋势的总结和预期。

根据分析行业的不同，可以选择其中几项进行描述，也可以加入有行业特色的描述。在进行技术发展趋势分析时，不应该只停留于申请量的变化趋势，而应该更多地结合行业和技术来分析申请量变化所体现的技术发展变化。应当对技术发展趋势的分析结果进行验证，主要是核实采用的分析方法是否合理以及得到的分析结果是否与行业的发展相符。分析结果的验证主要可以通过与专利分析专家、技术专家和行业专家的交流来进行，也可以利用网络等资源查证分析结果的合理性。

案例 5-1：①

截至 2012 年 5 月 16 日，全球关于农业耕种收机械的专利申请共计 220154 项。可将全球专利申请趋势分为 5 个主要阶段（图 5-1）。

① 杨铁军. 产业专利分析报告（第 7 册）[M]. 北京：知识产权出版社，2013.

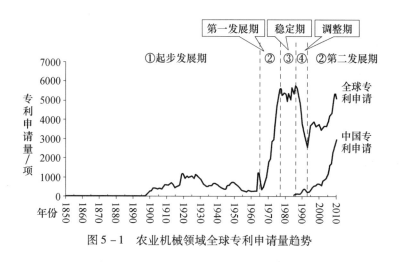

图 5 - 1　农业机械领域全球专利申请量趋势

1. 起步发展期（1965 年以前）

该阶段，从检索到的最早农业机械专利申请（US20628A，玉米收获机的改进，R. B CORBIN 和 JAS. MORRIS 申请，1858 年 6 月 22 日授权公开）开始，一直到 1965 年（年申请量为 361 件），专利申请量一直维持较低的水平，平均年申请量 371.5 项。这与当时专利制度的发展普及程度以及农业机械作为各国传统行业的封闭发展有着很大关系。在这一时期，专利申请大多集中在美、德、法、英、瑞士等专利制度基本完善的欧美发达国家。而传统农业大国，如中国、俄罗斯、印度、巴西、澳大利亚，专利制度尚在建设起步阶段，专利申请量维持在很低的水平。

2. 第一发展期（1966—1977 年）

自 1966 年起，全球农业机械专利申请有了大幅度的提高，平均年增长率达到 29.9%。专利申请的快速增长，是与以电子信息技术为代表的第三次产业革命同步进行的，申请内容也大多涉及传统农业器具与现代电子控制技术的结合。除欧美发达国家外，世界主要农业国家均在此阶段取得了农机领域专利申请上的突破，比如巴西、澳大利亚、新西兰。特别是日本，在战后重新崛起，通过颁布《农机化促进法》等一系列法律法规，以及成立农机化服务组织，快速实现农业生产机械化，使得本土农机企业快速发展壮大，产生了一系列国际知名农机企业，如久保田、洋马农机、井关农机等。该时期，日本专利申请量在全球总申请中占 65%，成为农业机械领域的科技创新强国。

3. 稳定期（1978—1986 年）

全球专利申请量在此阶段基本保持稳定，每年约 5300 件。在日本的专利申请依然占据主要地位，占全球总申请量的 52%。同时日本农机企业也完成兼并整合工作，形成了以久保田、井关农机、洋马农机、三菱农机为首的龙头农机企业，以上四家日本企业递交的专利申请就占据了日本总申请量的 28%。此外，作为当时世界主要农产品生产国的苏联，也加大了农业机械的研发力度，专利申请量快速增长，在全球专利申请目的国排名中，超越美国跃升到第二位。而世界其他国家也在此阶段保持了较大的科技创新规模。

4. 调整期（1987—1993 年）

在此期间，全球专利申请量出现了大幅下挫，从 1986 年峰值的年申请量 5744 项，降到 1993 年的 2532 项的谷底，年平均降幅达到 12.2%。造成大幅下降的原因主要有两点：一是日本申请量的大幅走低，从稳定期的年均约 3500 件，下降到年均约 1300 件。分析原因，主要是 20 世纪 70 年代末日本本土农业机械化快速完成后，本国对新型农机的需求不高，加之 20 世纪 80 年代末美国金融危机导致日元大幅度升值，作为主要农机销售市场的美国经济下滑，日本农机产品企业对美出口急剧降低，导致日本几大农机巨头纷纷控制成本，降低研发投入。第二个原因是受苏联解体的影响。在解体过程中，苏联的经济和科技研发遭到重创，专利申请量急剧下滑，从稳定期的年均约 800 件，迅速萎缩到解体后的年均不足 150 件。稳定期中申请量排名前两位国家的申请量下降，加之欧美主要专利申请国的申请量稳中有降，直接导致了全球专利申请量的下滑。在这一时期，与上述国家形成鲜明对比的，是我国专利申请量的高速增长，在申请目的国排名中，中国已进入世界前五。随着 1985 年中国专利制度的实施，国家对于科技创新的大幅投入，我国农机企业开始走向科研创新、寻求知识产权保护的发展之路。

5. 第二发展期（1994 年以后）

从 1994 年起，农业机械领域全球专利申请量又进入快速增长期，年均增长率达到 5.1%。在这一阶段，随着计算机技术、新材料、新工艺的普及推广以及"精细农业"概念的提出，农业机械逐步向多用化、通用化、小型化方向发展，促使广大农机企业加大研发投入，加快产品转型升级，带动全球专利申请量的再次提高。在该发展阶段，特别是进入 21 世纪，中国专利申请对全球申请量的快速增长做出了突出贡献，在农业机械领域的中国专利申请量于 2006 年一举跃升至全球第一位，2010 年已占全球专利申请量的 57%。

5.1.2　技术生命周期分析

技术生命周期是科技管理领域中重要的研究主题之一。专利技术生命周期是根据专利统计数据绘制出技术 S 曲线，帮助企业确定当前技术所处的发展阶段、预测技术发展极限，从而进行有效技术管理的方法。技术生命周期分析是专利分析中最常用的方法之一。通过分析专利技术所处的发展阶段，可以了解相关技术领域的现状、推测未来技术发展方向，能够确保技术领先并实行技术垄断，产品一般要经历技术革新—新商品—发展—成熟—衰退这一生命周期。

正如产品具有生命发展周期一样，专利技术也有它的生命发展周期。专利技术在理论上按照技术萌芽期、技术成长期、技术成熟期和技术衰退期四个阶段周期性变化。

1. 技术萌芽期

在技术萌芽期阶段，技术没有特定的针对市场，企业投入意愿较低，仅有少数几个企业参与技术研发，并且可能来自不同领域或行业，专利权人数、申请的专利数都较少。但是这一时期的专利大多数是原理性的基础发明专利，可能会出现有重要影响的专利，专利等级较高。

2. 技术成长期

随着技术的不断发展，市场不断扩大，技术的吸引力凸显，使得介入的企业增多；专利申请的数量急剧上升，集中度降低，技术分布的范围扩大。

3. 技术成熟期

技术进入成熟期时，由于市场有限，进入的企业数量增长趋缓。由于技术已经相对成熟，只有少数企业继续从事相关研究，专利增长速度变慢并趋于稳定。

4. 技术衰退期

当某项技术老化或出现更为先进的替代技术时，企业在此项技术上的收益减少，选择退出市场的企业增多。此时有关领域的专利技术申请量几乎不再增加，每年申请的专利数和企业数都呈负增长。

专利技术生命周期的分析方法主要有图示法和指标评价法。图示法是通过对专利申请数量或获得专利权的数量与时间序列关系、专利申请人数量与时间序列关系等问题的分析研究，绘制技术生命周期图，推算技术生命周期。在实际研究中，图示法也可以用时间序列法直接展开专利权人或专利申请人数量对应的专利或专利申请数量图来表征专利技术的生命周期。指标计算法由于存在计算复杂、数据处理量大、直观性不够等缺点，在实际的分析操作中不如图示法。

技术生命周期是用每年的申请量与当年申请人的数量进行对比后绘制的曲线，如果该曲线往前往上发展，说明这一技术仍然具有大量的申请人和申请量，则该技术仍然具有广大的发展、研究前景；如果曲线往后往上发展，说明这一技术的申请量掌握在少数申请人手中，而这些申请人在该技术的研发上做出了大量的研究。通过这一曲线我们可以获知该技术的具体发展情况。

案例 5-2:①

联合收割机全球申请技术生命周期图的发展情况与全球申请量趋势图的发展相似，图中重点标出了转折点，由于萌芽初步阶段的申请量太少，无法形成连续的分析曲线，因而现在只结合前一节的全球申请量发展趋势图中的三个阶段进行说明（图 5-2）。

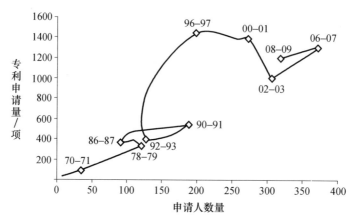

图 5-2 联合收割机全球申请生命周期图

1）第一发展阶段（1971—1990 年）

在世界范围内，自联合收割机领域专利申请起步以来（1898 年），且从

---

① 杨铁军.产业专利分析报告（第 7 册）[M].北京：知识产权出版社，2013.

图 5 -2 中可见，到 1979 年一直保持平稳发展态势，这一阶段的申请人数量和专利申请量都有了较大幅度的增长。1980—1987 年期间，新机型和新技术的出现较少，研发重点主要集中在原有基础上进行适应性改良，申请人和申请量在这一时期都呈减少状态。

2）第二发展阶段（1991—2000 年）

1987—1991 年进入了一个调整时期，这一时期由于技术的进一步发展，企业之间的竞争加剧以及原有的联合收割机的重要市场苏联和东欧的动荡，使得企业的并购重组、研发方向、市场等都出现了巨大变化，使得该技术发展表现出滞缓的态势。1993—2000 年进入了一个高速发展期，这一时期，国际上主要的联合收割机产业巨头的构成已开始显现，企业的并购重组和联合进一步深化，开始形成一些垄断规模的企业，各巨头都开始构建自己的专利申请布局，并形成了各自的特色，从而引导该领域的专利申请量快速增长。

3）技术发展调整期（2001 年至今）

2001—2003 年，全球经济危机的影响余波尚存，全球联合收割机的主要研发企业都纷纷减少了申请数量。而 2003—2006 年，纷纷有很多申请人开始加入战场，特别是很多新兴的企业开始专利布局。而 2007—2009 年，再次受到金融危机的影响，申请人和申请量都再次减少，而且经过多年的发展，该技术也已经进入技术成熟期，机型、零部件的结构和布置都已达到成熟的状态，该技术的发展主要集中在优化零部件上。

由上述分析可知，申请生命周期与申请量曲线的发展基本保持一致，1993—2000 年之间，专利申请热潮一直高涨，但 2000 年之后由于经济危机以及技术发展已趋于成熟的影响，申请量和申请人数回落。

5.1.3　技术功效分析

技术功效分析通常由技术和功效来构建技术功效矩阵进行分析。技术功效矩阵用气泡图或综合性表格来表示。从技术功效图表中可以看出专利申请在关键技术点上不同的技术需求上的集中度，较为集中的可确定为重点和/或热点技术，而申请量较少甚至为零的可以认为是空白点技术，难点技术可综合技术发展的阶段和演进进行确定。在专利分析相关的报告中，也可以结合专利申请的具体内容，对某一项或几项技术热点、难点进行技术层面上的详细分析。

案例5-3:①

通过对功效矩阵进行分析，可以得出某部件的发展热点及技术空白点。与土壤直接接触的犁体曲面是犁体研究的重点，而犁铧更是研究铧式犁犁体的最重要的零部件，因此本书从犁铧的不同方面分析相应的功效特点。在铧式犁的技术需求方面，最为受到关注的是耐磨耐用性、机耕阻力、耕地质量和适应性、提高效率五个方面的功效，由于提高工作效率是任何研究的目的，没有针对性，因此对犁铧专利申请的功效分析仅涉及耐用耐磨性、机耕阻力、耕地质量和适应性四个方面。

为了统计的方便，涉及犁铧耐用、耐磨、耐腐蚀、寿命长的功效统一归到"耐用性"；涉及耕地阻力、入土阻力、摩擦阻力等与阻力相关的功效统一归到"阻力小"；涉及耕地质量、碎土水平等的功效统一归到"质量高"；涉及犁铧水旱适应性、多土质适应性、多功能、多用途的功效统一归到"适应性"，犁铧的结构和功效共同组成了针对犁铧的4×4功效矩阵分析（图5-3）。

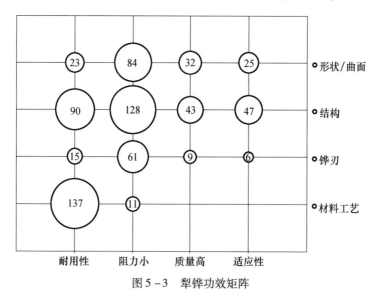

图5-3 犁铧功效矩阵

如图5-3所示，横向来看，犁铧的形状/曲面、结构、铧刃三者对应于"阻力小"方面的专利申请量最多，但是在耐用性、耕地质量和适应性等的功效

_____

① 杨铁军. 产业专利分析报告（第7册）[M]. 北京：知识产权出版社，2013.

上也是有所涉及的。犁铧的结构方面的专利申请，对于"耐用性""阻力小""耕地质量"和"适应性"都有所涉及，且相对平均，说明犁铧结构是犁铧设计的基础。犁铧的材料/工艺/热处理方面的专利申请只针对"耐用性"和"阻力小"两方面的功效，并在耐用性方面的专利申请量占到92%。

据此，对犁铧影响较大的功效主要集中在"耐用性"和"阻力小"两个方面；犁铧的形状和曲面主要针对于耕地阻力小而设计，犁铧的结构相对而言涉及四个功效面，但是在"耐用性"和"阻力小"两个方面申请量较大；犁铧的铧刃和材料/工艺/热处理的改进对应的功效较为集中：铧刃主要集中在"阻力小"的功效上，材料/工艺/热处理的改进则主要集中在"耐用性"的功效上。

纵向来看，对于犁铧"耐用性"的功效贡献最大的是犁铧的结构和犁铧的材料/工艺/热处理两方面专利申请。对于犁铧的"阻力小"的功效，犁铧的形状/曲面和铧刃二者贡献相近，有关犁铧的结构的专利申请量最大。对于犁铧的"耕地质量"和"适应性"方面的功效，主要涉及犁铧的形状/曲面和结构两方面的专利申请。

因此，若想要犁铧的耐用性（即使用寿命）得到提升，应将研究的侧重点放到犁铧的结构和犁铧材料的选择、热处理技术的发展和犁铧加工工艺的改进上；若要降低犁铧耕地阻力，对于铧刃设计是首先要考虑的，另外也可从犁铧的形状、轮廓曲面和犁铧的结构设计上入手；耕地质量和适应性的提升主要依赖于犁铧具体结构的设计，但是结构的设计也离不开对曲面和铧刃的适应性设计。

5.2　地域分析

地域分析是在对专利进行定量分析和/或定性分析的基础上，制作与国家或地区相关的专利分析图表，通过对图表进行解读得出相关的结论。地域分析可以反映一个国家或地区的专利技术研发实力、技术发展趋势、重点发展技术领域、主要市场主体等，也可以反映出国际上对该区域的关注程度等。区域分析的结论可以为国家或地区间竞争对抗和全球范围内专利布局提供参考依据。

对企业的专利布局进行分析，是指以专利的地域属性（Where）为主要参照系，对专利指标所表征的地域维度上的信息进行提取分析，并进一步分析出企业的布局策略。

主要从以下三个角度着手分析。

1. 目标市场分布（国家区域分布）

专利制度自诞生之日起就具有地域属性。在专利的地域属性中最突出的一项就是专利的地域分布，其表征了申请人专利布局的选择和意向，也与申请人希望获得专利保护的范围密切相关。市场规模大、法律法规完善的地区往往是专利权人优先布局的选择。通过专利分析在不同国家的专利分布情况，可以掌握哪些国家或地区是专利的聚集区，在企业进入相应国家或地区时，还要根据各国专利法规进行深入的专利分析（图5-4）。

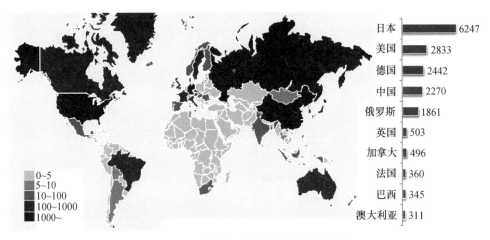

图5-4　联合收割机全球专利分布情况图

案例5-4①：

全球申请量按国家排名所体现出来的情况，一方面是由申请人的分布有关。全球重要的联合收割机生产商均聚集在日本（洋马农机、久保田、井关农机）、美国（迪尔、凯斯纽荷兰、爱科）、德国（克拉斯）等，因而可见国家的申请量直接受到申请人的申请策略影响。苏联解体之前的申请量一直占据全球前列，因而即便是解体之后，申请量大量减少，但按总量计算，苏联地区的申请量排在了前五的位置。值得一提的是，虽然我国专利申请制度起步较晚（1984年），

———————

① 杨铁军. 产业专利分析报告（第7册）［M］. 北京：知识产权出版社，2013.

但是近年来我国专利申请量开始大幅度上升，由此我国专利申请量在全球范围内排名第四。另一方面，联合收割机各国申请量的大小与该国的农业发展情况、农机生产情况有关。日本的洋马、久保田结合本国地域特色而研发出半喂入式联合收割机，且在本国甚至亚洲地区大力推广这一机型，取得了很大的成功。日本申请人也较为注重知识产权的保护。以上两个原因，使得该国的联合收割机领域的专利申请量排在全球首位。美国、德国幅员辽阔，种植情况非常适于利用机械化、全自动化的设备，该两国的农机化开始得较早，科研和技术实力较强，因而使得该两国在联合收割机上的申请量排在前列。

2. 首次申请国分布（技术来源分布）

通过对专利优先权的分析，可以得到该项专利最早提出国家或地区的信息，进而了解该件专利的来源地。据此可以初步估测出某项技术主要来自哪一国家或地区。在少数情况下，一些申请人首次提交专利申请国并非是专利申请人所在的国家或地区，而是其认为其技术相关产业具有一定影响力的国际，因此会给该指标带来一定的干扰。例如，我国台湾地区的很多企业的首次专利申请是在美国提出的，并以此为优先权进行专利布局。

3. 多方专利布局分布

多方专利申请指的是在两个或两个以上的国家或地区就同一发明提交的一组专利申请。申请人除了在本国申请外，在其他国家或地区进行专利申请越多，可能意味着申请人对其专利技术价值的肯定，因此可以根据多方专利来作为间接判断重要专利的依据之一。

三方专利申请指的是在欧洲专利局、美国专利商标局和日本特许厅同时申请的一组专利家族，保护的是同一发明创造。三方专利是目前世界经济合作组织在评价国家或地区的专利实力方面最重要的指标之一。采用三方专利家族作为专利指标，增强了国际间基于专利指标的可比性，通过三方专利比较，国内申请的优势和地理位置的影响能够最大程度上被消除。另外，由于申请人在申请三方专利时，必须额外支付相关费用和承受其他国际扩展保护的时间延误，除非专利申请人认为他自己的专利物有所值有产业转化价值，否则是不会申请三方专利的。所以，三方专利家族中的专利普遍具有较高的价值。

此外，结合产业转移和产业承接的特点以及技术来源和主要市场等特点，也可以根据五方专利（中、美、日、欧、韩）来实现专利指标的平衡和选择。

案例5-5①：

表5-1示出了综合考虑全球申请量、市场份额以及多国申请情况列出全球排名前十的申请人，这十个全球重要申请人都为较为著名的农机生产商，它们根据各自的销售策略，在不同的国家、地区进行申请。需要说明的是表5-1中在华申请的表示方式，以迪尔的数据为例，7/17指在华申请量有17件，其中目前为止仍保持有效的件数为7件。

表5-1 联合收割机全球重要申请人排名

公司	所属国家	全球市场份额①	全球专利申请量/项	多边专利申请量/项	中国专利申请量/件（有效）
井关农机	日本	2.0%	1902	38	33（23）
洋马农机	日本	4.1%	1613	81	77（52）
久保田	日本	4.6%	1442	123	71（52）
凯斯纽荷兰	美国	10.6%	1035	441	0
三菱农机	日本	<0.4%	904	6	0
迪尔	美国	14.4%	771	507	17（7）
克拉斯	德国	3.6%	743	439	8（2）
爱科	美国	7.4%	310	45	4（0）
萨姆	意大利	1.6%	221	61	0
罗斯托夫	俄罗斯	?	101	3	0
① 全球市场份额为2005年农机市场份额					

根据市场统计，全球三大农业机械制造商为美国的迪尔公司（DEERE）、凯斯纽荷兰（CNH Global）以及爱科（AGCO），这三家企业占据了全球农业机械1/3的市场份额。而从表5-1中可以看出，各公司在联合收割机这一领域的多边专利申请情况与其在农机领域的全球市场份额情况基本一致，这体现了联合收割机作为农机的一个重要分支与企业在农机市场中的表现息息相关。由于美国的迪尔公司，主要经营市场在美国及欧洲国家，因而美国申请同时在欧洲等其他国家进行申请的数量超过其全球申请总量的1/2。凯斯在两国以上的申请数量名列第二，第三则是德国的克拉斯。日本企业如久保田、洋马主攻市场在日本本地以及中国，所以其多边申请主要流向中国。从这一项数据说明，这些申

---

① 杨铁军．产业专利分析报告（第7册）［M］．北京：知识产权出版社，2013.

请人是否进行多国申请与其在该国/地区市场发展计划有着十分相关的关系。此外，俄罗斯罗斯托夫农业机械公司排在申请量的第 10 位，该公司成立于 1929 年，是苏联时期和俄罗斯最大的农业机械生产，占据俄罗斯和独联体国家 65% 的市场份额，以生产"顿河"牌联合收割机而闻名，2007 年该公司收购加拿大布勒公司从而迈开了国际化步伐，可以预测其未来随着国际化的发展，也会逐渐增大其多边申请量。

4. 省市区域分布

通过对中国专利申请数据省市区域排名分析，可以看出国内专利申请利用方面的整体情况，为区域经济依靠技术创新提升产业竞争力，以专利战略助推产业升级提供横向比较。

案例 5-6①：

由于铧式犁主要涉及旱作耕种地并需要拖拉机牵引，因此拖拉机总动力分布基本上能够对应铧式犁耕整区域。可以发现，除了内蒙古自治区外，铧式犁专利申请量分布与铧式犁耕整区分布基本上呈相对应的关系，说明我国铧式犁犁体的专利申请是与耕整区的实际需求紧密相连的。另外，图 5-5 中表现的铧式犁专利申请量分布区与《中华人民共和国国民经济和社会发展第十二个五年规划纲要》中提到的东北平原、黄淮海平原、长江流域、汾渭平原、河套灌区、华南、甘肃和新疆等农产品主产区以及以其他农业地区为重要组成的"七区二十三带"农业战略格局基本吻合，并在地块规整的东北平原、黄淮海平原、汾渭平原、新疆农业产区基本对应较为大型的铧式犁设备，在黄土高原、南方丘陵地带和梯田区基本对应精细耕作类小型铧式犁设备或其他耕整设备。

综上所述，我国的铧式犁犁体方面的专利申请有以下特点：

（1）我国专利申请多倾向于申请保护年限短但申请难度不高的实用新型专利。这与国内申请人对专利制度的认识有关，与其技术本身的高度也有一定关系，国内申请人对犁体结构设计的研究更为热衷。

（2）我国农机行业经过了与中国专利制度 30 年的发展同步的发展，尽管实现了从农业机械弱国到大国的跨越式发展，但是与发达国家相比，仍呈现出多而不精、大而不强的特点，这在犁体各部件的技术发展水平上尤其明显，我国

---

① 杨铁军. 产业专利分析报告（第 7 册）［M］. 北京：知识产权出版社，2013.

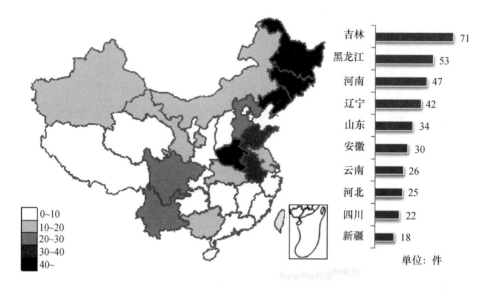

图 5 - 5　我国大陆各省（直辖市、自治区）铧式犁专利申请量分布图

铧式犁由于起点低等原因，大部分相关理念和专利技术发展水平落后于世界先进水平，从专利技术反映出我国的铧式犁基础部件在制造及热处理工艺等方面是落后于世界先进水平的，我们务必要通过引进技术或合作研发等方式尽量缩短差距。

5.3　竞争对手分析

从价值链上分析，要了解产业内所有市场主体（竞争对手）的基本状况，清楚区分技术引领者、市场主导者、产业跟随者和新型进入者。找准目标产业的龙头市场主体在国内及国际上的地位，确定主要竞争对手和发展目标，研究竞争者的市场策略。

5.3.1　竞争对手类型分析

通过分析前对目标产业中的市场主体进行分类，可以正确定位市场主体的产业链位置，为进一步找出产业内专利影响力大的市场主体提供依据。将市场主体分类，找准影响产业发展的关键因素，可以为专利分析确定重点研究目标提供参考。

1. 技术引领型竞争对手分析

技术引领市场主体的主要特点是具有领先的技术创新能力。市场主导型市场主体由于具有资金、技术和先发优势，大多数情况下也是技术引领型市场主体。

技术引领型市场主体往往依据自身的核心专利构建"围栏式"专利布局，除此之外，还积极推动行业标准的建立，将技术标准化与专利相结合，力图倡导一种新理念的技术领域竞争和技术许可贸易的新规则。如 DVD 产业中的飞利浦公司，自从 1972 年最先开发出激光视盘 LD 技术后，一直是 CD、DVD 和蓝光 BD 技术的标准制定者。

案例 5-7：[①]

图 5-6 显示了 DTM 公司对 SLS 激光烧结技术的专利布局策略，为典型的"围栏式"专利布局，即拥有核心专利技术——激光烧结的工艺和装置，以该核心专利为中心通过激光设备、粉末输送涂覆装置、激光扫描定位设备、气体保护装置等辅助设备和烧结材料等将核心专利包围起来，用围栏式的专利群进行全方位的外围专利布局。虽然外围的专利的技术含量可能无法与核心专利相比，但是通过对外围专利的合理组合一定可以对竞争者的技术跟随造成一定的麻烦。

通过图 5-6 还能看出各个专利布局点的 DTM 公司该专利的申请时间和进入主要国家和地区的情况，能够得知该公司专利进入的主要针对区域。可以发现，DTM 公司除了在美国、欧洲、日本、德国进行专利布局外，还针对澳大利亚市场进行专门的专利布局，说明 3D 打印产业在澳大利亚开展较早，且已经具备一定的产业规模。

通过图 5-6 能够得出布局专利的被施引频次（根据德温特数据库的统计）。通过施引频次的统计，如果被引频次较高，一是说明该项专利在产业链上所处位置较为重要，竞争对手不好回避；二是说明被引专利在研发中的基础性和指导性作用[②]。由 DTM 专利布局图可以看出，被施引频次最多的是粉末输送涂覆装置（100 次）和核心专利 SLS 工艺的施引频次（93 次），对激光装置、粉末材料和

---

① 杨铁军. 产业专利分析报告（第 18 册）[M]. 北京：知识产权出版社，2014.
② 李清海，等. 专利价值评价指标概述及层次分析 [J]. 科学研究，2007（2）.

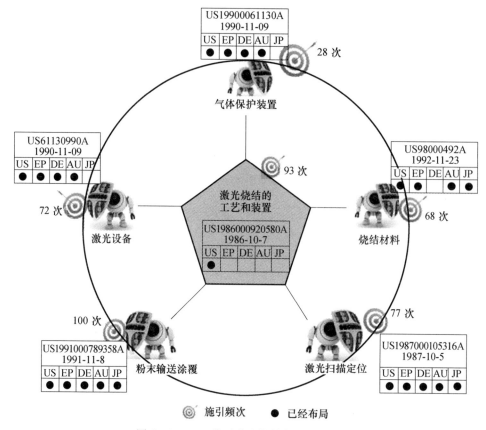

图 5-6　DTM 公司激光烧结专利布局模型

扫描定位的施引频次接近（70 次左右），对气体保护装置关注较少。经过对粉末输送涂覆重要专利（申请号为 US1991000789358）分析发现，DTM 公司对粉末涂覆辊子进行了较为严密的专利布局，竞争市场主体难以绕过，只能在此基础上通过粉末涂覆刮板等替代方式进行突围，EOS 公司在这方面的突围就做得不错。

2. 技术跟随型竞争对手分析

技术跟随型市场主体往往利用外围专利进行专利布局，其专利申请的目的多为参与市场竞争与合作。如 DVD6C 专利联盟的成员中，专利池中除了掌握核心专利的 9 家理事成员企业外，其余百家市场主体多属于技术跟随型市场主体，无论从产业控制力还是专利影响力方面，与技术引领型市场主体的差距很大。

技术跟随型市场主体虽然专利强度相对较弱，但是其专利布局策略和方法以及融入产业的方式，还是值得在专利分析时进行深入研究的，能够总结经验供国内市场主体参与国际竞争时借鉴。

案例5-8:[①]

作为初期的技术跟随型企业，EOS 公司通过以各种不同的应用包围跟随对手的核心专利，就可能使得核心专利的价值大打折扣或荡然无存，这种专利突破方式特别适合自身技术尚不完善，研发和资金实力不足，主要采取"跟随型"研发策略的早期 EOS 公司采用。实施这种方案，需要市场主体对核心专利的敏感度足够，并能迅速跟进，在该专利（SLS）（申请号为 DE1993004300478）的基础上进行改进或改良（SLM），并最终建立属于自己的技术体系（DMLS），完成"源头开花"的原创性专利的开发，实现技术的跨越式发展（图5-7）。

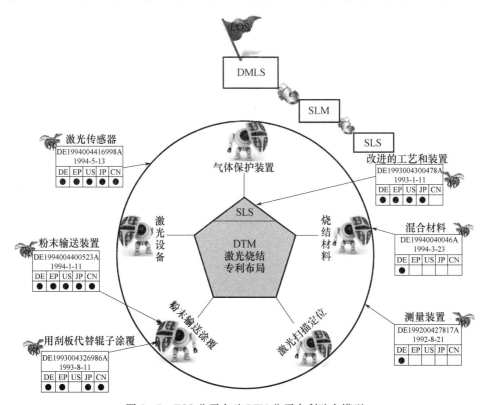

图5-7　EOS 公司突破 DTM 公司专利壁垒模型

① 杨铁军. 产业专利分析报告（第18册）［M］. 北京：知识产权出版社，2014，03.

在对付 DTM 公司的外围专利布局策略上，采取"点面结合""战略性放弃"的进攻策略。因为 DTM 公司占据核心专利的有利位置，EOS 公司利用事务之间相互制约的关系，避实击虚，需找机会攻击 DTM 专利布局的薄弱环节——攻其必救，占据 DTM 公司在外围专利的必经路线，逼迫对方进行专利交叉许可，从而以最低成本获取激光烧结核心专利的使用权，这正是专利三十六计中"围魏救赵"一计的精华所在①。

对粉末输送涂覆装置和粉末烧结材料进行有针对性的重点突破，并在 DTM 公司没有进行针对性布局的测量装置和激光传感器方面进行战略性专利布局，对于气体保护装置在前期没有布局，后期利用自己与瑞士的 FHS 圣加伦应用科学大学 RPD 研究所合作申请的 PCT 专利 WO2007000069A（优先权日为 2005 年 6 月 27 日），完成了其 EOSINT M280 产品中集成保护气体管理体系的建立。

3. 新进入及潜在竞争对手分析

新进入市场主体及潜在的竞争对手是在专利分析时值得重点关注的市场主体类型。市场热点和对未来发展趋势的判断使得现有市场主体在业务领域的范围上不断探索、转型，同时新兴和初创市场主体的涌现也加大了专利热点领域的竞争，因此这些产业开拓的新型进入者也就构成了专利分析的主要目标之一。

根据迈克尔·波特的"五力模型"，潜在竞争者或新型进入者的威胁是一个重要因素。通过研究专利动向发现产业新的进入市场主体，分析其研发方向和经营模式，有助于改进现有产业内市场主体发展的不足，及时调整发展方向和策略。此外，一些新进入型市场主体在某一领域具有特殊的创新能力，如苹果公司收购的 2007 年才创建的小公司 Siri 公司，凭借在语音输入和控制方面掌握着核心专利技术，成为这一领域的技术领先型市场主体。

案例 5-9：②

2012 年 6 月，苹果公司迎来了一家中国公司的专利诉讼，诉讼发起人为智臻网络科技有限公司，诉讼对象为苹果公司的 Siri 相关专利技术。智臻网络科技有限公司推出产品"小 i 机器人"并获得相关专利 ZL200410053749.9（一种聊天机器人系统）的专利权后，苹果公司收购了 Siri 公司并向美国专利商标局申

---

① 董新蕊. 专利三十六计之围魏救赵［J］. 中国发明与专利，2014（5）.
② 杨铁军. 产业专利分析报告（第 13 册）［M］. 北京：知识产权出版社，2013.

请了 Siri 技术的相关专利，但目前未获得相关专利申请的专利授权，由于 Siri 同样涉及智能助理服务，智臻网络认为苹果公司 Siri 技术侵犯了 ZL200410053749.9 相关专利权，并于 2012 年 5 月向苹果公司发出律师函，希望通过协商解决专利纠纷，并于 2012 年 6 月 21 日向上海某法院提起专利诉讼（图 5 - 8）。

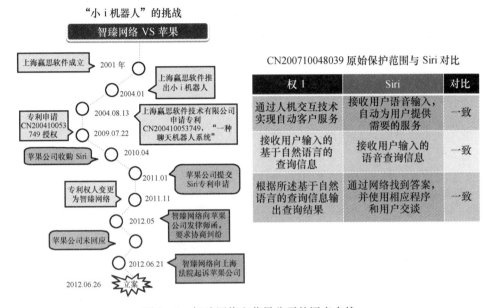

图 5 - 8　智臻网络和苹果公司的语音大战

与此同时，苹果公司于 2012 年 11 月向国家知识产权局专利复审委员会提出申请，请求宣告"小 i 机器人"的 ZL200410053749.9 专利权无效。2013 年 9 月，国家知识产权局专利复审委员会作出决定，维持"小 i 机器人"相关专利权有效。苹果公司对此不服，于 2014 年 10 月 16 日向北京第一中级人民法院提起诉讼，起诉国家知识产权局专利复审委员会，要求宣告"小 i 机器人"专利无效。

无论最终结果如何，作为新进入型市场主体 Siri 公司和上海智臻网络都充分利用了专利技术进行市场保护和拓展，并结合自身特点进行最有利的保护，值得相关市场主体参考学习。

4. 退出及重返市场的竞争对手分析

市场主体退出市场的原因包括专利技术壁垒、产业链阻碍、破产、并购重组、产业转型等，通过专利分析能够分析出市场主体由于研发投入少、缺乏自主知识产权核心技术、缺乏专利战略的运用、缺乏产业链的整合等的退出市场原因，为行业和市场主体发展提供借鉴基础。

不少市场主体通常将新兴市场、蓝海市场作为开拓重点，但是由于市场不成熟市场主体往往会遇到上述障碍后往往会出现业务萎缩，甚至退出市场，然而在新兴市场发展为热点市场后，市场主体会卷土重来并进行专利布局。

重返市场的市场主体的专利申请趋势分析上往往会有一个断点期，重新进入该市场后专利申请量往往有一个触底反弹的现象出现，因为心有不甘，肯定要增大品牌、产品和专利技术的推广力度。

案例 5 - 10：①

从图 5 - 9 的随年代分布的专利申请量散点图中可以发现，早在 1995 年 EOS 公司就在中国开始专利布局，但是直至 2003 年才又开始申请，从 2005 年开始连续的大规模申请，1996—2002 年的 7 年间没有任何专利申请。而据快速成型专家清华大学林峰教授介绍，中国自 2000 年前后才开始 3D 打印技术的大规模研

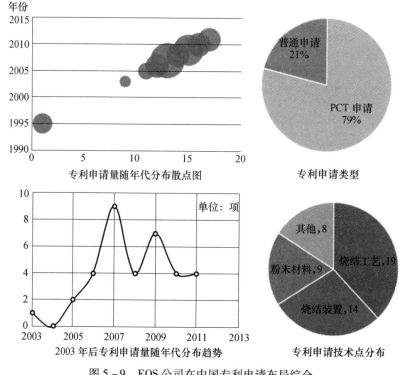

图 5 - 9 EOS 公司在中国专利申请布局综合

① 杨铁军. 产业专利分析报告（第 18 册）［M］. 北京：知识产权出版社，2014.

究。这说明 EOS 公司在中国的专利布局是在紧盯中国 3D 打印市场的动态的基础上进行的①。

5.3.2　竞争对手的专利分析角度

确定重点竞争对手是做好重点市场主体链分析研究的必要环节，其主要从市场主体在行业中具有重要性、典型性或代表性入手，也可以从掌握重要专利或具有长远专利战略规划的市场主体入手分析。

例如，专利申请量大、专利授权量大、专利储备丰富、专利授权率高、多边申请比例高的市场主体，往往就是对行业或产业有着显著影响力的重点竞争对手②。

1. 基于专利申请量排名

包括世界知识产权组织和各国专利局在内的官方机构，每年的专利申请量排行榜以及各分支技术的专利申请量排名，一定程度上反映了当前经济环境下各市场主体的专利投入情况，是一项重要的参考指标。

专利申请人的申请量排名指标反映了某一领域内专利申请人的技术活跃度情况及其专利布局策略。研发投入越多、技术开发越活跃，专利申请越积极、专利布局越广泛，能够反映在专利申请人的专利申请数量上。

案例 5-11:③

专利申请在时间阶段上的排名可以反映市场主体与市场主体之间相对实力变化的发展历程，从而为评估市场主体技术实力，预测市场潜力提供参考，进而便于市场主体挑选技术跟随和技术合作的对象（图 5-10）。

将具有代表性的丰田、雷诺日产、马自达作为主要申请人进行简要分析，从专利申请的角度进一步分析专利申请总体情况、研发方向以及专利区域申请，找出共性和差异。

2. 基于专利授权量排名

专利申请人的授权量排名指标反映出某一领域内专利申请人获得专利权利和掌握技术实力的情况。专利授权量排名较专利申请量排名的含金量往往更高，

---

① 董新蕊. 3D 打印行业巨头 EOS 公司专利分析［J］. 中国发明与专利，2013，12.
② 杨铁军. 专利分析实务手册［M］. 北京：知识产权出版社，2012.
③ 杨铁军. 产业专利分析报告（第 9 册）［M］. 北京：知识产权出版社，2013.

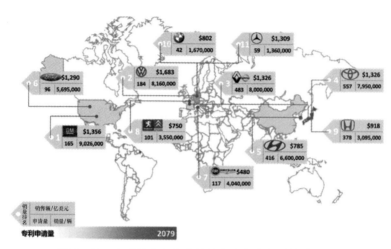

图 5 - 10　全球整车产业布局和安全车身专利申请状况

更能表现出市场主体专利申请的价值，能够反映市场主体创新的规模。

相对于专利申请量，往往在某一领域内专利授权量排名前列的市场主体在产业发展和专利谈判中掌握主动权。

案例 5 - 12：①

图 5 - 11 表明，EOS 的专利申请呈现明显的三个发展阶段，且在第一和第三发展阶段呈"簇"状发展。

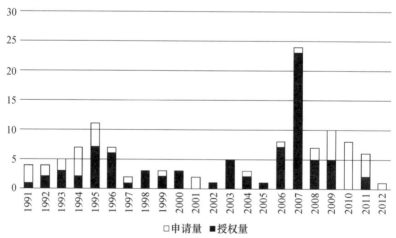

图 5 - 11　EOS 公司专利申请数量及对应授权量对比

---

① 杨铁军. 产业专利分析报告（第 18 册）［M］. 北京：知识产权出版社，2014.

随着研发技术的积累和研发团队构架的日趋合理，EOS 公司在激光烧结各个领域的研发日趋完善，专利技术布局也日趋完整，专利投入产出比也处于较高的水平，2010 年之前专利申请的专利授权率基本上能到 70% 以上（2010 年之后的专利申请大部分正处于审查阶段）。

3. 基于专利储备量排名

专利储备量指标是一个存量指标，表示申请人拥有的有效专利与正在申请的未决专利的总量，专利储备量的多少代表了申请人在产业内拥有的专利技术实力情况。一般来说，专利依赖度高的产业，产业内龙头市场主体在专利积累上较为积极，拥有的专利储备较多。专利储备是中国市场主体在发达国家推销其高端产品所必需的"护身符"；专利储备为创新型市场主体吸引投资和保护其利益提供有效的"载体"[①]。

例如，北电公司破产前将 6000 件专利储备打包出售，谷歌收购摩托罗拉移动后，获得了该公司 17000 件专利储备，柯达公司在破产清算前宣布出售约 1100 件专利储备竞标价超过 5 亿美元，"专利海盗"高智公司则宣称拥有数万件专利储备。不难发现，申请人的专利储备量越来越成为衡量市场主体间专利综合实力的重要指标之一。

5.4　王牌专利分析

"王牌专利"[②] 是个相对概念，一般来说包括核心技术专利、主要专利、诉讼率高的专利、开拓市场型专利、市场主导型专利。总体而言，"王牌专利"不是一个严格的法律概念，它更多地表达了不同的使用者基于不同目的、不同时间、不同地域对王牌专利判断标准的差异化认知。即使具有相同的判断标准，也会存在方法和指标的差异，也会导致王牌专利的筛选结果会存在显著的不同。

对不同领域的王牌专利进行分析，总结出了一套重要专利的评价指标。通过重要专利的评价指标来确定王牌专利不仅能够提高工作效率，而且也可以避免主观因素产生的偏差。

---

① 孙亚蕾. 中国企业如何开展专利储备 ［J］. 杭州科技，2011，03.
② 董新蕊. 专利三十六计 ［M］. 北京：知识产权出版社，2015.

一般而言，王牌专利可以从技术价值、经济价值以及法律层面三个层面来确定。

5.4.1 技术价值层面

1. 被引频次

一般而言，被引频次较高的专利可能在产业链中所处位置较关键，可能是竞争对手不能回避的。因此，被引频次可以在一定程度上反映专利在某领域研发中的基础引导性作用。通常情况下，专利文献公开时间越早，则被引证概率就越高。因此，引入专利存活时间相同的专利文献的平均被引频次水平作为参照，以消除不同专利存活时间带来的影响。此外，很多国家的专利没有给出引用信息，或引用信息不可检索。就美国专利而言，其专利制度中规定专利公告时要充分揭露该篇专利的重要相关引用专利和文献，因此对于美国专利数据库来说，可以提供较为完整的专利引证信息，而中国内地的专利制度并没有此项规定。

2. 引用科技文献数量

CHI学派（世界知名的知识产权咨询公司）用专利引用科技文献的平均数量考察市场主体的技术与最新科技发展的关联程度。该数量大，说明市场主体的研发活动和技术创新紧跟最新科技的发展。但科学关联度与专利价值的相关性随行业而不同，在科技导向的领域（如医药和化学领域）该指标与专利价值显著相关；在传统产业，该指标与专利价值的相关性不显著。

3. 技术发展路线关键点

技术发展路线中的关键节点所涉及的专利技术不仅仅是技术的突破点和重要改进点，也是在生产相关产品时很难绕开的技术点。但是在寻找这些技术节点时，需要行业专家花费大量的时间勾勒出这个行业的技术发展路线图，然后按图索骥找到这个行业的关键技术点。

4. 技术标准化指数

标准化指数是指专利文献是否属于某技术标准的必要专利，以及该专利文献所涉及的标准数量、标准类别（国际标准、国家标准、行业标准）。但是无论是根据技术标准查找所涉及的专利，还是从专利文献出发查找其是否涉及技术标准，都需要花费一定的时间。

5. 主要申请人

行业内的主要专利申请人一般来说在本领域技术实力最强，技术发展比较成体系，其所申请的专利技术一般就较为重要。但首先需要辨别和筛选出该领域的主要申请人。

6. 主要发明人

主要发明人是指对本行业发明创造做出主要贡献的自然人，是引领本领域技术进步的主要带头人。因此，主要发明人的专利技术是本行业最需要关注的技术。

5.4.2 经济价值层面

1. 专利许可情况

如果一件专利被许可给多家市场主体，则证明该专利是生产某类产品时必须使用的专利技术，其重要性不言而喻。部分地域的专利文献标注有专利许可信息，例如欧洲专利文献中就会将专利许可信息列举出来。但是大多数国家和地区的专利技术许可信息需要到相关部门进行查询。

2. 专利实施情况

毫无疑问，专利实施率越高，专利对于技术发展、技术创新做出的贡献就越大。但是，发明专利的实施通常会有一个开发的过程，而一些专利仅仅是为了"专利圈地"，因此没有实施的专利也不一定不重要。

5.4.3 法律价值层面

1. 专利维持期限

对专利权人而言，只有当专利权带来的预期收益大于专利维持费时，专利权人才会继续缴纳年费。因此，专利维持年限的长度在某种程度上反映了该专利的重要性程度。

2. 专利复审、无效、异议及诉讼

专利在复审、无效、异议及诉讼过程中需要花费大量的时间和费用。复审、无效、异议及诉讼的专利一定是得到申请人或行业重视的，其中"成功抵御"的专利权的稳定性更强。

案例 5 - 13：

图 5 - 12 显示了 DTM 公司激光烧结的核心专利——激光烧结的工艺和装置

的施引频次（93 次），可以说是激光烧结 SLS 的专利之父（专利之源），图 5 - 12 显示了该专利的被施引关系图。引用该专利的申请人基本上都是 3D 打印产业的知名市场主体，从事激光烧结 3D 成型的市场主体必须加强对这些申请人的关注。其中，DTM 公司自身引用 11 次，Z CORP 公司引用 14 次，MICRON 公司引用 10 次，3D SYSTEMS 公司引用 10 次，EOS 公司引用 3 次，AEROQU 公司、BAKER 公司也有引用。

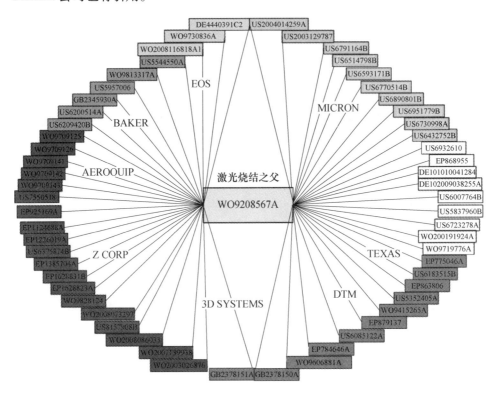

图 5 - 12　重点专利的专利被引情况

值得一提的是，3D SYSTEMS 公司引用频次为 10 次，但是这 10 件专利均为合作申请，4 件与 DTM 公司合作申请，6 件与 Z CORP 公司合作申请，这些合作申请均在 3D SYSTEMS 公司并购 DTM 公司（2002 年并购）和 Z CORP 公司（2012 年并购）之前。实力更强大的 3D SYSTEMS 公司的这两项并购的目的是获得技术、专利，通过专利并购，可以减少自行研发的成本，开拓新的技术领域，进行技术升级改造。而在并购之前的专利合作申请也是降低并购成本的重要手段之一。

另外，前期调研中发现国内大部分市场主体认为激光烧结 SLS 的 20 年的专利保护期已经到期，可以放心使用该项技术而不必担心侵权的问题，这是错误的观念。从图中可以看出，首先，DTM 公司自身引用核心专利 11 次，其对 SLS 工艺通过后续的申请进行系列的保护，必须明确其专利保护范围和法律状态；其次，其他引用该专利的专利申请也不能视而不见，也必须明确其专利保护范围和法律状态。

5.5　其他分析

除了本章前四节提到的四种分析方法外，还可以结合行业中不同的需求进行其他具有行业特色的分析。

5.5.1　标准及相关专利的分析

标准化可使得新技术和新科研成果得到推广应用，从而促进技术进步，在提高产品的国际市场上竞争力方面具有重大作用。标准是规范，可以占据市场；专利是产权，可以保护自己，两者兼顾可以使企业获得更大的发展空间。在进行特定领域专利分析，分析标准和专利之间的关系非常必要，这可以使企业在实现"技术专利化，专利标准化，标准全球化"的进程中获得实际依据。

标准及相关专利的分析可以包括以下内容：

（1）用图表的形式介绍相关标准制定和发布的历程、主要内容、当前版本是否有新增内容或该表的内容。

（2）分析现有版本中涉及技术分支的不同标准的特点和受产业支持的程度，结合标准内容、特点分析各技术分支出现、发展的专利数据分布情况，并结合标准中涉及的专利得出标准与专利的关系。

（3）分析获得的专利数据与标准的关系。根据技术分支下专利申请年代与标准开始制定、发布的年代的关系，分析专利申请涉及的技术内容与标准中技术内容的差异和原因，标准涉及的专利，专利用到的标准。

（4）重点分析该技术分支下相关专利申请情况及纳入标准的专利情况，中国申请人在标准化进程中的位置、贡献、不足或方向。

5.5.2　产业准入相关专利分析

在大多数行业中（如医药、煤矿等行业），为了抑制低端产能的重复性建设，保证产业的有序健康发展，通常会有产业准入的政策。在产业准入政策中对于知识产权通常有一定的要求。通过专利分析了解和把握产业准入的相关政策，对于企业提升自身的竞争力和寻求合作伙伴都有重要的意义。

5.5.3　外观设计专利分析

外观设计基本上是所有国家/地区最容易取得的一种知识产权保护形式。我国的中小企业要进军海外，必须对外观设计方面的知识产权壁垒做好准备。我国企业在生产、销售或进军海外布局之前，对外观设计进行全面的研究和分析，可以了解市场外部环境、摸清潜在的竞争对手、寻求合作伙伴、预测市场风险，为企业制定专利战略提供依据。外观设计专利分析一般针对汽车、数码产品、服装、饰品、工艺品等外观容易被侵权的行业。

5.5.4　产业专利联盟分析

专利联盟是企业间联合从而形成对产业控制的有效方式，通过专利联盟构建专利池，在确保企业自身的发展具有充分自由度的同时，还可以对产业链中下游企业形成技术控制。通过对专利联盟组建者和发起者的深入研究，重点关注其专利动向，是找到影响产业发展关键专利的途径之一。

专利联盟的企业间就专利联盟覆盖下的专利相互之间的许可，是一种广义上的交叉许可战略。专利权人通过参加专利联盟，将相关的专利集中在一起，设立关于专利群的共同许可条款，以免去各专利权人就许可问题分别谈判的麻烦，还可以统一将专利许可给需要专利的第三方。

专利联盟的价值体现在：清除阻止性专利；降低交易成本；降低专利技术的实施成本和诉讼成本；整合互补性专利，促进技术转移；促进知识产权保护在全球范围内的加强。

案例 5 - 14:[①]

---

① 杨铁军. 产业专利分析报告（第13册）［M］. 北京：知识产权出版社，2013.

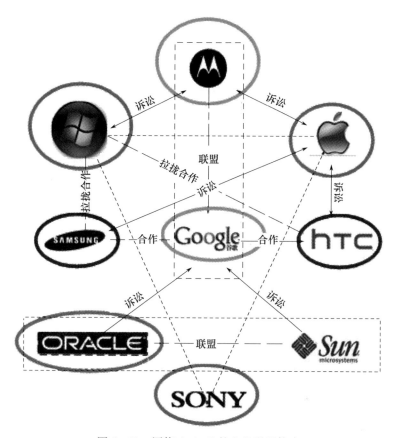

图 5 - 13　围绕 Android 的企业联盟策略

　　商业关系很复杂，常常亦敌亦友，但围绕 Android 的企业之间立场是坚定的。抑或是想通过专利战的方式拉拢摩托罗拉，还是感到摩托罗拉已经站到敌对阵营中，微软首先发起的是对摩托罗拉的进攻。然而，这时摩托罗拉早已坚定地站到了 Google 阵营之中，还在秘密准备收集材料和证据备战苹果。摩托罗拉向苹果发出两轮攻势，首先是 18 件专利诉讼，而后是帮助 HTC 反诉苹果的 11 项针对于 HTC 的专利无效或不侵权，于是微软扩大诉讼领域，在全球针对摩托罗拉发动专利战争。

　　但是，操作系统之间的战争是专利联盟和专利诉讼之间的不断博弈，一旦硬件厂商选定了自己所使用的操作系统，就间接宣告了自己所支持的阵营。随着市场占有率的不断提高，来自敌对阵营的专利诉讼不可避免，但是敌对阵营是相互转化的。

第6章 专利分析图表制作

专利分析图表也称为专利地图（patent map），是对专利分析结果的一种可视化表达。专利分析涵盖了大量数据、技术内容、法律信息，但是在展示分析结果时，并不能直接陈列出这些数据和信息，因此需要有概括性的可视化手段来呈现专利分析的结果。图表是专利信息可视化展示的重要手段，因此本章简单介绍专利分析中图表的选择、制作及解读。

6.1 专利分析内容

6.1.1 专利信息要素

在专利分析中，首先要了解专利信息所涵盖的几大要素，在专利分析中，大部分的图表都需要表现出如表6-1所示的要素。

表6-1 专利文献中的要素及构成

要素种类	构成
时间要素	申请日、优先权日、公开日
区域要素	优先权国家、公开国、申请人国籍、国省代码、申请人地址
主体要素	申请人、发明人、专利权人
技术要素	发明名称、摘要、权利要求书、说明书、附图、关键词
法律状态要素	公开、未决、授权、有效、失效
技术分类	分类号、项目分解标引、功效标引
关联	同族、引证
专利类型	发明、实用新型、外观
其他	专利纠纷、转让、许可

上述要素还存在一些细分，比如申请人、发明人、专利权人都有可能包括各种不类型的组合，个人、高校研究院所、企业等的各式组合。可能在专利分析中需要对以上要素更为细分。

6.1.2　分析内容与统计项

在进行图表化之前，还需要了解统计数据的目的以及涉及的数据类型。为了帮助读者理解这些内容，作者对此进行了统计归纳，详见表 6－2。

表 6－2　分析内容及统计项目

	分析内容	统计项目
行业技术发展及趋势分析	申请趋势	申请年份、年申请量
	各技术分支的份额	技术分支、申请量
	技术生命周期	申请年份、年申请量、年申请人数量
申请人分析	技术集中度	申请量、多边申请量、技术分支申请量
	申请人排名	申请人名称、总申请量
	申请人类型比例	申请人类型、总申请量
	主要申请人申请情况	申请年份、总申请量、技术构成、授权情况
	发明团队申请情况分析	总申请量、技术构成
区域分析（布局分析）	按地域统计申请趋势	申请国、申请年份、年申请量
	主要申请地的申请比例	各申请国的总申请量
	主要国家（地区）排名	申请量、申请目标国（申请人省市）
	技术分布	按地域统计各技术分支总申请量
	申请人布局情况	申请目标国别、总申请量、申请年份
其他分析	技术－功效分析	技术分支、技术功效、分支申请量
	法律状态分析	法律状态统计
	技术构成分析	各分支申请数量

表 6－2 基本上概括了在专利分析中常见、基础的分析内容和统计项目。当然，不同领域、不同分析目的所需要体现的内容不仅限于此。且表中内容可以按照需要任意组合，比如可以研究某个申请人在某个国家所提出申请的授权情况，某申请人在某个国家各技术分支的布局情况等。

6.2　常用图表

6.2.1　常见图表总汇

在体现专利数据时，很多情况采用如图6－1所示的常用图。

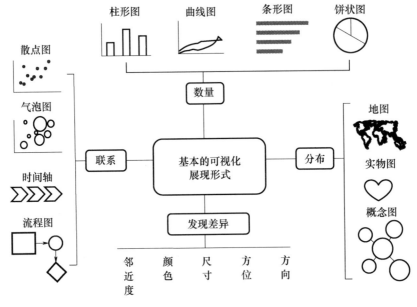

图6－1　专利分析常见图表总汇

如图6－1所示，所分析的数据之间的关系可以归为四类，即表现数量关系、表现数据之间联系关系、表现数据的分布关系以及凸显数据之间差异的关系。当然，在此之外还有更多、更复杂、更具综合性意义的图表，在此不做详细探讨。

6.2.2　图表与数据对应

为了加深读者的理解，本小节结合常用图标说明各图标适合表现的数据内容供读者参考（表6－3）。

表6-3 基本图表在专利分析中的基本用途展示

名称	图示	要素	用途	延伸	注意事项
柱状图	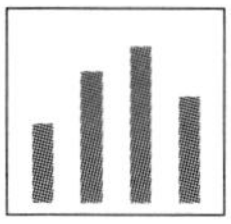	申请年—年申请量 申请人、发明人—总申请量 国别—各国总申请量 技术分支—分支总申请量	表现趋势、排名情况、数据对比	可结合曲线图体现趋势可结合饼图体现份额	注意给出横纵坐标的单位； 条柱不应过多
曲线图	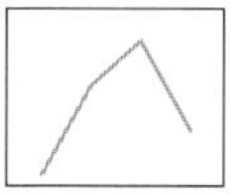	申请年—年申请量	基本上用于表现趋势，所以一般都涉及时间	可添加节点事件，增加趋势的可读性	注意给出横纵坐标的单位
曲线图	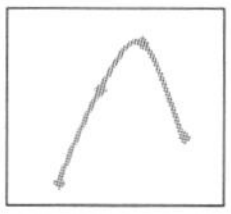	散点图连线	基本上用于表现趋势	可添加节点事件，增加趋势的可读性	注意给出横纵坐标的单位；若数据点过多，可以省略点的体现；曲线点连线而成，因而数据体现时容易有偏差
条形图		申请人/发明人—总申请量 各技术分支—分支总申请量 国别—各国总申请量	主要用于表现排名情况	可结合饼图表现份额； 可背靠背形式进行两组数据的对比	一般以数量从大到小而由上至下排列
圆饼图		技术分支—申请量 申请人/发明人—申请量 申请人类型—申请量	主要用以表现份额	可组合到其他图中，同时表现份额；也可在各区间中增加说明性内容	表现的份额不宜过多，否则杂乱难以体现；根据篇幅和内容，也可考虑用半圆饼表现份额
散点图	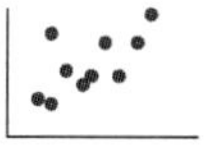	申请年—总申请量 申请年时间—申请人数量	主要用于表现趋势或者表现集中度	可增加趋势线，表现趋同性	数据点过多的情况下，建议增加说明性内容
气泡图	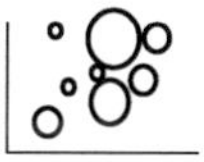	技术分支—效果—申请量 年代—分支—申请量	常用于表现技术集中度	可将气泡再分解成饼图，可多展现一个维度的内容	横纵坐标的项数不应过多，否则泡泡重叠，难以看清
流程图	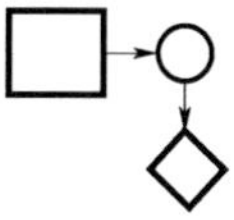	按需选取要素	常用于表现技术的发展（即技术路线）	可根据需要加入时间、主要申请人、发明人等信息，丰富内容	

(续)

名称	图示	要素	用途	延伸	注意事项
地图		国别（地区）—申请量	常用于表示某领域全球/国内布局情况	可结合技术/产业现状体现专利布局与这些内容之间的关系	如果相邻多个国家布局密集，建议单独将某一块地域取出，另作展示
表格	如难以利用图的方式展示，或者利用表格陈列方式更能说明问题	根据需要选择			
组合图表	上述图的多样性组合，还可以结合表格				注意不用结合太多元素，能说明重点即可

6.2.3 专利分析图表制作流程

专利分析图表制作流程如图 6-2 所示。

图表制作是为数据分析和展示服务的。因此，图表制作首先应当明确分析的目标，比如需要针对某个领域、某个申请人、发明人团队申请情况进行分析，再为此进行对应的数据收集。在数据收集、处理上也要有一定的技巧。比如注意数据的重复情况、多个申请人/发明人的数据统计原则、同族文件的统计方式、企业

- 1 · 明确目标+数据收集
- 2 · 确定主题和观点
- 3 · 选择可视化形式
- 4 · "画出"数据
- 5 · 修饰+保存

图 6-2 专利分析图表
制作流程

型申请人的子公司并购公司的统计原则、技术分支统计、技术效果标注等。这些初步的统计方式和标注情况是后期数据进一步深加工和处理的基础，需要予以重视。

图表展示的目的在于表现出数据背后的一些现象和规律，因此在进行图表绘制之前，还应当确定需要表现的主题以及一些主要观点。比如，在针对某个领域分析的时候，需要分析的是申请量发展趋势、申请人排名情况、各分支所占比例、申请人类型等更为细化的目标。

在确定了数字范围、分析目标之后，就需要根据所要展现的内容选择图表形式（详见表 6-3）。

第四个阶段便是图表的绘制。从上述图表的展列可知，基本上使用一般性的办公软件即可以实现专利图表的绘制。在专利图表的绘制展示中，并不需要太多复杂的作图工具，只要排列得当重点突出，也能制作很多精彩的图表。绘图过程中要注意，除非是默认的情况，否则建议每一种数据、每一个坐标轴都应有对应的单位，保证无论来自哪个领域的读者都能读懂图的一些基本信息。

初步图表出来之后，需要进行再次加工，如图6-1所示，为了突出数据与数据之间的差别，还需要对颜色、方位、尺寸进行调整，或者增加一些基本的要素、单元图表的组合等工作。最后图表需要在宣讲或者出版物中出现，因此后期图表还需要根据展示手段进行修改，比如展示用的图表需要色彩鲜艳，吸引读者。出版用的图表一般为黑白图表，色彩往往不能体现出区别，还需要注意深浅强度的调整，因此在后期润色图表的时候，需要根据使用目的存储不同版本的图表。

6.3　图表解读

图表辅助展示数据，而对于读者来说，没有一定的图表解读难以透彻理解数据背后的深意。因此，每一个图表背后都应该配有相关的解说，即图表解读。

6.3.1　基本解读

图表解读主要从以下四个方面进行，即主题、要素、关联、数据背后。

主题：即分析的主题，比如申请趋势、排名、份额、集中度、技术情况等。

要素：即数据统计项，如申请量、年、申请人、发明人、法律情况、涉及的技术分支等。

关联：图上所展示各种要素之间的关系，并引导读者如何理解图中数据内容。

数据背后：造成图表上各种关联的原因。比如起伏、节点等产生的原因。也可以就图数据所产生的问题及相应的解决方式予以探讨。

6.3.2　图表展示及解读示例

案例6-1：

图表形式：曲线图+框图（图6-3）。

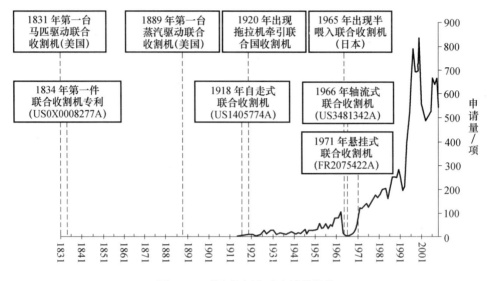

图 6 - 3 联合收割全球申请量趋势

主题：联合收割机领域，在全球范围内历年申请量变化情况。

要素：年代、历年申请量并针对新技术出现的技术节点加以标示说明。

关联：总体来看，随着年代的增加，年申请量也逐年增加。根据联合收割机领域的专利申请量的变化，将其发展分为缓慢发展的萌芽期（1831—1970年）、第一发展阶段（1971—1990年）、第二发展阶段（1991—2000年）及技术发展调整期（2001年至今）四个阶段。1992以前申请量特别少；1921年之后数据量开始有了较为明显的增加。但是从图 6 - 3 上可见，1961—1971 年间、1991—1995 年间申请量有所下降。

数据背后：一般来说，需要探讨各阶段的特点以及申请量发生变化的原因，需要了解经济、技术、政治等方面的原因。结合联合收割机的实际发展来看，联合收割机的发展与其在专利申请上的发展较为贴合。四个阶段具有不同的发展特点，在萌芽期长达 140 年的时间中，申请量一直维持在个位数。这一阶段的技术受到了材料、蒸汽机等基础技术发展的限制，而且技术处于初步阶段，因而申请量很少，但是在这个阶段联合收割机经历了从诞生到形成雏形的成长。第一发展阶段的 20 年间，申请量开始大幅度上升，1971 年申请量仅有 31 件，而之后的申请量均大幅度增加，在 1988 年的申请量达到了这一时期的最高申请量（282 件）；第二发展阶段时间虽然只有 10 年，但期间苏联解体使得申请量大幅度下降，之后由于日本申请量的大增，使得这 10 年间的申请量仍然大幅上涨，并且在 2000 年申请量达到了最高峰——741 件；进入技术发展调整期之后，申请量由于各种原因的影响有所回落，年申请量基本都维持在 400 件以上，但是在 2008 年前后由于世界金融危机的影响，申请量有所回落。从以上的发展情况可以看出，联合收割机的申请在第二发展阶段中发展最为快速，萌芽期发展虽然非常缓慢，但是对联合收割机的成型奠定了坚实的基础。

案例 6-2：

图表形式：地图+相关产业图标（图 6-4）。

中国整车产业布局及安全车身发明专利申请状况

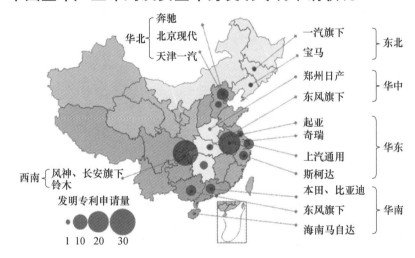

图 6-4 汽车碰撞产业布局及安全车身发明专利申请情况

主题：安全车身国内发明专利申请情况。

要素：各省市申请量、产业分布、各省市相关申请人（企业），图中用圆圈的大小表示相关省市申请量的大小，并且标示出相应省市的产业规模（即所涉及的相关大型企业）。

关联：各省市/地域申请量比较，从图 6-4 可见，申请量相对比较集中在重庆、安徽和浙江，就整体来看，中部省市的申请量较为突出。而从我国的汽车产业分布情况来说，则是沿海城市的发展较为发达。

数据背后：安全碰撞车身的申请分布情况与产业聚集情况不对等，技术与产业形成了一定程度的脱节。而重庆、安徽和浙江这些省市申请量较大的原因与我国汽车自主品牌的代表——奇瑞、浙江吉利和重庆长安对于专利申请的重视密不可分。以重庆长安为例，该申请人先后与日本铃木、美国福特合资生产汽车，并不断推出创新成果；而吉利作为民营企业，深刻意识到自主知识产权的重要性，并随着 2009 年成功收购沃尔沃轿车业务大大增强了技术实力，进行了大量的专利申请。另外，专利布局与产业发展不对等的情况也值得重视。

案例 6 - 3：

图表形式：圆环图 + 扇区区分（图 6 - 5）。

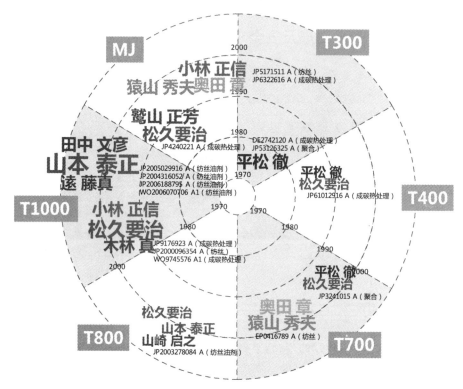

图 6 - 5　高性能纤维领域东丽主要发明人团队随年代变化的情况

主题：高性能纤维领域主要申请人东丽研发团队分析。

要素：发明人、年代、申请量。

关联：圆环按照产品代际发展顺时针划分出六个区域，圆环从中心往外代表 1970—2000 年这 40 年间各主要发明人的研发情况，而名字的字体越大表示这个年代的申请量越大。从图上可以直观看出，在 T300～T700 期间的主要研发人员是平松彻，其次是松久要治；到了 T800－MJ 产品出现之后，松久要治成为了主要的研发力量，后期出现的山本泰正也是主要的研发人员。

数据背后：整体来看，东丽产品的推动主要归因于两位主要发明人——平松彻及松久要治。数据表明，东丽基本采用团队合作的模式进行技术创新，在 T300～T700 产品发展期间，平松彻与松久要治合作较多，到了 2000 年之后，也就是 T700 成功推出之后，平松彻逐渐退出了东丽研发团队，松久要治成为了东丽新领域的研发骨干。总体来说，东丽研发投入力度大，相对稳定；主要研发人员能够长时间、高创地为企业服务，体现了这个企业保留、培养人才的实力。

案例 6－4：

图表形式：以表格取代常用的条形图（表 6－4）。

表 6－4　联合收割机全球主要申请人排名

公司	所属国家	全球申请量/项	全球市场份额	在华发明申请/件	多边申请量/项
JOHN DEERE	美国	771	14.40%	7/17	507
CNH	美国	1035	10.60%	0	441
CLAAS	德国	743	3.60%	2/8	439
Kubota For Earth. For Life	日本	1442	4.60%	52/17	123
YANMAR	日本	1613	4.10%	52/77	81
SAME DEUTZ-FAHR	意大利	221	1.60%	0	61
AGCO Your Agriculture Company	美国	310	7.40%	0/4	45
ISEKI ISEKI & CO.,LTD.	日本	1902	2.00%	23/33	38
三菱農機株式会社	日本	904	<0.4%	0	6
ROSTSELMASH	俄罗斯	101	—	0	3
＊注，全球市场份额为 2005 年农机市场份额					

主题：联合收割机领域全球主要申请人排名。

要素：各申请人（用图标表示）、申请人来源国、各申请人全球申请总量、2005 年市场份额、在华申请情况（发明专利授权数量/发明专利申请数量），同族申请数量。

关联：从全球申请量看，日本企业的申请量普遍偏高，美国企业的申请量偏低；而从市场份额上看则相反。从在华发明申请的情况看，日本企业在中国做出了较多的专利布局，而来自美国、意大利、俄罗斯的大型企业在中国的专利布局量少。但从多变申请量看，来自美国的企业大部分都进行了同族专利布局，相比较来说来自日本的企业同族布局的比例偏小。且在全球排名前十的情况来看，中国企业未上榜。

数据背后：首先，从表格排名的情况来看，并不是根据全球申请量的多少进行排名，而是结合了市场份额以及同族布局的比例来排名。从市场统计来看，全球三大农业机械制造商为美国的迪尔公司（DEERE）、凯斯纽荷兰（CNH Global）以及爱科（AGCO），这三家企业占据了全球农业机械 1/3 的市场份额。而从表 6-4 中可以看出，各公司在联合收割机这一领域的多边专利申请情况与其在农机领域的全球市场份额情况基本一致，这体现了联合收割机作为农机的一个重要分支与企业在农机市场中的表现息息相关。由于美国的迪尔公司主要经营市场在美国及欧洲国家，因而美国申请同时在欧洲等地进行申请的数量超过其全球申请总量的 1/2。凯斯在两国以上的申请数量名列第二，第三则是德国的克拉斯。日本企业如久保田、洋马主攻市场在日本本地以及中国，所以其多边申请主要流向中国。从这一项数据说明，这些申请人是否进行多国申请与其在该国/地区市场发展计划有着十分密切的关系。但是，分析这些国家的在华申请可以看出，久保田和洋马两个公司在中国进行专利布局的数量远高于迪尔、凯斯等全球两大农机企业，且该两个企业在中国的半喂入式收割机市场占据了 87% 的市场份额。凯斯、爱科等欧美国家的著名农机生产商都已在 2011 年纷纷进驻中国建厂、投资合作。因而可以预计在未来，这些目前在国内申请量较少的全球著名企业将大量发展在国内的申请。

6.4　专利分析创意图表的制作

在专利分析中使用精彩创意图表，不再只拘泥于框框条条，使用不同风格的展现方式会让图表摆脱沉闷，每张图表也都力求品味创意，发挥最大的展示效能和解说功能。

吸引人的专利分析图表是让人心情愉悦的图表，反过来这样的图表能够让分析者思维更开阔、更创新，即创新图表与创新思路是相辅相成、相互促进的。

平衡、和谐、节制、简洁、创新是创意图表的五大指导思想，以此为依据，下面例举性地描述了树形创意图、抽象创意图、形象创意图、理论创意图、行为创意图、微调创意图、生活创意图等七种专利分析创意图形的制作思路和制作方法。

6.4.1　树形创意图

树形创意图简称树图（tree diagram），又名系统图、树形分析、分析树、层次图等。树图是研究多元目标问题的一般工具，树图是从一个项目出发，展开两个或两个以上分支，然后从每一个分支再继续展开，依此类推，它拥有树干和多个分支，所以很像一棵树。典型的代表图例是苹果树，它按照时间顺序显示了苹果公司的产品发展脉络，直观地展现该公司产品类型及推出时间（图6-6）。

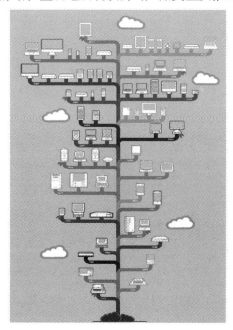

图6-6　苹果公司产品树图

在专利分析中，我们将树图命名为"专利信息树"，主要采用一个树干多个分支的形式构造，分支上用各种形式体现所需的专利信息，各个分支还可以再分，依此类推。专利信息树对数据的处理没有具体的要求，理论上只要从一个专利信息点出发，能够展开两个或两个以上分支的分析过程都可以用来表达。根据数据分布特点的不同，需要在基本形式的基础上做一些相应的变化（表6-5）。

表6-5 在专利分析中专利信息数能够用来体现的信息内容

树干	分支
时间	重要专利、申请人排名、发展趋势、区域分布、申请量、申请人类型、公司发展过程、技术衍进等一切可以用时间来分开的专利信息
技术主线	各技术分支的专利信息、技术功效分析
申请人	与申请人相关的专利信息分析，如并购、转型、扩展等
技术功效	对应各技术点的专利信息

案例6-5：铧式犁专利申请树形图解析①

如图6-7所示，铧式犁在早期具有大量专利作为基础性专利，五个分支相互促进发展。独创用盆栽专利树进行信息图描述。

图6-7（a）的黑白图中：

（1）树干部用五条黑白带综合而成，各指示犁体整体、犁铧、犁壁、犁柱和其他部件五部分；

（2）1910年之前的作为各项技术发展的基础放在底座，表示作为铧式犁专利发展的基石和沃土，按照年代发展顺序的重要专利自下而上在树干上排列，并指向在该时间段所属的技术分支；

（3）对于大公司的申请用其公司的LOGO进行标示，并搭配绿叶、嫩芽和小鸟等点缀元素，增加整个图表的可视化效果；

（4）将图表的名称命名为与国际通用信息图接轨的"plough patent tree"铧式犁专利树，并简称PPT，用新颖的称呼和漂亮的图吸引读者的好奇心，从而对报告的内容感兴趣。

同时制作相应的图6-7（b），图中：

（1）树干部用五带综合而成，表示犁体整体、犁铧、犁壁、犁柱和其他五部分进行分析，五个分支的颜色采用奥运五环的颜色，形式上迎合大众审美观；

---

① 杨铁军. 产业专利分析报告（第7册）[M]. 北京：知识产权出版社，2013.

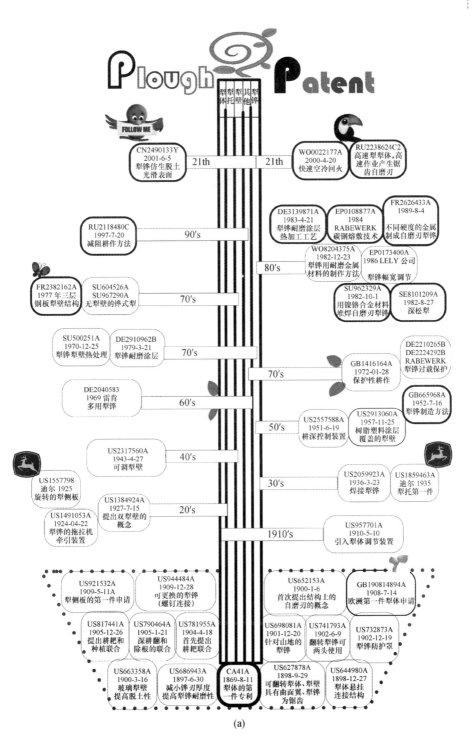

(a)

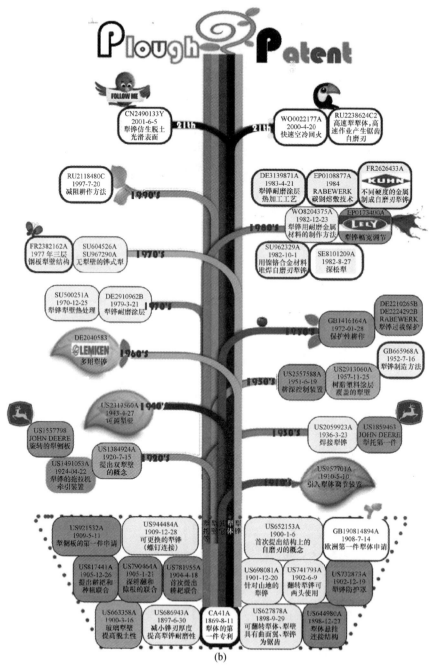

图 6-7 铧式犁专利申请树形图

(a) 简化树形图；(b) 创意树形图。

（2）五条技术分支按照年代发展顺序自下而上在树干上排列，并尽量用框标示，1910 年之前的作为各项技术发展的基础放在底座，表示作为铧式犁专利发展的基石和沃土；

（3）对于大公司的申请用其公司的 LOGO 进行标示，可以看到当今的农机托拉斯在犁发展过程中的地位和作用；

（4）将图表的名称命名为与国际通用信息图接轨的"plough patent tree"铧式犁专利树，并简称 PPT，用新颖的称呼和漂亮的图吸引读者的好奇心，从而对报告的内容感兴趣。

6.4.2　抽象创意图

抽象创意图就是对于专利分析中的某一领域，将被分析对象的共同特性或特质形象地抽取出来，用形象化、代表性的抽象物体融合到图表制作中。

抽象化的目的是为了使复杂度降低，得到所论述的域中比较简单的概念，以该简单的概念图为主图，在主图上嵌以数据、信息，令整个图表更形象、更直观、更具代表性。

在专利分析中，抽象创意图常用来表示发展趋势、公司并购、专利信息列举等信息。

案例 6-6：铧式犁年轮图解析

铧式犁的发展历经 5600 多年的时间，不易直观地理解各个时间段技术发展的关系。如图 6-8 所示，为了更直观地反映各发展阶段之间的关系，将整个铧式犁的发展历史 5600 年按比例压缩为钟表上的 12 小时来显示。以上表明笔者对该图标创新的思路，主要分三步走：第一，将整个铧式犁的发展历史按比例压缩为钟表上的 12 小时来显示；第二，并用各个时间段代表性的图例进行明确指示；第三，对各个时间段进行简要说明，起到知识普及的作用。

案例 6-7：库恩集团并购图解析

图 6-9 中用拖拉机牵引装置为主结构代表农机巨头库恩集团的并购/发展路线图。第一，能直观地看出库恩集团是一个农业机械生产企业；第二，能通过图例知道并购公司、分公司成立的脉络以及时间；第三，在主营犁的公司中用犁铧表示，更直观易见；第四，在主要并购公司中标示出其所拥有的专利数量，可以显示库恩利用收购的 1800 多项专利技术为平台的技术发展路线，可以为国内企业在并购过程中提供技术支持。

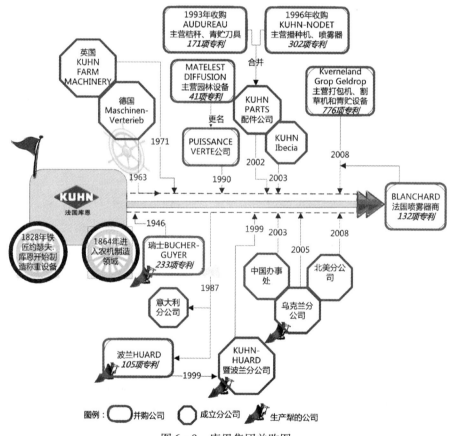

铧式犁从1869年有专利记载(CA41A)开始迅猛朝着大型化、机械化、智能化发展

公元前3500年古埃及使用Y形的木犁；公元前21世纪出现了尖头"犁铧""石犁"

公元8世纪的欧洲逐步开始使用马拉轮式的铧式犁

公元前11世纪，开始使用铁质犁嘴；公元前10世纪中国率先进入"铁犁牛拉时代"

图6-8　铧式犁年轮图

1993年收购AUDUREAU
主营秸秆、青贮刀具
171项专利

1996年收购KUHN-NODET
主营播种机、喷雾器
302项专利

英国KUHN FARM MACHINERY

MATELEST DIFFUSION
主营园林设备
41项专利

合并

KUHN PARTS
配件公司

Kverneland Grop Geldrop
主营打包机、割草机和青贮设备
776项专利

德国Maschinen-Verterieb

更名

1971

PUISSANCE VERTE公司

KUHN Ibecia

2008

1963

1990

2002

2003

KUHN
法国库恩

BLANCHARD
法国喷雾器商
132项专利

1828年铁匠约瑟夫·库恩开始制造称重设备

1864年进入农机制造领域

1946

瑞士BUCHER-GUYER
233项专利

1999

2003

2008

1987

2005

意大利分公司

中国办事处

北美分公司

乌克兰分公司

波兰HUARD
105项专利

1999

KUHN-HUARD
暨波兰分公司

图例：　⬭ 并购公司　⬡ 成立分公司　🚜 生产犁的公司

图6-9　库恩集团并购图

案例6-8：气式播种机的专利发展路线图解析

图6-10反映的是气式播种机的专利发展路线图，其用播种机在绿草围成的田埂中播种直观地显示，绿色庄稼让人心旷神怡，组成田块放上代表性专利显得规整划一。含义为：第一，用播种机在田埂中播种，显而易见是播种机相关分析；第二，在三块地块中表示不同形式的气式播种机，并用不同的图例表示；第三，按照时间轴在每块田畴中用重要专利填充。

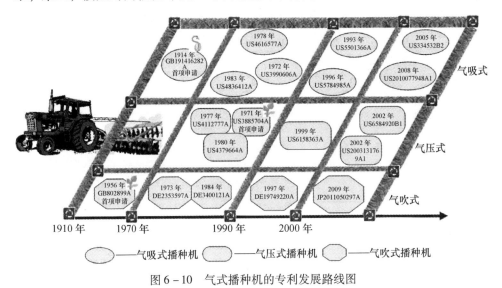

图6-10　气式播种机的专利发展路线图

6.4.3　形象创意图

形象创意图就是在专利分析中通过直观、生动、形象的特殊形态展现专利数据分析的结果，进而能够进一步激发读者对于晦涩难懂的数据和理论分析的阅读兴趣。

总体而言，阅读专利分析报告的专业技术人员毕竟是少数，专利分析的目的就是让大多数不是本专业的人能够从中学到专利分析的方法。第一，用形象化、代表性的物体融合到专利分析图表中，首先让人直观地认识到所描绘的领域；第二，图形层次清楚，美观大方，让不懂技术的人也有阅读下去的欲望；第三，毕竟是专利分析，尽量要在每张重要的图表中体现出专利信息。

案例6-9：激光近净成形技术在战斗机上的应用图解析

　　图6-11展示了北京航空航天大学的王华明教授团队将激光近净成形技术应用到某类型军用战机的装配和生产中,依托研究成果申请了13项发明专利,并研发出用于LENS技术的9种快速成型硅化物、铁基等合金材料,并参与制定了中国国家标准化管理委员会发布的57项LENS技术相关的国家标准体系,通过该图以飞机起落架的形式清晰地展现了技术专利化、专利标准化的专利战略。

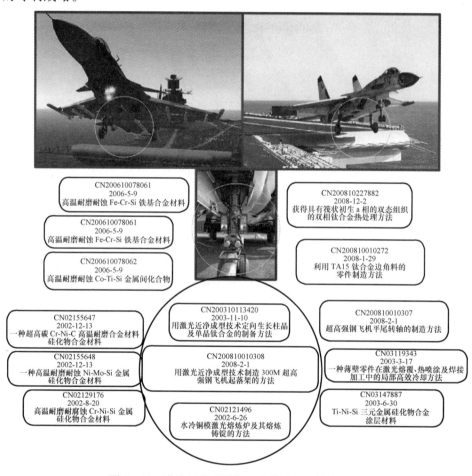

图6-11　激光近净成形技术在战斗机上的应用图

　　案例6-10:激光近净成形技术在C919国产大飞机上的应用图解析

　　图6-12展示了西北工业大学的黄卫东团队对于LENS技术的系统化研究主要集中针对航空航天等高技术领域对结构件高性能、轻量化、整体化、精密成

形的迫切需求，在材料、工艺、装备和应用技术在内的完整的技术体系。通过
该图在飞机机身和两个机翼上的布图形象地反映了黄卫东团队关于激光立体成
型工艺使用的材料、加工工艺和装置以及高性能激光成型的修复和再制造等三
方面在 C919 大飞机上的应用和专利布局，一目了然。

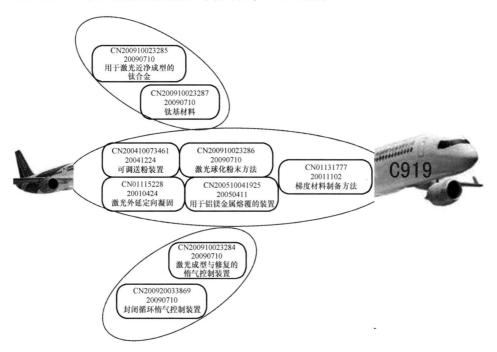

图 6 - 12　激光近净成形技术在 C919 国产大飞机上的应用图

6.4.4　理论创意图

理论创意图是通过对事物发展的本质、必然规律的归纳总结后，借助于一
种公知的理论模型表达出来的专利分析图表。

例如，"阴阳五行论"是中国古哲学思想的精华，是指无论是阴的内部还是
阳的内部包括阴阳之间都具备着木火土金水五种物象表达的那种相生相克的基
本关系，无论是事物内部或不同事物之间，都可归纳成一种"对我有用、对我
有利及我对其有利、我对其有用"的矛盾应用利害关系的基本模式。我们在专
利分析中完全可以根据"阴阳五行论"来表达竞争对手的专利战略，挖掘其专
利布局方向，寻找其专利布局的漏洞。

案例6-11：德国 EOS 公司的阴阳五行八卦图解析

图6-13展示了应用到 EOS 公司的3D打印产业的"阴阳五行八卦图"，可换算为"金木水火土"作为激光烧结的表象存在，即金木水土（材料）在火（激光）的作用下加工成型，利用各自的产品系列 EOSINT M 系列、EOSINT P 系列、EOSINT S 系列以及 FORMIGP 系列等，来将3D打印技术应用于工业、汽车、飞机、民用和医疗等领域，各应用领域又可分为具体的应用方向，并有相应的专利技术来服务。

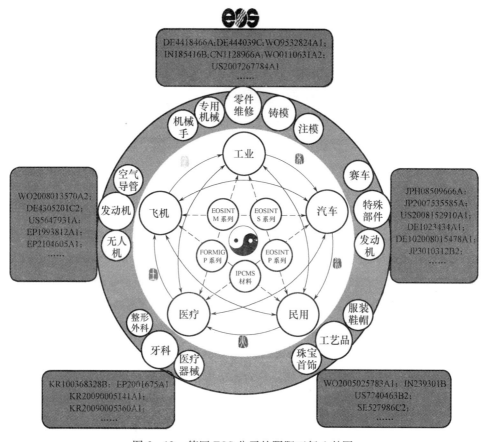

图6-13　德国 EOS 公司的阴阳五行八卦图

6.4.5　行为创意图

图表除了要清楚、简明地表达数据统计信息的可视化属性外，还应该结合将数据、信息和知识可视化的"信息图"综合体现，将不易理解的概念或时间关系用易于理解的、常见的行为形式表现。

行为创意图正是用来反映竞争对手的行为策略和行为战略的一种创意图表，能够有效分析竞争对手在每个专利信息集上的行为概率分布，且一目了然。

案例 6 - 12：德国 EOS 公司在 DMLS 上的专利战略行为图解析

如图 6 - 14 所示，EOS 公司通过以各种不同的应用包围跟随对手的核心专利，就可能使得核心专利的价值大打折扣或荡然无存，这种专利突破方式特别适合自身技术尚不完善，研发和资金实力不足，主要采取"跟随型"研发策略的早期的 EOS 公司采用。实施这种方案，需要企业对核心专利的敏感度足够，并能迅速跟进，在该专利（SLS）（申请号为 DE1993004300478）的基础上进行改进或改良（SLM），并最终建立属于自己的技术体系（DMLS），完成了"源头开花"的原创性专利的开发，实现技术的跨越式发展。

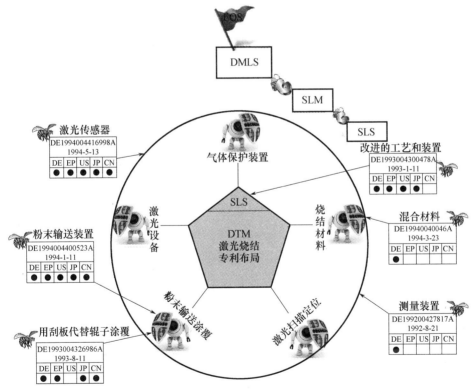

图 6 - 14　EOS 公司突破 DTM 公司专利壁垒模型

在对付 DTM 公司的外围专利布局策略上，采取"点面结合""战略性放弃"

的进攻策略。对粉末输送涂覆装置和粉末烧结材料进行针对性的重点突破，并在 DTM 公司没有进行针对性布局的测量装置和激光传感器方面进行战略性专利布局，对于气体保护装置在前期则没有布局，后期利用自己与瑞士的 FHS 圣加伦应用科学大学 RPD 研究所合作申请的 PCT 专利 WO2007000069A（优先权日为2005年6月27日），完成了其 EOSINT M280 产品中集成保护气体管理体系的建立。

专利的地域布局方面，在美国、德国、欧洲、日本进行主要专利布局与 DTM 公司相同，不同的是放弃对澳大利亚进行专利布局转而对中国市场进行专利布局，说明 EOS 公司对中国市场的重视度较高。

6.4.6　微调创意图

微调创意图是指将传统的专利分析图表稍微调动一下，但调动的幅度很小，也就是指通过细微的调整，使相关产品功能或相关主观行为的结果更贴近于操控者的主观愿望，多用于更直观地表达专利分析的结果，简单的改变即令人过目不忘。本节将以微调扫帚图、微调滑珠图和微调散点图介绍微调创意图的制作方法。

微调扫帚图 6－15 常用于聚类分析，在专利分析中，可用于表现不同申请人与申请数量的排名关系，能够更美观、直观地对比不同专利申请人专利数量布局的差异、专利拥有量排名等。

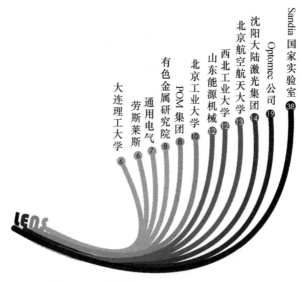

图 6－15　由柱状图变换来的微调扫帚图

微调滑珠图（图 6 – 16）常用于分组分析，在专利分析中可用于表现不同申请人申请时间跨度，企业最早技术研发与其推出产品/产业化之间的时间关系，对比不同专利申请人商业策略的差异、专利寿命分析等，时间指标还可以包括公开、授权、失效日期等。

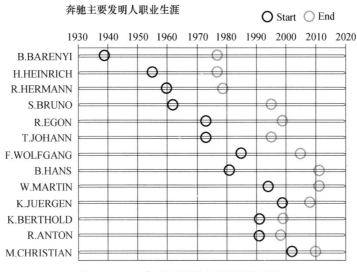

图 6 – 16　由条状图变换来的微调滑珠图

微调散点图（图 6 – 17）常用来表现数据分布和相关性，也常用来制作象限图、矩阵图等，在专利分析中，可利用象限图、矩阵图，表现分析对象（如申请人、发明人）在两个维度（如专利实力、市场规模等）交叉的格子上如何分布。

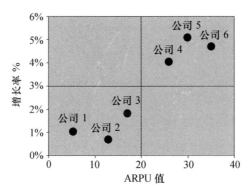

图 6 – 17　由散点图变换来的微调散点图

6.4.7　生活创意图

创意的灵感来源于生活，能在生活的探索实践中迸发出优秀的创意理念是每一个专利分析师再喜闻乐见不过的事情，也使得专利分析图表更接地气。

例如，在北京、上海等交通拥挤的大城市，准时、舒适、便捷的地铁是我们上班出行的挚友，每天映入眼帘的是地铁路线图，以此作为专利分析图表的创意点，就作出了图 6－18，直观的同时倍感亲切。

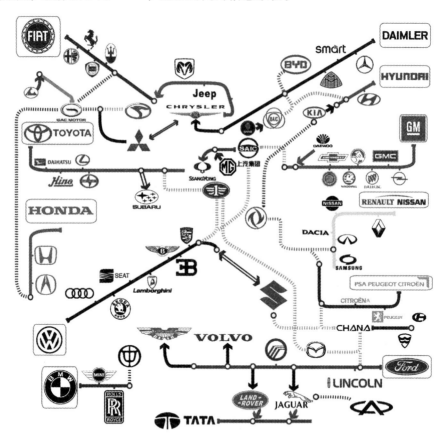

图 6－18　全球主要汽车厂商并购创意图

当然，创意图表没有固定的框架需要依循，也没有任何标准将其定义，不管使用何种类型的图表，其目的都是为了全面、合理、有效地利用专利信息，解读专利信息，完成专利报告。

第7章　权利要求分析

权利要求书的作用主要有两方面，一方面用于界定发明的保护范围，另一方面作为侵权判断的主要依据。

众所周知，最初的专利文件中，并不具有权利要求。1807 年 11 月 20 日 Jennings 申请的专利中①，最早使用了"Claims"——"权利要求"这一用语。其表达的是，申请人为了保护自身利益，开始采用将描述技术方案内容与要求保护范围分开陈述的新做法。而在 1811 年 1 月 9 日，Fulton 在其汽船发明专利说明书最后部分记载了"我要求保护我的发明：在小船底部安装的机座上设置发动机和机器……"，并在该权利要求之后还记载了类似形式的三个权利要求。Fulton 在发明了汽船的同时，也被认为是发明了世界上最早的权利要求。但权利要求的出现并没有马上成为确定专利权保护范围的"界标"，而是经过了一段漫长的发展过程。直到 19 世纪后期，经过司法判例与成文法案修改的交织作用，专利的权利要求才逐渐成为界定专利权人财产权范围的主要工具。具有代表性的案例是 Seed v. HIggines 案的判决。该案件是第一个以权利要求为基础来确定专利保护范围的案例。在该案中，专利权人 William Seed 在其 1846 年的专利申请中，在专利说明书后面专门加上了一段说明文字——也即一个权利要求。1854 年，Seed 进行声明，将其权利要求范围缩小，并以缩小后的权利要求为依据向法院提起诉讼，并得到了法院支持。这就是权利要求被用来界定保护范围的起点。同时该案确定了一个原则，即凡申请人没有声明要求保护的内容，不属于权利要求覆盖的范围。另一重要的案件，1877 年的 Dudgeon v. Thomson 案中，法院认为权利要求对权利效力和侵权判定都具有限定效力。

我国《专利法》第 59 条第 1 款中规定：发明或者实用新型专利权的保护范围以其权利要求的内容为准，说明书及附图可以用于解释权利要求的内容。因

---

① 董涛. "专利权利要求"起源考［J］. 专利法研究（2008），2009：133 – 149.

此，权利要求书是确定专利权保护范围的依据，也是判断他人是否侵权的依据。

而专利分析中，一般对权利要求的分析在于分析权利要求的保护范围，保护方式等。本章主要从技术和专利布局以及权利要求保护范围的解释和侵权认定等方面介绍对权利要求如何进行分析。

7.1　权利要求的基本常识介绍

本节主要就权利要求分析中重要的几个要素进行简单的背景介绍。

7.1.1　权利要求的类型

权利要求按照性质，可分为产品权利要求和方法权利要求。

发明的权利要求类型一般分为产品权利要求以及方法权利要求。实用新型专利的权利要求一般为产品权利要求。

（1）产品权利要求①：也称为"物的权利要求"，对人类技术生产的物进行保护，一般涉及物品、物质、材料、工具、装置、设备、仪器、部件、元件、线路、合金、涂料、水泥、玻璃、组合物、化合物、药物制剂等人类技术生产的任何具体的实体。

（2）方法权利要求：也称为"活动的权利要求"，对有时间过程要素的活动予以保护。一般涉及制造方法、使用方法、通信方法、处理方法以及将产品用于特定用途的方法。虽然在执行这些方法步骤时也会涉及物，如材料、设备、工具等，但是其核心在于通过方法步骤的组合和执行顺序来实现方法发明所要解决的技术问题。

权利要求按照撰写形式，可分为独立权利要求和从属权利要求。独立权利要求应当从整体上反映发明或者实用新型的技术方案，记载解决技术问题的必要技术特征。从属权利要求应当用附加的技术特征，对其引用的权利要求作进一步限定。其中，必要技术特征是指，发明或者实用新型为解决其技术问题所不可缺少的技术特征，其总和足以构成发明或实用新型的技术方案，是指区别于背景技术中所述的其他技术方案。

---

① 吴观乐. 专利代理实务［M］. 北京：知识产权出版社，2007.

　　权利要求书的独立权利要求与从属权利要求从不同的层次保护发明。权利要求书还可以包括多项独立权利要求，只要它们属于一个总的发明构思。主题名称不同的并列独立权利要求从不同的角度保护发明，并列的独立权利要求可以是产品权利要求或方法权利要求，也可以是产品权利要求和其制造方法的权利要求及其用途权利要求等。也就是说，无论独立权利要求还是从属权利要求，其本质上记载的都是申请人要求保护的技术方案。两者可以相互配合，对发明创造进行多层次、多方位的保护①。从类型上区分权利要求的目的在于可以明确确定权利要求的保护范围。通常情况下，在确定权利要求的保护范围时，权利要求中的所有特征均应该考虑，而每一个特征的实际限定作用应当最终体现在该权利要求所要求保护的主题上。

7.1.2　权利要求的要素

　　中国与国际上大多数国家一样②，采取中心撰写法（Central Claiming Method），也即专利撰写人将一个发明的核心技术写在权利要求中，以要求保护。在侵权诉讼中，法庭在理解权利要求的保护范围上也因此具有较多的空间。

　　《专利法》及《专利法实施细则》中与权利要求书相关的法律条款较多，涉及《专利法》第 2 条第 2 款、第 5 条第 1 款、第 9 条第 1 款、第 22 条、第 25 条、第 26 条第 4 款、第 31 条第 1 款、第 33 条、第 59 条第 1 款，《专利法实施细则》第 19 条、第 20 条、第 21 条、第 22 条。

　　这些条款从形式上、实质内容上对权利要求作出了规定。而本小节讨论的权利要求组成主要是从技术内容的角度来说的。综合考虑新颖性、创造性、得到说明书支持、清楚、简要、不缺必要技术特征等条款，独立权利要求应当包含如下组成：概括得当的创新特征、相关的配合特征，也即权利要求是由技术特征组成的。

　　专利权利要求中记载的所有技术特征共同限定了该权利要求的保护范围。我国各级人民法院在判断被诉侵权技术方案是否落入专利权的保护范围时③，是

---

① 李文红. 关于撰写从属权利要求的几个问题 [J]. 电子知识产权，2007（3）：64 – 65.
② 何瑞莲. 中美专利中权利要求的撰写差异 [J]. IT 经理世界，2005（11）：88.
③ 北京市高级人民法院知识产权审判庭. 北京市高级人民法院《专利侵权判定指南》理解与适用 [M]. 北京：中国法制出版社，2014.

将权利要求记载的全部技术特征与被诉侵权技术方案所对应的全部技术特征逐一进行对比，从而确定是否侵权。因而，技术特征也是侵权认定中技术方案对比的基础单元。

技术特征一般认为是指在权利要求所限定的技术方案中，能够相对独立地执行一定的技术功能并能产生相对独立的技术效果的最小技术单元或者单元组合。

7.2 权利要求分析

权利要求分析通常从所涉及的技术内容（如创新点、保护范围）以及布局模式等方面进行。从技术内容方面分析的目的在于了解该专利的技术创新点以及保护范围。从布局模式方面分析的目的在于了解该专利的技术覆盖程度。通常在分析时应当结合两个方面同时分析。

一般来说，权利要求分析主要遵循以下四个步骤（图7-1）：

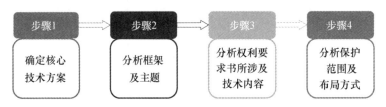

图7-1 权利要求分析步骤

步骤1：通过阅读说明书，充分了解某申请的技术方案，确定核心技术内容。专利法的核心是对创新技术进行保护，并且如专利法第26条第4款的规定，权利要求书是由说明书中记载方案概括而得到的，因此必须先清楚了解每份申请中的实际技术内容，以此作为后续对权利要求进行分析的基础。

步骤2：对权利要求的框架进行分析，比如包括几组权利要求，每组权利要求所要求保护的主题是方法/工艺，还是产品/结构等。通过对权利要求进行框架式的梳理，可以最直接地清楚对核心技术方案所延伸出来的保护方向。

步骤3：具体分析权利要求书中每组权利要求所包含的技术内容（也即体现在权利要求书中的技术方案，这一方案往往与说明书实施方式中记载的具体技术方案有所不同）。

步骤4：分析权利要求实际保护的范围以及权利要求书的布局方式。分析权利要求实际保护的范围是侵权认定和规避其中重要的环节。而分析权利要求书的布局方式，也即分析申请人对一个技术方案的撰写习惯，专利保护运用的纯熟程度。

基于以上的分析步骤，旨在确定权利要求的技术方案、保护范围并由此了解从技术内容到保护范围的实现方式，一方面便于自身的学习，另一方面则有利于在面对侵权诉讼或者进行规避时采取适当的策略。

7.2.1 结构和技术内容分析

本小节所讨论的权利要求结构，主要从权利要求保护的主题、权利要求之间引用关系等方面出发。

无论从什么目的对权利要求进行分析，都应当先确定权利要求的结构。例如权利要求书中含有几项权利要求，权利要求的特征数量，权利要求分为几组，每组权利要求之间的关系，每组权利要求分别保护的主题。

权利要求项数越多，说明该专利中获得保护的/请求保护的方案就越多。且一般认为每一项权利要求（包含独立权利要求和从属权利要求）的范围不同，不同引用关系的权利要求之间所形成的技术方案以及保护范围均不相同。

在具有多组权利要求的专利中，各组权利要求之间需要满足《专利法》第31条、《专利法实施细则》第34条的规定。这意味着，这几组权利要求之间是相互关联的，有可能这几组权利要求限定的是一系列的实施方式，也有可能这几组权利要求限定的是某一产品及其制作方法甚至引用等。也即同一个专利中保护的可能是一系列的产品，或者相关产品的整个生产系列。

而关于权利要求的技术内容分析，如上一小节所述，权利要求由技术特征组成，一个权利要求中的技术特征越多，其所包含的技术内容越多，技术内容越详实，一般来说其所限定出来的保护范围越小。

另外在权利要求分析中，还应该分析的是申请人/发明人所属国以及类型，这方面的信息在后面的其他分析中有着重要作用。而且申请量较大或国外申请人/发明人一般采用相同风格的撰写方式以及权利要求布局模式。

以上是权利要求结构分析的一般性原则。下面将通过实际案例说明分析的步骤和内容以及意义。

7.2.2 结构和技术内容分析示例

一般来说，如果要针对包含多组权利要求的专利进行分析，需要借助一定的图表形式来展示。最常用的辅助分析图为权利要求要件图。

权利要求要件图主要用于权利保护范围的划定。其以专利权利要求作为主要研究对象，绘制出现有专利的权利范围，揭示权利要求范围、侵权可能性等信息。

近年来，尤其在某些技术密集工业领域，一项新产品上市就已经受到了上百件专利的保护，因此严格规范与区分现有专利技术的权利要求、定位自己的专利空间，对新产品研发尤为重要。

权利要求要件图通常包含两个部分，权利要求组及组间引用关系部分，以及权利要求技术特征部分。

权利要求组及组间引用部分有助于理清整个权利要求书中包含了几组权利要求，以及每组权利要求中独立权利要求与从属权利要求之间的引用关系。

权利要求技术特征部分，是通过对该申请的技术方案进行分析后，所列出的关键技术要点，也即发明点或者解①决所提出的技术问题的技术要点。列出这些特征，有助于进一步了解整个权利要求书中所包含的重要技术特征、技术方案。

图7-2以US6707561B1为例，绘制了其授权的权利要求书中权利要求及构件图。图7-2的左侧中各个圆圈中的数字表示权利要求序号，从属于某一个权利要求的从属权利要求与该权利要求之间用短线连接；不同组权利要求分隔显示。图7-2右侧为权利要求中所包含技术特征的总结，由于篇幅关系，仅示出了两组权利要求中部分权利要求的主要技术特征。

参见图7-2可知，该项专利共有34项权利要求，包括5项独立权利要求（独立权利要求1、12、22、29和34）和29项从属权利要求，共同组成5组专利保护客体，分别涉及分析平台、分析装置、分析系统等。同时图7-2右侧的矩形框中，将第一组权利要求中每项权利要求所包含的主要技术特征列出，通过要件图的梳理，可以清晰了解每项权利要求所要求保护客体的内容，以及各

---

① 肖国华，等.专利地图设计制作及影响因素分析［J］.情报理论与实践，2007（3）：372-377.

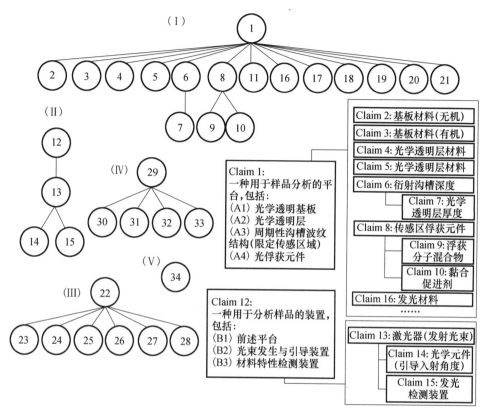

图 7 - 2 US6707561B1 部分权利要求要件图

项权利要求件的关系，便于立体第了解该专利的大概保护范围。

这些调整可以帮助相关技术人士寻找权利空白。在新技术研发过程中，对现有相关技术的专利进行持续、动态的研究分析，确定权利要求中涵盖的技术要点，进而确定权利要求中的技术空白点。技术人员可以据此调整研发方向，为自身新技术专利申请规划权利空间，以保证顺利获得专利并得到最大经济利益以及更好地规避已有专利。

7.2.3 权利要求书的布局方式分析

本小节所讨论的权利要求书布局方式，是指一项或多项相关方案体现在权利要求书的方式，也即权利要求的结构布置方式。

在进行布局分析之前，首先应当了解技术方案的实质性内容，即解决了什么技术问题，采用了什么技术手段。知道了基本的技术方案和实质性技术内容之后，再来分析权利要求对该方案的记载方式，以及这些方式对权利要求的范围起到了什么样的扩大或者缩小作用，有利于在侵权判断中或者规避分析中更快地找到解决方式。

1. 同等范围的布局方式

同等范围的布局方式也即在权利要求的布局过程中，独立权利要求所体现出来的范围与所要求保护的实际技术方案基本一致。

这种布局方式在对于专利撰写不熟悉或者对于授权把握不大的情况下较常发生。一般来说，这样的布局方式特征较多，概括不合理，将每一个特征清楚、详细记载在独立权利要求中，没有合理概括和分层次保护。同时如果该实际方案涉及的是一个部件上的改进，所体现出来的权利要求也仅涉及这一个部件而没有适当扩展。

在分析的过程中，需要先了解实际技术方案，一般来说即具体实施方式所记载的技术方案。然后对权利要求所记载技术方案进行对比，如果两者基本一致，则属于同等范围的布局方式。

同等范围的布局方式，优势在于：真实记录技术细节，保护范围较为确定，不存在模糊地带，多用于对专利撰写不熟悉的申请人。

劣势在于：这样的布局方式在侵权认定和诉讼中较为被动，因为侵权方很容易针对具体技术方案中的某些特征作出改进，继而实现侵权规避。

2. 扩大范围的布局方式

一般来说，目前来说较为普遍和成熟的权利要求撰写方式为最大范围地概括权利要求所能代表的所有实际方案，并合理设置独立权利要求和从属权利要求；甚至在一个专利申请中将实施方式设置成不同组的权利要求。这样可以尽可能全面保护发明构思和扩大保护范围。

更为有利的布局方式是，围绕某一技术改进或者部件的改进，对其上下游产品以及相关的制造或者装配方式、适用方式适当扩展，在一个申请中对该产品及产品的上下游相关产品、相应方法进行申请，也可以将这些方案分散在不同的申请中进行保护。

同样，在分析过程中，需要对说明书实际涉及的技术方案，必要时需要将同一申请人在相同时期提出的相同、相近主题的所有申请其说明书涉及的技术方案结合起来了解，从而得到该技术方案的实际范围，再与相同、相近主题的所有申请中权利要求所限定的范围进行对比，确定其保护的层次以及所扩大的范围。

优势在于：这样的布局方式会使得所能保护的范围最大化、多样化；在侵权处理中，有利于处于主动地位；较为常见。

劣势在于：在进行侵权认定时，在侵权认定上有可能存在争议。

3. 四颗螺钉的案例分析

以下以经典的，四颗螺钉的案例说明如何分析布局方式。

实际的技术方案为：

在现有技术中，为了将笔记本电脑的屏幕和框架固定在一起（见图7-3），四颗螺钉（图中附图标记43所表示部件）一般垂直于屏幕平面而安装。

但是为了保证这种安装方式的稳固性，四颗螺钉需要有一定的长度，这样会间接增加了笔记本电脑屏幕和框架组合后的厚度，也即增加了笔记本电脑的整体厚度。

为了使得笔记本电脑的屏幕和框架组合后厚度降低，如图7-4所示，申请人将四颗螺钉（图中附图标记430）的安装方式改进，改为从框架的侧面对屏幕和框架进行固定。这样可以大大降低屏幕和框架固定后的厚度，继而使得笔记本电脑的厚度精简，结构紧凑。

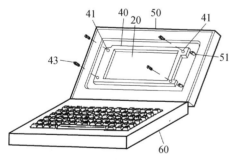 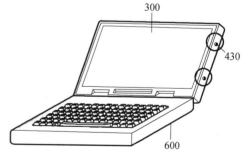

图7-3 四颗螺钉的传统使用方式　　　　图7-4 四颗螺钉的新安装方式

由以上技术内容分析可知，新技术方案改变了螺钉的安装位置以及适当改进了屏幕和框架之间相应位置的接合关系（屏幕和框架之间相应位置接合关系由图7-5变为图7-6）。

图7-5的传统垂直安装视图中可见，利用螺孔将屏幕固定连接到框架上，

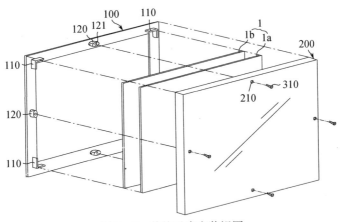

图7-5　传统垂直安装视图

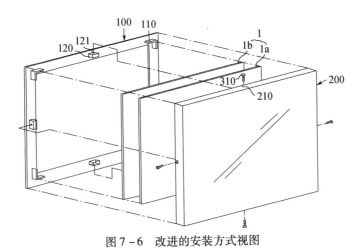

图7-6　改进的安装方式视图

需要在框架上另外设置相应的固定突耳42。同时如上所述,厚度受到螺钉长度的限制。

　　而从图7-6可知,仅需要在由上下部框架部件上设置相应的孔,并使得上下框架通过螺钉紧固在一起,其中屏幕被夹在上下部框架之间,实现屏幕与框架的组装。从结构上说,图7-6的方案比图7-5的方案组装起来更为方便快捷,且直接降低了显示器部分的厚度。

　　如果仅按照实际技术方案进行撰写,也即按照等同范围的布局方式,其可以撰写为:

　　如US6512558中所记载的两组权利要求,第一组权利要求涉及显示器模块组件，第二组权利要求涉及组装显示器模块组件的成套设备。

在这两组权利要求中，都将组成显示器的所有部件概括在内，这与该技术方案实际所记载的范围是基本上一致的。

这个技术方案的权利所有人是韩国 LG 公司以及飞利浦 LCD 公司。这两个公司显然在专利布局和运营上较有经验。相同的技术方案，这两个公司实际上申请并获得了授权了 7 项专利（含上述 US6512558）。其他专利所限定出来的技术方案以及相关布局方式见表 7 - 1。

表 7 - 1　四颗螺钉所涵盖专利列表

专利号	权利要求组数	限定方案所涉及内容
US6512558	2	显示模块壳体安装组件及其装配工具
US5835139	4	液晶显示装置、笔记本电脑
US5926237	9	形成液晶显示装置的方法、形成/制造/组装笔记本电脑的方法
US6002457	8	均涉及液晶显示装置
US6020942	6	均涉及笔记本电脑
US6373537	4	液晶显示器、可安装的液晶显示器、笔记本电脑
US6456343	2	液晶显示装置及组装方法

从表 7 - 1 可知，四个螺钉的技术方案，最终被延伸成为了液晶显示装置，进一步地延伸为便携计算器。同时，这个方案还可以延伸为方法权利要求，即液晶显示器的组装/形成/制造方法，更进一步地延伸为便携计算器的形成/制造/组装方法。由此可见，这个方案的保护范围从最原始的四颗螺钉扩展到了便携计算器以及相应的组装方法。

这项技术及最后体现出的专利申请，带给我们这样的启示，在确定核心技术的新颖性和创造性的情况下，在权利要求的撰写过程中，不应当只着眼于一个实物/产品或者一个方法，为了全面保护技术，可以适当延伸至目标技术的上下游产物，以及相应的制造/应用方法等。对于发明人/申请人来说，这样的权利要求结构和技术内容的涵盖方式对核心技术的保护范围得到了适当的扩张和全面的保护。

由该案例可知，在对权利要求分析的时候，需要进行全面的检索，尽可能检索到所有与所针对专利在技术上、申请人上相关的专利，从而可以全面分析出该方案实际上涵盖的技术范围，有助于侵权防范。

7.3 侵权及规避分析

对权利要求进行分析的另一个目的是判定侵权可能性。在新产品上市后，无论是被诉侵权还是诉他人侵权，都可以由专利、技术和法律专业人员通过对双方技术要点、权利要求点进行比对，判断是否"在被控侵权的产品或方法中，包括了独立权利要求中的每一个技术特征"，由此分辨侵权可能。

因此本小节主要介绍侵权判定的原则，以及如何相对于已存在的专利保护范围作出相应的技术调整和布局调整，避免侵权。

7.3.1 权利要求解释的原则

侵权判断的第一个步骤便是权利要求的解释。因为在进行侵权对比之前，需要确定对比双方的实际范围，才能进行对比。

为什么权利要求需要解释？权利要求由文字写成，其保护范围不像有体物那样可以直观地感受到，因此需要对权利要求进行解释，尤其是在确定其保护范围和确定侵权的步骤中，对权利要求的解释是这一切的基础。

权利要求范围的确定，是审查以及侵权诉讼中的重要环节。保护范围的确定直接确定了专利权人的权利以及利益范围，因此了解权利要求范围的确定以及侵权判定，有利于专利权人明确自己的权利和保护范围。

《专利法》第59条第1款规定：发明或者实用新型专利权的保护范围以其权利要求的内容为准，说明书及附图可以用于解释权利要求内容。2010年1月1日起施行的新司法解释第2条则规定：人民法院应当根据权利要求的记载，结合本领域普通技术人要阅读说明书及附图后对权利要求的理解，确定《专利法》第59条第1款规定的权利要求的内容。另外，新司法解释第3条规定：人民法院对于权利要求，可以运用说明书及附图、权利要求书中的相关权利要求、专利审查档案进行解释。说明书对权利要求用语有特别界定的，从其特别界定。

在权利要求的解释方面，有三个原则需要遵守①，分别是专利权推定有效原

---

① 北京市高级人民法院知识产权审判庭. 北京市高级人民法院《专利侵权判定指南》理解与适用 [M]. 北京：中国法制出版社，2014.

则、折衷原则以及整体（全部技术特征）原则。也即在解释权利要求的时候，如无证据证明该专利权为失效状态，则应当承认专利权的有效性；在对权利要求进行解释时，应当以权利要求记载的技术内容为准，根据说明书及附图、现有技术、专利对现有技术所作的贡献等因素合力确定专利权保护范围；而整体（全部技术特征）原则，则指将权利要求中记载的全部技术特征所表达的技术内容作为一个整体技术方案对待，记载在前序部分的技术特征和记载在特征部分的技术特征，对于限定保护范围具有相同作用（表7-2）。

表7-2　权利要求解释的其他要素

解释要素的确定	
解释的文本	应当以国务院专利行政部门公告授权的专利文本为基础，如果有生效法律文书确定的专利文本，则以最后的生效法律文书确定的专利文本为解释基础
解释的主体	解释权利要求应当从所属技术领域的普通技术人员的角度进行
解释的形式	对权利要求的解释，包括澄清、弥补和特定情况下的修正三种形式，即当权利要求中的技术特征所表达的技术内容不清楚时，澄清该技术特征的含义；当权利要求中限定和特征在理解上存在缺陷时，弥补该技术特征的不足；但权利要求中的技术特征之间存在矛盾等特定情况时，修正该技术特征的含义。另外需要注意，不能用说明书修改权利要求用语的明确含义
合理解释	最高人民法院在2001年司法解释第17条中"发明或者实用新型专利权的保护范围以其权利要求的内容为准，说明书及附图可以用于解释权利要求"，是指专利权的保护范围应当以权利要求书中明确记载的必要技术特征所确定的范围为准，也包括与该必要技术特征相等同的特征所确定的范围
证据	分为内部证据和外部证据。内部证据是指专利说明书及附图、权利要求书中的相关权利要求、专利审查档案以及生效法律文书。外部证据是指工具书、教科书等公知文献及所属技术领域的普通技术人员的通常理解

掌握以上三个原则和几个要素，便能准确地对权利要求进行解释，确定其保护范围。

7.3.2　侵权判定

随着经济和知识的发展，创新科技成为了经济所倚重的重要力量。伴随着创新科技的发展，专利制度也开始逐渐受到人们的重视。侵权判定是确权审理中的重要步骤，本小节结合实例对如何进行侵权判定进行简单说明，读者掌握基本的判定原理，便可在实际生产中进行自判定，对自身可能产生的侵权行为作出提前的改进和布局。

1. 专利侵权行为

《专利法》第11条、第12条以及第七章对专利侵权行为以及专利权的保护都进行了详细的规定。总体而言，专利侵权行为包括[1]：直接侵权、间接侵权和假冒他人专利。

而在本小节中主要讨论的是直接侵权行为。

根据《专利法》第11条的规定可知，直接侵权的构成要件为：①有被侵犯的客体——专利权；②以生产经营为目的；③未经专利权人许可；④有实施专利行为——制造、使用、许诺销售、销售或进口（表7-3）。

表7-3 不同类型权利要求所对应的实施行为

权利要求类型	实施行为
产品权利要求	对权利要求限定的产品进行制造、使用、许诺销售或者进口该产品
方法权利要求	使用权利要求限定的方法；以及使用、许诺销售、销售、进口依照该方法直接获得的产品

2. 侵权判定

侵权判定即为判断被控侵权产品或方法是否落入专利权的权利要求所记载的范围，通俗地讲，就是判断权利要求中所限定的技术方案的全部技术特征是否在被控侵权的产品或者方法中全部再现。

侵权判定一般存在如下三个结果：

（1）相同侵权[2]，是指被控侵权技术方案包含了与权利要求记载的全部技术特征完全相同的，构成侵权。所谓相同，是指两者特征相比，专利权利要求的全部技术特征均被侵权物的技术特征所覆盖。这是一种显而易见的侵权行为，但是随着大众对知识产权的认识加深，这类的侵权行为较为少见。

（2）等同侵权，是指被控侵权技术方案包含了与权利要求记载的全部技术特征完全等同的，构成侵权。这类侵权的特点在于被控侵权技术方案与专利技术中存在个别差异，但是这种差异属于"等同关系"。

---

① 郝志国. 浅谈专利保护客体的认定及专利侵权行为 [J]. 纺织器材，2004（6）：376-378.

② 北京市高级人民法院知识产权审判庭. 北京市高级人民法院《专利侵权判定指南》理解与适用 [M]. 北京：中国法制出版社，2014.

（3）不侵权，是指被控侵权技术方案技术特征与专利权利要求全部技术特征相比，缺少专利权记载的一个或多个特征的，不构成侵权；有一个或一个以上特征不相同也不相等的，不构成侵权。

由上述判断原则可知，侵权判定的比较客体是技术方案的对比，以及技术方案中技术特征的对比。

下面通过实例说明侵权判定中相同侵权和等同侵权判定方法的使用。

1）相同侵权的判定

判断相同侵权可以借鉴新颖性的概念，即可以将被控侵权的技术方案看做新颖性评价的对比文件，以此来判断专利权的权利要求是否具有新颖性。如果判断结论是具备新颖性，则相同侵权成立，反之不成立。

然而，"新颖性"的比较也存在如下几种情况：

（1）技术特征完全相同。即被控侵权技术方案与专利权利要求中记载的全部必要技术特征一一对应并相同，或者两者虽然在文字记载上稍有差别，但仅仅也只是文字表述不同，实际技术内容完全一致。

案例 7 - 1①：

已授权专利的独立权利要求 1 为：一种输送管，由内层和外层同心设置而组成。

而被控侵权技术方案是一种市售的送料管，产品结构见图 7 - 6。其中附图标记 1 为该产品的外层，附图标记 2 为该产品的里层。

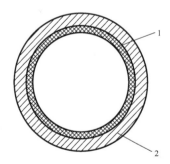

图 7 - 7　被控侵权管道

通过两个方案的对比，可知，两者在结构上相同；不同之处仅在于两层管的名称。但实际上市售的这种送料管也是用于输送物料，且两层管的材质和布置方式都是相同的。由此可以判断，市售的送料管落入了前一个技术方案的保护范围之中，构成侵权。

（2）下位概念侵权。即当专利权利要求中记载的技术特征是上位概念特征，而被控侵权物（产品或方法）技术方案采用的是相应的下位概念特征，即使二者的技术特征不是完全一样，被控侵权物的技术特征也落入专利权的保护范围，

① 马天旗. 专利分析——方法、图标解读与情报挖掘［M］. 北京：知识产权出版社，2015.

构成专利侵权。

案例7-2：

已授权专利的独立权利要求1为：一种输送管，由内层和外层组成，外层与内层同心设置，且外层为树脂层，内层由塑料制成。

而被控侵权技术方案是一种市售的送料管，产品结构见图7-7。其中附图标记1′为该产品的PVC层，附图标记2为该产品的树脂材料层。

众所周知，PVC是塑料的一种，也即塑料为上位概念，而PVC是下位概念。因此被控侵权物的技术特征也落入专利权的保护范围，构成专利侵权。

（3）增加技术特征的侵权。被控侵权物技术方案包含了专利权利要求中全部技术特征的基础上，又增加了新的技术特征的，构成专利侵权。

案例7-3：

已授权专利的独立权利要求1为：一种输送管，由内层和外层同心设置而组成。

而市售的一种送料管，其结构如图7-8所示，包含了内层、外层和保护层，这三层也是同心设置而成。

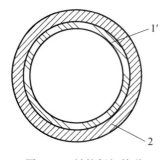

图7-8　被控侵权管道

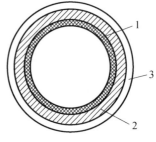

图7-9　被控侵权管道

内层和中心层对应于授权专利的内层和外层，而在此之外该产品还多设置了保护层。但是由于这个产品包含了专利技术方案的所有特征，因此也构成了专利侵权。

但是种情况应该排除在外，便是封闭式权利要求。

仍以上述管道为例，如果专利权利要求中限定，一种××管，仅由内层和外层同心设置而组成。那么从被控侵权的管道结构上看，其为三层结构的管道，被专利权利要求中封闭式限定的"仅由内外侧同心设置"排除在外，因此这种情况下并不构成侵权。

2）等同侵权的判定

等同原则是指被控侵权物（产品或方法）中有一个或者一个以上技术特征经与专利独立权利要求保护的技术特征相比，从字面上看不相同，但经过分析可以认定两者是相等同的技术特征。这种情况下，应当认定被控侵权物（产品或方法）落入了专利权的保护范围。

等同侵权的判定可以按照三步法来评定：

第一步，对比两个技术方案获得区别的特征；

第二步，判断区别特征与权利要求对应的技术特征之间，是否属于"以基本相同的技术手段，实现基本相同的功能，达到基本相同的技术效果"；

第三步，以本领域普通技术人员的立场来判断，上述三个基本相同的替换是否无需经过创造性劳动即可以联想得到。

例如在其他特征完全相同的情况下，区别仅在于被控侵权方案中所采用的紧固件为"螺钉"，而授权专利方案中的紧固件为"螺栓"，而这种替换对于本领域技术人员来说都是常用的防止螺纹松脱的紧固手段，这种替换对本领域技术人员来说并不需要付出创造性劳动。因此这种替换被认定为等同侵权。

7.3.3　规避策略

通过上一小节的侵权判定可知，未落入权利要求所限定方案的范围之中的技术方案，即不属侵权。

因而在研发过程中应当动态了解现有相关专利权所涵盖的保护范围，针对这些范围作出具有针对性的技术性改进，便不会涉及侵权。

与侵权判定的原则相对应，作出相应改进、研发也有以下几种方式：

1. 技术特征的技术性改变

对专利技术方案中所限定的主要技术特征进行改进，重新设计或者改进某些特征，实现新的技术效果。比如可以通过加入新的功能性部件、新的功能性步骤来改进核心方案，或者改变原有的发明构思，从其他角度着手考虑解决相同技术问题的技术手段等。

2. 技术特征的非等同替换

对专利技术方案中所限定的主要技术特征进行需要创造性的替换。也即不能是本领域中常见的螺栓和螺钉的替换,而至少是螺栓和胶粘的替换等。还可以是采用新研发的材料,新材料的研发,实现两种或以上功能部件的设置等。

3. 减少技术特征,优化结构

在专利技术方案中改进结构的冗杂,精简部件和结构/步骤。

7.4 小 结

本节简单介绍了权利要求的结构、要素,并对权利要求分析的主要分析内容进行了说明。表7-4总结了权利要求分析中的主要分析项以及分析目的和作用。

表7-4 权利要求分析项

分析项	分析目的	作用
结构分析	了解保护层次	确定保护主题以及保护方式
技术分析	了解核心技术	学习技术内容
保护范围分析	了解保护范围	判定侵权或进行规避

第8章 技术需求分析

技术需求－技术手段分析的重要性在于，能够看出针对某一技术需求所采用的技术手段的专利申请集中度，从而发现布局较多的核心技术手段，并找到布局较少或者布局空白的技术手段；本章旨在通过技术需求分析，从专利分析的视角为企业的研发方向提供具体的可操作的参考和引导。

8.1 技术需求的定义及应用

技术需求，顾名思义是指需要达到的技术效果或者实现的技术功能。

"技术需求专利分析"是指企业对需要解决的问题进行详细的专利分析，通过专利信息分析弄清楚技术问题的目的、要求、手段和结果，它具有供需交流困难、需求动态化发展、后续影响复杂等特点。

一般而言，按照由易到难的层级划分，企业的技术需求有以下几个具体的目标：引进相关的先进技术；对部分技术进行开发改进；对现有技术进行全面改进；开发出全新的系统技术。

企业的技术需求分析的应用目的在于，通过技术需求的专利分析，用能够解决技术问题的具体的手段，追踪最新行业技术发展，指导某企业或者某行业着重发展某项技术，引导企业研发方向，加大研发投入，提高企业的技术创新能力，确定企业在全球技术竞争中的行业地位，量身制定和选择适合我国或某个企业的技术发展方针。

8.2 技术需求的专利分析方法

技术需求的专利分析方法一般借助于专利分析研究国内外的相关技术，以及同行业的技术发展特点来实现，具体应用中，主要从以下八个角度对技术需求进行专利分析：

1. 从技术生命周期角度

通过分析专利技术所处的发展阶段，可以了解相关技术需求领域的现状、推测未来技术发展方向，能够确保技术领先并实行技术垄断，产品一般要经历技术革新—新商品—发展—成熟—衰退这一生命周期。

专利技术生命周期的分析方法主要使用图示法，图示法是通过对专利申请数量或获得专利权的数量与时间序列关系、专利申请人数量与时间序列关系等问题的分析研究，绘制技术生命周期图，推算技术生命周期。

2. 从被引频次角度

一般而言，被引频次较高的专利技术可能在产业链中所处位置较关键，可能是竞争对手不能回避的。因此，被引频次可以在一定程度上反映专利技术在某领域研发中的基础引导性作用，也便于企业能找寻到所需的技术而进行有针对性的使用。

3. 从引用科技文献数量角度

CHI 学派（世界知名的知识产权咨询公司）用专利引用科技文献的平均数量考察市场主体的技术与最新科技发展的关联程度。该数量大，说明市场主体的研发活动和技术创新紧跟最新科技的发展。但科学关联度与专利价值的相关性随行业而不同，在科技导向的领域（如医药和化学领域）该指标与专利价值显著相关；在传统产业，该指标与专利价值的相关性不显著。

4. 从技术发展路线关键点角度

技术发展路线中的关键节点所涉及的专利技术不仅仅是技术的突破点和重要改进点，也是在生产相关产品时很难绕开的技术点。但是在寻找这些技术节点时，需要行业专家花费大量的时间勾勒出这个行业的技术发展路线图，然后按图索骥找到这个行业的关键技术点，并与企业的技术需求进行无缝对接。

5. 从技术标准化指数角度

标准化指数是指专利文献是否属于某技术标准的必要专利，以及该专利文献所涉及的标准数量、标准类别（国际标准、国家标准、行业标准）。但是无论是根据技术标准查找所涉及的专利，还是从专利文献出发查找其是否涉及技术标准，都需要花费一定的时间。

6. 从技术功效分析角度

技术功效分析通常由技术和功效来构建技术功效矩阵进行分析。技术功效矩阵用气泡图或综合性表格来表示。从技术功效图表中可以看出专利申请在关键技术点上不同的技术需求上的集中度，较为集中的可确定为重点和/或热点技术，而申请量较少甚至为零的，可以认为是空白点技术，难点技术可综合技术发展的阶段和演进进行确定。在专利分析相关的报告中，也可以结合专利申请的具体内容，对某一项或几项技术热点、难点进行技术层面上的详细分析。

7. 从专利授权率角度

专利授权率排名指标反映出某一领域内专利技术的领先情况。专利授权率排名能表现出市场主体专利申请的价值，能够反映市场主体创新的规模。

8. 从专利组合分析角度

综合而言，专利组合分析是技术需求最常用的分析手段。专利组合分析从技术角度分析分为三个方面：相对技术份额、技术吸引力和研发重点。相对技术份额采用企业在某技术领域的专利效能与该技术领域内最高专利效能之比来测定，其值是由企业的内部行为所决定，其最大值为 1。技术吸引力是用该技术领域的专利申请增长率来测定。研发重点是以某一技术领域专利申请的数量除以企业在各个技术领域总的专利申请量得出，"R&D 重点"表示某一技术领域在企业总的 R&D 组合中的技术重要性。

综合以上八个角度的专利分析手段，可以发现：技术需求分析更注重的是掌握前沿技术，推广扩大先进技术，专利技术改进法与技术原理法是两个专注技术且仅分析技术的方法。发达国家运用专利技术路线图把未来高技术领域的基础技术、未来市场需求、未来行业目标和目前的研发基础放在同一个系统框架内进行研究，有利于政府配置有限的资源、加强国内行业协会的通力合作，为行业迅速抢占创新链的高端位置奠定基础。在制定并颁布的行业技术路线图的指导下，各企业根据产业未来关键共性技术结合自身优势研发未来企业应用技术和专有技术，从而拥有未来竞争中的自身核心竞争力。

8.3　技术需求的专利分析的典型案例一

关于伺服电机点焊钳小型轻量化需求 – 技术手段的分析是基于机器人点焊钳

的专利申请情况进行分析的，在此先简要介绍该分析的总体背景以及分析情况。

8.3.1 技术需求背景简介

工业机器人点焊钳是机器人实现对工件加压、通电，使工件发生熔化并在压力下重新凝固从而实现点焊的末端执行器。机器人点焊钳是点焊机器人不可或缺的重要组成部分，是实现机器人焊接自动化的重要元件之一。课题组主要从功效矩阵和核心技术问题这两个角度展开专利分析，希望就点焊钳的技术、功效、创新和规避四个不同的方面给国内企业以启示。

8.3.2 分析手段和过程

结合全球点焊钳的专利申请量以及重要申请人的专利申请量找到了该行业的主要申请人。行业申请人主要分为上游的焊钳供应商和下游的焊钳使用者，其中焊钳供应商以小原株式会社为代表，下游焊钳使用者以整车厂商本田及日产为代表。针对这三个主要申请人的机器人点焊钳的申请进行分析归类标引，对技术手段和技术功效分解获得技术功效矩阵图，从而得出了关键技术点以及关键技术需求。

无论是上游的供应商还是下游的使用者，都很关注焊点质量、焊接效率、小型轻量化以及可靠性这四种技术效果。对于焊钳而言，实现焊钳的小型轻量化能同时实现机器人点焊钳降低成本、提高焊接质量、定位精度、效率以及可靠性，因此针对焊钳的小型轻量化的技术需求是三个申请人都比较注重的，所以课题组重点围绕点焊钳小型轻量化技术需求所需要的技术手段进行了分析。在此基础上，由于目前机器人点焊钳多采用电机伺服点焊钳，因此，本次分析重点围绕如何解决伺服电机点焊钳的轻量化。

基于对上述焊钳的小型轻量化的技术需求背景情况的基本了解，以下针对2013 年 05 月 31 日之前的伺服点焊钳小型轻量化的专利申请进行分析得到的体现轻量化需求与技术手段之间关系的专利申请进行探讨。

（1）点焊钳小型轻量化技术简介：焊钳小型轻量化表现为焊钳长度、宽度方向更短、体积更小、重量更轻、结构更简单，其能够使得机器人运行过程中焊钳的惯量变小，从而容易实现速度和精度控制，机械研磨也相应减少，同时驱动电机功率相应下降，也就是说，小型轻量化的实现，对点焊质量、精度和效率的提高以及成本的降低都有促进作用。

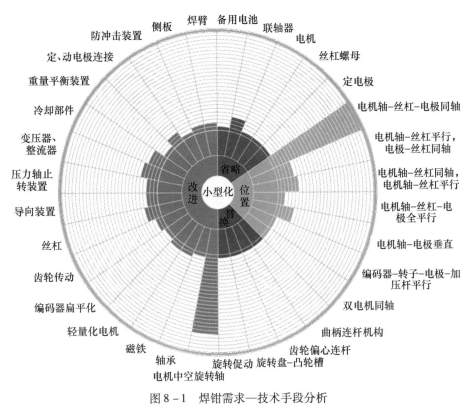

伺服点焊钳小型轻量化技术需求—技术手段分析

图 8-1 焊钳需求—技术手段分析

（2）伺服电机点焊钳技术概况：伺服电机通过减速系统带动滚珠丝杠副，通过直线导向副的导向和滚珠丝杠副的运动来推动压力轴，从而实现焊钳的张开和闭合。采用伺服电机可以按照预先编制的程序，由伺服控制器发出指令，脉冲的数量与频率决定电极的位移与速度，转矩决定了电极的压力，焊钳的张开度可以任意设定，电极间的压紧力都可以无级调节，伺服电动机的特性决定了焊枪电极定位的高精度和高效率。

（3）伺服电机小型轻量化采用的技术手段主要分为元件省略、元件替换、元件位置改变和元件改进四大类型。

元件省略：将焊钳中的某个部件省去，包括联轴器和丝杠螺母的省去，或者将某个部件从焊钳中分离出去，包括备用电源、电机和定电极的分离。元件替换：将焊钳中的某个或某些部件用另外的机械结构替换，主要涉及传动机构的替换。元件位置的改变：改变焊钳中原有部件的位置，使焊钳在某个或某些方面的尺寸缩小，主要涉及电机、丝杠和电极等的布置方式的改变。元件的改进：针对焊钳各部件自身的改进以及小型轻量化实现焊钳整体的小型轻量化，涉及多种部件。

上述技术手段中，元件改进的技术手段最多，在关于元件改进的技术手段中，电机中空旋转轴的专利申请量最高，这与主要申请人小原株式会社提出的系列申请有很大关系。另外关于元件位置的改变也比较值得关注，尤其是电机轴－丝杠－电机同轴设置的专利申请量很大，这也属于小原株式会社的核心专利技术之一。元件的替换虽然能有效实现轻量化，但是同时也会带来防干涉、精确传动等方面性能的下降，因此制约了这类专利的申请。元件的替换主要集中在传动系统的替换上，但是由于没有更好的传动方式能代替滚珠丝杠的精确微调，因此，目前难以成为主流的方式。

在实际改进过程中，如果交叉应用多个上述技术手段会取得更好的轻量化效果，例如对于元件位置的改进而言，一个维度的尺寸的改变会增大到另一个维度的尺寸，这可以结合元件改进来减少这种增大的尺寸，因此，这也是各种位置关系均有相当的专利申请分布的一个原因。

（4）国外企业在中国的申请现状：国外公司从 1994 年就开始在中国进行布局，2000 年之后，申请量激增，而国内企业从 2011 年才开始进行伺服电机点焊钳的专利申请，且技术属于初期的焊钳技术。出现这种情况的可能原因有两种，一是中国工业机器人行业尚未崛起，与其配套的机器人焊钳仍处于萌芽阶段，没有意识到伺服电机点焊钳小型轻量化的重要性，二是中国的整车企业等焊钳使用商一般采用外购的焊钳，影响了中国的焊钳供应商以及整车企业的自主研发。

针对中国申请人目前的状况也可以看出，中国目前的技术远落后于国外的同类技术，目前还没形成参考国外先进技术进而提高研发基准的意识。鉴于小原株式会社在元件改进以及元件位置的改变方面都有核心专利申请，因此，可以考虑对小原株式会社的专利申请重点分析，对其技术进行参考和学习。

（5）国内申请人小型轻量化的创新思路：焊钳小型轻量化之后，焊钳的强度会下降，由于机电一体化结构变小，维修困难，也就是说改进的工程参数会带来恶化的工程参数。因此可以采用 TRIZ 理论确定其发明原理，摒除目前无法实现的发明原理，结合可行的发明原理，对现有专利技术进行分析，找到没有专利布局或布局较少的研究空白点，从而引导研发的方向，目前主要可以从以下技术几个方面进行考虑：

①解决焊钳小型轻量化问题的专利申请采用的主要发明原理是套装和曲面化，目前已经属于比较成熟的技术，国内申请人在研发时可以对这些技术加以学习，但是应注意专利技术的规避。

②目前的专利申请还体现在采用复合材料、分离、预补偿、重量补偿、抛弃与修复和参数变化等发明原理，仅有少量的申请，但这些申请表明了这些发明原理的可行性，而且给出了产生原始创新想法之前的参考，企业确定新的技术方案的难度会相对较低。

③关于机械系统的替代、分割、预操作、预加反作用和动态化的发明原理，尚没有专利申请分布，且不属于不能实现的情况，企业可以根据自身的特张，选择合理的创新思路，但是难度相对较高。

8.4　技术需求的专利分析的典型案例二

EOSINT M 是在欧洲开发 DMLS 技术最领先的企业之一，自 1995 年商业化以来，模具行业是其主要的应用领域。这项应用作为最常用的一种快速模具方法是由于大幅缩短了产品开发过程，使样品模型的制造推出时间变得非常短，所以早期的用户也把这称作"样品模"，也就是说这样能缩短模具研制周期。早些年只有相对软的材料适用这种技术，所以大部分塑料样品模具都是这样制作，而随着技术的不断进步，应用领域也扩展到了适用于塑料、金属压铸和冲压等各种量产模具。应用这项技术的优点不仅仅是周期短，而且使模具设计师把心思集中在如何建构最佳的几何造型，而不用考虑加工的可行性。结合运用 CAD 和 CAE 技术，可以制造出任意冷却水路的模具结构，为镶件上通上水路以减小模具上热集中最终降低产品收缩变形量；对于关键的模具配件，对热浇口套上加上冷却可以降低成型周期，这样做可以极大地改善品质并大幅降低生产的成本。EOSINT M 工作系统正用于百万次的塑胶模具以及十万次的冲压和铸造模具。

一扫拓展

EOSINT M 系列是 EOS 公司针对于金属烧结工艺专门开发的系列产品，从

1998 年至今共开发了四代产品。前期产品 EOSINT M250 的工作原理是在基体金属中混入低熔点金属粉末的选择性激光烧结（SLS），通过烧结过程使低熔点金属向基体金属粉末中渗透来增大粉末间隙，产生尺寸膨胀来抵消烧结收缩，使最终收缩率为零，对材料有特定的要求。升级产品 EOSINT M250 Xtend 逐渐开发了 SLM 工艺（激光烧结熔融），与 SLS 工艺的区别是直接用激光来将颗粒熔化成型，所以无需渗金属原件。接下来的 EOSINT M270 系列和 EOSINT M280 系列采用 DMLS 技术（Direct Metal Laser – Sintering）进行金属件制作，对材料的要求降低。每一代产品换代都能实现增加特定功能的目的，这些在 EOS 公司的专利申请中均有体现（图 8 – 2）。

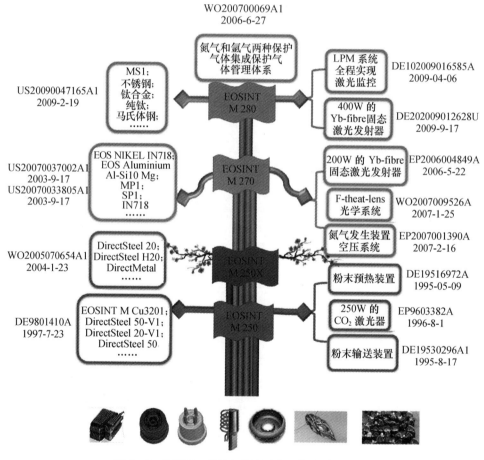

图 8 – 2 EOSINT 系列产品的需求—技术手段分析

1. 第一代产品：EOSINT M250

推出时间为 1998 年的 EOSINT M250 是基于 SLS（激光烧结）的激光直接成型机制下的熔化/凝固机制，其具有 200W 的 CO_2 激光器（对应专利为欧洲专利 EP9603382A），激光扫描速度为 4m/s，聚集光斑 0.4mm；采用金属粉末专用的粉末输送装置（对应专利为德国专利 DE19530296A1 和德国专利 DE1994004400523），通过振荡原理将金属粉末高效、准确地进行输送。

针对 EOSINT M250 开发出的金属粉末材料有需要渗树脂的 EOSINT M Cu3201，其是 Ni、CuSn、Cu3P 的混合物，不需要渗树脂的金属粉末混合物 DirectSteel50 - V1 和 DirectSteel20 - V1、DirectSteel50，这些材料组成的具体技术方案在 1997 年申请的德国专利 DE9801410A 中均有涉及。但是这些特定材料的具体制备方案在 EOS 公司的所有专利申请中均未体现，给出了材料的"WHAT"元素，没有给出"KNOW - HOW"元素。对于激光烧结的材料，EOS 公司通过专利和技术保密两个手段，实现对市场的控制和垄断。

应用方面，EOSINT M250 使用不同熔点的金属粉末组成的混合物适于制作滚轴和注塑模具。

2. 第二代产品：EOSINT M250 Xtend

2002 年，在 EOSINT M250 的基础上，EOSINT M250 Xtend 使用 SLM 工艺（激光烧结熔融），直接用激光来将颗粒熔化成型，所以无需渗金属原件，对材料的要求降低。

EOSINT M250 Xtend 系统对结构的主要改进点之一是增加了预加热装置。用激光对纯金属粉末进行加热时，温度场梯度很大，热应力很大，容易产生翘曲变形。通过预加热可以使温度梯度减小，可使应力部分释放，同时预热增加了热输入量，有利于加快成型速度，提高成型效率。

EOSINT M250 Xtend 系统使用的金属粉末预热装置在德国专利申请 DE1995100016972 中涉及，该预加热装置能够调节高度和角度，能够控制粉末合适的加热温度，提高加工效率和加工精度。

EOSINT M250 Xtend 使用的材料有主要成分为青铜粉的 DirectMetal 50、DirectMetal 20 以及钢基体系列的 DirectSteel 20、DirectSteel H20，这些材料均不需要渗树脂就能烧结成型，且致密度能达到 95% 以上，这在德国专利 DE9801410A 中体现。其中，粉末材料 DirectSteel H20 硬度可达 42HRC，抗拉强度为 1200MPa，用 DirectSteel H20 制作的塑料注射模，寿命可达 10 万件次。

3. 第三代产品：EOSINT M270

2009 年，EOSINT M270 是 2009 年所推出的激光金属粉末烧结设备，该设备采用 EOS 公司研发的 DMLS 技术（Direct Metal Laser – Sintering）进行金属件制作。

EOSINT M270 激光烧结系统最大功率为 5.5kW，采用的是配备 200W 的 Yb – fibre 固体激光发射器（在欧洲专利 EP2006004849A 中体现），最小光斑仅为 100μm，是 EOSINT M250 的 1/2～1/3，因此功率、密度大幅度提高，可支持更高的扫描速度，激光扫描速度为 6m/s，同时 Yb 激光的波长更易于金属的吸收，最终成型的零件密度几乎可达到理想密度的 100%，具有高效能、长寿命等特点。

EOSINT M270 激光烧结系统采用精准的光学系统 F – theta – lens（国际专利申请号为 WO2007009526A 中涉及），通过该光学系统能够保证成型模型的表面光滑度和准确度，能够减小纯金属粉末直接激光烧结时产生的孔洞。

EOSINT M270 激光烧结系统采用欧洲专利 EP2007001390A 中保护的标准的氮气发生装置以及空压系统，则使设备的使用更加安全。

EOSINT M270 激光烧结系统除了美国专利 US20070037002A1 中提到的 EOS Nikel IN718 和 EOS Aluminium Al – Si10 Mg 材料外，还可成型医用不锈钢、模具钢、铜基合金、高温合金等多种金属材料。另外由于对材料的要求降低，还能由客户自主研发所需成型的材料。

应用方面，EOSINT M270 激光烧结系统利用激光粉末烧结技术的优势，成为航空航天、机械模具、医疗、汽车、消费品、电子等行业低碳先进快速制造主流设备。在航空航天行业，该设备为日益复杂的零部件提供了高效高质制造方式；在航天器减重、复杂内部结构、点阵结构等方面，提供了解决方案；在难加工的钛合金硬质合金方面，该设备克服了铸造带来的结构问题，效率好于传统机加工方式；在模具行业，立体冷却水道、热流道等的日益复杂使得传统机加工方式已经逐渐不能满足模具行业的要求；该设备解决了这个问题，可以制造出任何结构的冷却水道、热流道模具。

使用直接金属激光烧结技术制作模具的动机即为改善模具效能以使生产过程获得最大的成效，除之前所提及的时间和经费的节省之外，目前为人所重视的即是在模具中加设冷却水路或温控管路,除可以使模具局部温度降低或达到均温之外,还可对模具进行更快速的冷却或加温处理,如此可减少脱模速率及模次周期,且不会因时间缩短而有残余应力及翘曲等问题发生。而传统制作水路均是以钻孔方式完成,其直线圆管状造型另需避开结构或组装原件,故此水路设计极其受限。而藉由直接金属激光烧结技术制作模具,冷却水路或其他管道设计可具有位置及造型的无穷想象空间,异型水路即为此模具外型所设计的水路。

4. 第四代产品:EOSINT M280

2011 年,M270 系统已于 2011 年全面升级为 EOS M280 系统,在成型空间、保护气体轨迹等方面有了大幅度提升。M280 系统可基于三维设计文件直接制造金属零件,无需模具等辅助手段。

EOSINT M280 系统最大功率为 8.5kW,配备 200W 或 400W 的 Yb – fibre 固体激光发射器(通过德国专利 DE202009012628U 中的技术方案实现功率加倍),结合高速扫描光学系统 F – theta – lens,能够提供高性能、高稳定性、高质量的激光。

EOSINT M280 系统配备德国专利 DE102009016585A 中提及的 LPM 系统,使得在烧结的全过程都可以监控激光的状态,以 $100 \sim 500 \mu m$ 的可变聚焦直径,熔化 $20 \sim 80 \mu m$ 的金属粉末,尺寸精度可以达到 $\pm 20 \mu m$,可以最大程度保证成型产品的质量。

EOSINT M280 系统配备国际专利申请 WO2007000069A1 中所述的集成的保护气体管理体系,保障了长时间连续烧结部件的高品质,此系统兼容氮气及氩气两种保护气体,从而使得 M280 系统兼容从轻金属到不锈钢、从模具钢到超级合金的多种金属材料。氮气发生装置采用内置结构,更加安全。

材料方面,EOSINT M280 系统提供了多种金属粉末材料及对应的参数设置,这些参数设置已针对对应的应用进行了优化,可以对钛合金、铝合金、不锈钢、纯钛、马氏体钢等硬度大的金属进行熔融烧结,对于难熔金属、金属间化合物、金属基等多样性材料也能适用。

应用方面,EOSINT M280 系统独特的优势,是其制造的金属部件及模具的高质量,以及提供满足不同应用的人体工程学配套设备,能够用来加工贵重金属、金属件牙齿、口腔修复体等需要较高表面精细度的成型件。

第9章　企业链分析

企业竞争链是指企业主体以相互竞争为主因，通过资金、技术等流动和相互作用形成的链条。将专利分析融入企业链尤其是重点企业链中，能够通过专利信息分析企业链不同节点上的企业的情况。

企业是市场、创新和产业转型升级的主体，也是申请专利的主体，更是创造、运用、管理和保护专利的主体。企业不但能够通过申请专利来保护自身的产品、防范他人侵权，还能进行市场推广、用于产品宣传、利用专利申报项目获得资助以"反哺"技术研发等。因此通过利用专利信息，能够加深对中国的产业企业，尤其是龙头企业的了解[①]。

通过将专利分析融入重点企业链进行研究，不但能够理清该企业的专利行为，如通过专利申请量态势变化反映出企业的发展水平和发展趋势，通过分析主要的申请目标国家和地区的变化情况确定出其发展规划，通过分析重要专利的研发情况判断其优势领域，通过对比各企业间研发重点的差别，理清企业间竞争和合作的可能性。通过将专利分析融入重点企业链进行研究，还能更进一步分析这些企业在专利战略、市场化竞争以及经营管理方面的经验，对形成贴近产业发展实际的专利分析研究报告具有重要的指导作用。

9.1　基于专利分析的重点企业选择

确定重点企业是做好重点企业链分析研究的必要环节，其主要从企业在行业中具有重要性、典型性或代表性入手，也可以从掌握重要专利或具有长远专利战略规划的企业主体入手分析。

---

① 贺化，毛金生，陈燕，马克. 专利导航产业和区域经济发展实务 [D]. 北京：知识产权出版社，2013.

例如，专利申请量大、专利授权量大、专利储备丰富、专利授权率高、多边申请比例高的企业，往往就是对行业或产业有着显著影响力的重点企业[①]。

9.1.1　基于专利申请量排名

包括世界知识产权组织和各国专利局在内的官方机构，每年的专利申请量排行榜以及各分支技术的专利申请量排名，一定程度上反映了当前经济环境下各企业的专利投入情况，是一项重要的参考指标。

专利申请人的申请量排名指标反映了某一领域内专利申请人的技术活跃度情况及其专利布局策略。研发投入越多、技术开发越活跃、专利申请更积极、专利布局更广泛，能够反映在专利申请人的专利申请数量上。

9.1.2　基于专利授权量排名

专利申请人的授权量排名指标反映出某一领域内专利申请人获得专利权利和掌握技术实力的情况。专利授权量排名较专利申请量排名的含金量往往更高，更能表现出企业专利申请的价值。

相对于专利申请量，往往在某一领域内专利授权量排名前列的企业在产业发展和专利谈判中掌握主动权。

9.1.3　基于专利储备量排名

专利储备量指标是一个存量指标，表示申请人拥有的有效专利与正在申请的未决专利的总量，专利储备量的多少代表了申请人在产业内拥有的专利技术实力情况。一般来说，专利依赖度高的产业，产业内龙头企业在专利积累上较为积极，拥有的专利储备较多。

例如北电公司破产前将 6000 件专利储备打包出售，谷歌收购摩托罗拉移动后，获得了该公司 17000 件专利储备，柯达公司在破产清算前宣布出售约 1100 件专利储备竞标价超过 5 亿美元，"专利海盗"高智公司则宣称拥有数万件专利储备。不难发现，申请人的专利储备量越来越成为衡量企业间专利综合实力的重要指标之一。

---

① 杨铁军．专利分析实务手册［D］．北京：知识产权出版社，2012．

9.1.4 基于多方专利布局量排名

多方专利申请指的是在两个或两个以上的国家或地区就同一发明提交的一组专利申请。申请人除了在本国申请外，在其他国家或地区进行专利申请越多，可能意味着申请人对其专利技术价值的肯定，因此可以根据多方专利来作为间接判断重要专利的依据之一。

三方专利申请指的是在欧洲专利局、美国专利商标局和日本特许厅同时申请的一组专利家族，保护的是同一发明创造。三方专利是目前世界经济合作组织在评价国家或地区的专利实力方面最重要的指标之一。采用三方专利家族作为专利指标，增强了国际间基于专利指标的可比性，通过三方专利比较，国内申请的优势和地理位置的影响能够最大程度上被消除。另外，由于申请人在申请三方专利时，必须额外支付相关费用和承受其他国际扩展保护的时间延误，除非专利申请人认为他自己的专利有产业转化价值，否则是不会申请三方专利的。所以，三方专利家族中的专利普遍具有较高的价值。

此外，结合产业转移和产业承接的特点以及技术来源和主要市场等特点，也可以根据五方专利（中、美、日、欧、韩）来实现专利指标的平衡和选择。

9.2 基于专利分析的重点企业发展类型研究

从企业链上分析，要了解产业内所有企业的基本状况，清楚区分技术引领者、市场主导者、产业跟随者和新型进入者。找准目标产业的龙头企业在国内的国际上的地位，确定主要竞争对手和发展目标，研究竞争者的市场策略。

区分分析前对目标产业中的企业进行分类，可以正确定位企业的产业链位置，为进一步找出产业内专利影响力大的企业提供依据。将企业分类，找准影响产业发展的关键因素，可以为专利分析确定重点研究目标提供参考。

9.2.1 技术引领型企业分析

技术引领企业的主要特点是具有领先的技术创新能力。领头企业等市场主导型企业由于具有资金、技术和先发优势，大多数情况下也是技术引领型企业。

技术引领型企业往往依据自身的核心专利构建"围栏式"专利布局，除此之外，还积极推动行业标准的建立，将技术标准化与专利相结合，力图倡导一种新理念的技术领域竞争和技术许可贸易的新规则。如 DVD 产业中的飞利浦公司，自从 1972 年最先开发出激光视盘 LD 技术后，一直是 CD、DVD 和蓝光 BD 技术的标准制定者。

9.2.2　技术跟随型企业分析

技术跟随型企业往往利用外围专利进行专利布局，其专利申请的目的多维参与市场竞争与合作。如 DVD 6C 专利联盟的成员中，专利池中除了掌握核心专利的 9 家理事成员企业外，其余百家企业多属于技术跟随型企业，无论从产业控制力还是专利影响力方面，相对于技术引领型企业的差距很大。

技术跟随型企业虽然专利强度相对较弱，但是其专利布局策略和方法以及融入产业的方式，还是值得在专利分析时进行深入研究的，能够总结经验供国内企业参与国际竞争时借鉴。

9.2.3　新进入及潜在竞争企业分析

新进入企业及潜在的竞争企业是在专利分析时值得重点关注的企业类型。市场热点和对未来发展趋势的判断使得现有企业在业务领域的范围上不断探索、转型，同时新兴和初创企业的涌现也加大了专利热点领域的竞争，因此这些产业开拓的新型进入者也就构成了专利分析的主要目标之一。

根据迈克尔·波特的"五力模型"，潜在竞争者或新型进入者的威胁是一个重要因素。通过研究专利动向发现产业新的进入企业，分析其研发方向和经营模式，有助有改进现有产业内企业发展的不足，即使调整发展方向和策略。此外，一些新进入型企业在某一领域具有特殊的创新能力，如苹果收购的 2007 年才创建的小公司 Siri 公司，凭借在语音输入和控制方面掌握着核心专利技术，成为这一领域的技术领先型企业。

9.2.4　退出及重返市场企业分析

企业退出市场的原因包括专利技术壁垒、产业链阻碍、破产、并购重组、产业转型等，通过专利分析能够分析出企业由于研发投入少、缺乏自主知识产权核心技术、缺乏专利战略的运用、缺乏产业链的整合等的退出市场原因，为行业和企业发展提供借鉴基础。

不少企业通常将新兴市场、蓝海市场作为开拓重点，但是由于市场不成熟企业往往会遇到上述障碍后往往会出现业务萎缩，甚至退出市场，然而在新兴市场发展为热点市场后，企业会卷土重来并进行专利布局。

重返市场的企业的专利申请趋势分析上往往会有一个断点期，重新进入该市场后专利申请量往往有一个触底反弹的现象出现，因为心有不甘的它们肯定要增大品牌、产品和专利技术的推广力度。

9.3　基于专利分析的重点企业间战略联盟研究

企业战略联盟就是指两个或两个以上的企业为了实现特定的战略目标而采取的任何股权或非股权的形式共担风险、共享利益、获取知识、进入新市场的长期联合或合作协议。企业战略联盟的建立应遵循三个原则：达到战略目标、增加收益的同时减少风险、充分利用宝贵资源。

9.3.1　重点企业技术合作分析

由于技术问题的复杂性，专利申请逐步出现了多个申请主体、多个权利人共同存在的情形。共同申请专利的数量是企业间合作创新成果的直接体现。对于专利体系中企业技术合作的分析，有助于更清楚地认识专利体系的自身情况，了解产业间的合作群体，寻找技术研发的合作伙伴以及探索实现自主创新的合理机制。

通过重点企业专利技术合作的分析，能够发现企业间较为深入、紧密的创新合作关系，从合作的角度入手找出目标企业与相关产业链合作关系上的差异性，挖掘出企业间深层次的合作研发机制。

为开发生产某种需要综合运用多种隶属于不同专利权人的专利技术的产品时，相关企业需进行技术专利合作。企业间技术合作开发时，除了各自拿出专利技术和资金外，还要排除相应技术研发人员进行交流，这样不但可以降低企业新产品的开发成本，还可以缩短新产品开发周期。

例如，2006 年，微软公司与中国公司首次合作，授权深圳科通集团与湖南拓维信息系统股份有限公司使用微软亚洲研究院研发的"移动图片"技术。通过这次合作，中国的两家企业迈过了动漫制作的门槛，完善了自身的卡通技术，微软获得了在中国市场的业务发展并最终促进了全球软件产业圈的成长。

9.3.2　重点企业策略合作分析

常见的一种策略合作方式为：一方提供专利技术，另一方提供资金、生产设备和场地等。这种合作方式多出现在发达国家的跨国企业和发展中国家的中小型企业之间。发展中国家的中小企业缺乏自主创新的研发能力且无力购买专利技术，与专利巨头企业开展技术合作是一个很好的"无中生有"的策略选择。这种策略合作，客观上可以提高技术收纳方企业的技术水平，为企业自主创新提供技术支持；对技术输出方而言，发展中国家廉价的劳动力和丰富的资源可以节约大笔开支，这种合作是双赢的策略合作[①]。

常见的另一种策略合作方式为：一方提供专利技术，另一方负责开拓市场或双方共同开拓市场。有时，一项专利技术刚被研发出来时很有市场前景，但由于未经过市场检验或价格太高等原因，没有企业愿意冒风险去开拓市场。假设 A、B、C 三家企业约定，B、C 两家企业可以免费使用 A 公司的专利技术，但 B、C 两家企业负责开发市场并共同承担风险。三家公司将资源整合后形成的竞争优势有利于市场开拓和风险分担，对于 A 公司而言，是"抛砖引玉"的专利合作策略；对 B、C 两家企业而言，节省了研发成本，有利于技术水平的提高，是"顺手牵羊"的专利合作策略。

案例 9-1：

【分析项目】增材制造产业专利分析报告[②]。

丰田赛车公司于 2002 年进入 F1 方程式赛车界，2009 年退出。丰田 F1 赛车开始出成绩始于 2005 赛季，其"撒手锏"是处于绝对领先水平的空气动力学系统、风洞系统的技术和 KERS（动能回收）系统。而在空气动力学技术上取得突飞猛进的专利技术正是依赖于 EOS 公司合作的用激光烧结技术制造的空气动力学系统（丰田 F1 的主力车型 TF109 的主要特征是宽前翼、窄尾翼，前翼宽度增为 1800mm，安装位置下降了 75mm；尾翼宽度比以前缩减了 75% 后仅有 750mm 宽，独特的结构对于制造技术提出了很高的要求，传统的模具制作技术难以在短时间内完成）（图 9-1）。

---

①　徐棣枫叶，沈晖. 企业知识产权战略［M］. 北京：知识产权出版社，2013.
②　杨铁军. 产业专利分析报告（第 18 册）［M］. 北京：知识产权出版社，2014.

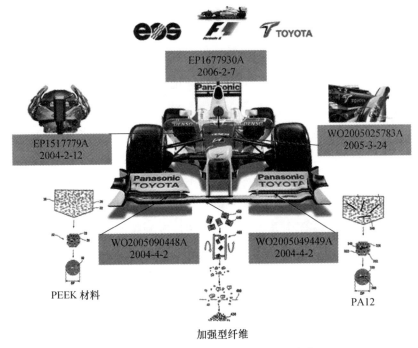

图 9 - 1　EOS 公司与丰田 F1 的专利合作

在 2009 年丰田退出 F1 领域后，EOS 公司与红牛车队合作，帮助车队取得了 2010—2012 年连续两个赛季的车队总冠军。而 3D Systems 在与赛车界的合作方面就落在了 EOS 公司后面。2010 年，撒哈拉印度力量才与 3D Systems 开始合作，并于 2013 赛季开始合作研究以减少风洞模型部件制造时间。

9.3.3　重点企业专利联盟分析

专利联盟是企业间联合从而形成对产业控制的有效方式，通过专利联盟构建专利池，在确保企业自身的发展具有充分自由度的同时，还可以对产业链中下游企业形成技术控制。通过对专利联盟组建者和发起者的深入研究，重点关注其专利动向，是找到影响产业发展关键专利的途径之一。

专利联盟的企业间就专利联盟覆盖下的专利相互之间的许可，是一种广义上的交叉许可战略。专利权人通过参加专利联盟，将相关的专利集中在一起，设立关于专利群的共同许可条款，以免去各专利权人就许可问题分别谈判的麻烦，还可以统一将专利许可给需要专利的第三方。

专利联盟的价值体现在：清除阻止性专利；降低交易成本；降低专利技术的实施成本和诉讼成本；整合互补性专利，促进技术转移；促进知识产权保护在全球范围内的加强。

9.4　基于专利分析的重点企业技术运用策略研究

企业技术运用策略可以定义为企业为获取与保持市场竞争优势并遏制竞争对手，运用专利保护谋取最佳经济利益的总体性谋划。分析企业的技术运用策略，应从全局性、长远性、竞争性、纲领性、法律性、实用性、保密性等方面入手。

综合而言，在专利分析中可分为以下的专利布局策略和专利运营策略分析两部分。

9.4.1　重点企业全球/中国专利布局策略分析

对企业的专利布局进行分析，是指以专利的地域属性为主要参照系，对专利指标所表征的地域维度上的信息进行提取分析，并进一步分析出企业的布局策略。其主要从以下三个角度着手分析。

1. 国家区域分布

专利制度自诞生之日起就具有地域属性。在专利的地域属性中最突出的一项就是专利的地域分布，其表征了申请人专利布局的选择和意向，也与申请人希望获得专利保护的范围密切相关。市场规模大、法律法规完善的地区往往是专利权人优先布局的选择。通过专利分析在不同国家的专利分布情况，可以掌握哪些国家或地区是专利的聚集区，在企业进入相应国家或地区时，还要根据各国专利法规进行深入的专利分析。

2. 技术来源分布

通过对专利优先权的分析，可以得到该项专利最早提出国家或地区的信息，进而了解该件专利的来源地。据此可以初步估测出某项技术主要来自哪一国家或地区。在少数情况下，一些申请人首次提交专利申请国并非是专利申请人所在的国家或地区，而是其认为其技术相关产业具有一定影响力的国际，因此会给该指标带来一定的干扰。例如，我国台湾地区的很多企业的首次专利申请是在美国提出的，并以此为优先权进行专利布局。

3. 省市区域分布

通过对中国专利申请数据省市区域排名分析，可以看出国内专利申请利用方面的整体情况，为区域经济依靠技术创新提升产业竞争力，以专利战略助推产业升级提供横向比较。

案例 9 - 2：

【分析项目】农业机械产业专利分析报告①。

图 9 - 2　联合收割机全球专利分布情况图

全球申请量按国家排名所体现出来的情况，一方面是与申请人的分布有关。全球重要的联合收割机生产商均聚集在日本（洋马农机、久保田、井关农机）、美国（迪尔、凯斯纽荷兰、爱科）、德国（克拉斯）等，因而可见国家的申请量直接受到申请人的申请策略影响。苏联解体之前的申请量一直占据全球前列，因而即便是解体之后，申请量大量减少，但按总量计算，原苏联地区的申请量排在了前五的位置。值得一提的是，虽然我国专利申请制度起步较晚（1984年），但是近年来我国专利申请量开始大幅度上升，由此我国专利申请量在全球范围内排名第四。另一方面，联合收割机各国申请量的大小与该国的农业发展情况、农机生产情况有关。日本的洋马、久保田结合本国地域特色而研发出半喂入式联合收割机，且在本国甚至亚洲地区大力推广这一机型，取得了很大的成功。日本申请人也较为注重知识产权的保护。以上两个原因，使得该国的联

① 杨铁军. 产业专利分析报告（第7册）[M]. 北京：知识产权出版社，2013.

合收割机领域的专利申请量排在全球首位。美国、德国幅员辽阔，种植情况非常适于利用机械化、全自动化的设备，该两国的农机化开始得较早，科研和技术实力较强，因而使得该两国在联合收割机上的申请量排在前列。

9.4.2 重点企业专利运营策略分析

在美国等西方发达国家，专利运营已经成为普遍的专利现象，在DVD专利收费、德国展会专利查抄、欧美海关巨额知识产权扣货、美国337调查、频繁的海外知识产权诉讼以及企业并购事件中，都少不了企业专利运营策略的身影，专利运营的商业目标只有一个，就是实现专利价值最大化。

专利运营策略主要包括专利投资运营、专利整合运营和专利收益运营等环节。专利投资运营包括专利间接投资和专利直接投资等策略；专利整合运营包括专利盘点、专利池组合、专利联盟整合等策略；专利收益运营是专利运营的终极目的，主要包括专利许可、专利转让、专利融资和专利诉讼等策略，而专利融资主要包括专利担保、质押、信托、保险、证券化和出资入股等策略模式①。

案例9-3：

【分析项目】增材制造产业专利分析报告②。

从图9-3中看出：

首先，EOS的专利布局基本上涵盖了图9-3所示的其专利运营的布局区域，可见EOS公司深知"兵马未动，粮草先行"的专利布局策略，将其专利地域布局进行知识产权保护看作时期拓展市场的辅助手段之一。其次，EOS公司进行专利布局的国家都是全球创新指数排名前30位的国家。由此可见，作为主营快速成型领域的EOS公司的服务对象与创新有着不可分割的关系，同时各个国家创新产业的发展又对增材制造的产业拓展、技术推动有着一定的激励作用。3D打印技术在工艺装备、材料研究、工程应用方面有较大的创新空间，能够改变传统的工业制造模式，能促进新产业、新技术的发展。

注：世界地图的凹凸高度显示的是根据2012年全球创新指数所作的三维地图，排名越靠前高度越高，圆圈中的数字显示的就是全球创新指数的国家排

---

① 毛金生，陈燕，等．专利运营实务［M］．北京：知识产权出版社，2013.
② 杨铁军．产业专利分析报告（第18册）［M］．北京：知识产权出版社，2014.

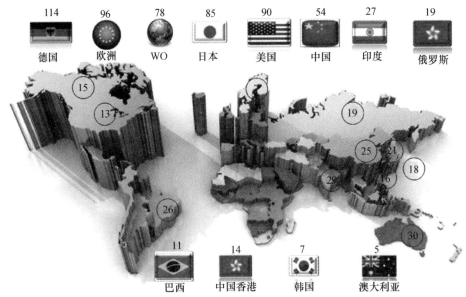

图9-3 专利地域运营布局与全球创新指数分布图

名——数据来源：WIPO 全球创新指数报告（2012）。国旗上面的数字表示 EOS
公司在该国/地区的专利数量。

9.5 基于专利分析的重点企业研发团队研究

　　研发团队是技术创新的源泉，对企业中的研发团队（发明人）的分析能够
发现在本领域中具有重大影响力的科研人员、产品设计人员等。研发团队的分
析可以单独进行，也可以与申请人结合分析，分析申请人的核心发明人或发明
团队能够反映出申请人的研发管理体制和激励体制等信息。

　　挖掘出行业内的重要发明人和发明团队之后，可以结合其在行业内各技术
分支的专利申请量、申请时间的跨度来展示发明人参与的技术领域、研发方向。
从技术分支和申请时间两个维度结合分析行业内的发明人，也可以反映出行业
技术演变的历史、申请量的差异，可分析出各发明人在产业链中所处的位置和
发挥的作用，还能发现企业人员流动状况和企业并购信息等①。

　　案例9-4：

---

　　① 杨铁军. 专利分析实务手册［M］. 北京：知识产权出版社，2012.

【分析项目】增材制造产业专利分析报告①。

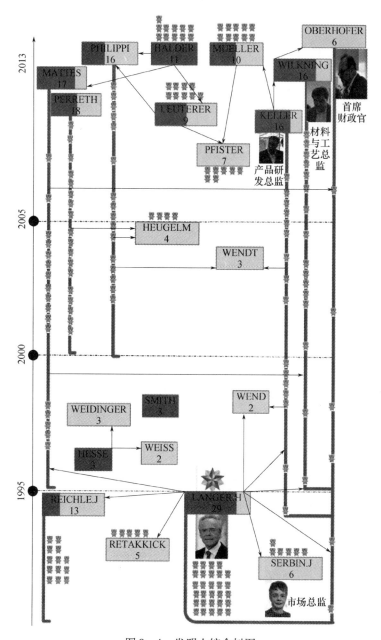

图 9 - 4　发明人综合树图

---

① 杨铁军. 产业专利分析报告（第 18 册）[M]. 北京：知识产权出版社，2014.

　　注：图是 EOS 公司的发明人综合树图，方框内的数字表示发明人参与的专利数量，方框内重色部分表示该发明人作为第一发明人的专利数量比例，核心发明人（4件申请以上）用勋章标出，箭头表示发明人的引证关系，旗杆的长度代表其在 EOS 公司的研发寿命，勋章在旗杆上的布局大致表示出专利申请的年份。

　　首先，从图 9-4 中可以看出 EOS 公司研发人员的引进情况，其人才的引进可以按时间分为四个阶段。体现在专利申请上，1989—1995 年和 2005 年至今是其人才引进的两个主要阶段，但是 1995—2005 年间，虽然也引入了一些发明人参与专利研发，但是专利产出量不大，在 EOS 公司的研发寿命也不长。

　　其次，可以看出 EOS 公司对于人才的培养情况。人才培养的重要性不亚于人才的引进，1995 年在 LANGER 等人的引领下，组件了公司的研发团队，其中朗格 LANGER（公司首席执行官 CEO）、塞尔斌（SERBIN 市场总监）、J·奥博霍弗（OBERHOFER 首席财政官）、克里斯蒂安·维尔克宁（WILKNING 材料与工艺总监）、P·克勒（KELLER 产品研发总监）经过内部的培养、锻炼、提拔，逐渐组建了现在的管理团队核心。EOS 公司从研发人员中构建管理团队的思路值得国内企业借鉴，SERBIN 早在 1995 年就退出研发主管市场推广；J·奥博霍弗一直参与产品和材料的研发，必然对研发成本控制到位；克里斯蒂安·维尔克宁是材料与工艺方面的研发专家，由其承担材料与工艺总监的职务；P·克勒一直专注于产品研发，则让其承担研发总监的任务，真可谓"人尽其才用其长，物尽其用用其妙"。

　　最后，可以看出 EOS 公司核心发明人的情况。对于尊重发明人对于专利的贡献的国家，通过主要发明人占第一人的比例能够得出核心发明人的情况。2005 年后新引进发明团队的核心成员 T·哈尔德（HARDER）、F·米勒（MULLER）和 M·罗伊特勒（LEUTERER）也非常高产且各术有专攻，尤其是 T·哈尔德（HARDER）更是不可或缺的研发人才。

第 10 章 竞争对手分析

"知己知彼，百战不殆"是商业竞争社会的主要制胜法宝。当代市场竞争方式和手段的多样化以及经济因素的复杂多变，使得企业的竞争环境愈发严峻。竞争对手可以指市场上、技术水平上可与自身抗衡，并有可能压制或者影响自身市场、技术的对手。分析和利用专利信息，已成为企业获取竞争情报的一个重要手段。

通过对竞争对手进行专利分析，可以了解本领域的主要竞争对手、竞争对手的技术优势、专利战略、技术实力、技术规划策略、市场规划策略等方面的信息。本章旨在从专利分析的角度，介绍如何通过专利分析，深入了解竞争对手的技术优势以及发展趋势，尽早作出适当的布局①。

10.1 发现竞争对手

在企业发展初期以及技术研发初期，可通过专利分析认清潜在的竞争对手。本节主要从申请量、专利布局以及重要发明人三个角度出发来探讨如何挖掘潜在的竞争对手、如何利用分析结果来提高竞争力。

10.1.1 从申请量进行分析

本小节中的申请量分析主要包括以下几个方面的分析：申请总量分析、年申请量分析、技术分支申请量、重要市场国申请量（也称为目标国申请量）。

在专利分析初期，最简单、直接地锁定竞争对手的方法就是通过某一领域的申请量排名情况来确定。总申请量反映了一个公司的技术活跃程度，但不一定能真实反映该公司的技术实力。举例来说，日本大部分的企业善用知识产权

---

① 张鹏，等. 竞争对手专利情况分析方法探讨 [J]. 中国发明与专利，2011 (9)：46 – 49.

制度，其专利保护策略是任何细微的改进都会申请保护，导致其专利申请量偏大。另外，多项相互关联的技术在美国等国家可以合并为一项进行申请，而在日本则必须按照多件申请进行提交。由此可见，申请习惯、相关国家政策对申请量有着重要的影响，单从专利申请总量一项来说，并不能将其作为衡量竞争实力的一个标准。

某些公司在技术发展的前期申请了大量专利，而近年逐渐退出某领域，申请量逐渐下降，因而单纯在总申请量的角度来衡量该公司的竞争力并不客观，需要考虑近几年的申请情况。某些公司在技术发展的前期申请量较小，近年由于技术研发的进步才开始大量在某些领域提出大量专利申请，其申请总量虽然排名靠后，但是也应当引起重视。所以，统计近几年申请总量（一般从 3～5 年前开始统计），能更为准确地帮助确定潜在的对手或者新出现的竞争对手。

不同企业所针对的市场不同，通过相同技术在相同市场的专利布局情况，可辨识出竞争对手。在专利申请中，具有共同优先权的在不同国家或者国际专利组织多次申请、多次公布或者批准的内容相同或者基本相同的一组专利文献被称为同族，或者该项技术/申请即被称为多边申请。通过多边申请信息的分析，可以了解某企业的专利布局区域，也即可对应了解某项技术在某个市场中的主要申请人，从而有利于辨识其是否是竞争对手[①]。

10.1.2 从专利质量分析

除了以上两个方面以外，仍需考虑某些申请人的专利质量能否形成竞争威胁，从而判断其是否为竞争对手。

本小节的专利质量主要从申请类型、授权比例、有效情况、被引用频次等几个方面来考量。

一般来说，专利的类型在一定程度上反映了企业对其自身技术的自信程度以及申请的策略。发明专利的申请周期长、需要经过检索，实用新型的申请周期短，无需进行检索。因此对于技术高度较低的国内申请人来说，更趋向于实用新型专利的申请。而国外申请人一般通过 PCT 的方式进入中国，其前期进行了初步的检索，因此对自身技术较为自信，多倾向于发明专利的申请。而一般

---

① 刘红光，等. 专利情报分析在特定竞争对手分析中的应用［J］. 情报杂志，2010（7）：35－39.

来说，除了设计类产品，如手机、家庭用品等产品之外，化学类、机械类、通信领域的专利采用外观专利申请的较少。

授权比例一般来说是指发明专利的授权与申请件数的比值。由于发明专利是通过检索来确定该申请是否具有新颖性和创造性，继而是否能获得授权，因此在一定程度上说，获得授权的专利对于现有技术来说具有突出的实质性特点和显著的进步。授权比例高，则说明在该领域该公司的技术水平处于较高的层级。专利需要递交年费才能维持其有效状态，也即专利的有效状态与专利权人的主观意愿直接相关。如果一项专利对于专利权人来说能产生较好的经济效益，则该专利权人会持续缴费，保持该专利处于有效状态，有利于其利益的维护。如果随着时间的发展，一项专利因未缴纳费用而失效，则一方面因为这项技术对专利权人已经不再重要，另一方面也可能是因为这项技术已经更新换代或者所产生的效益太小，不值得再去维护其有效状态。因此，可以从某些申请人的专利的有效性来判断该申请人所持有的技术水平和市场竞争力高低。

被引用频次也是衡量专利质量的一个重要手段。一般认为如果一项专利多次被后继专利引用，这就表明该专利技术在其领域的质量较高或者属于比较基础性或者较为基础性的研究成果。所以对某个申请人的被引用情况进行统计分析，可以发现竞争对手的技术水平。但在被引用分析的时候，还需要进一步分析的是，这些引用是申请人自引还是他人的引用。一般来说，他引的频次较高，且引用该专利的专利属于多个不同的申请人，则更能代表某项专利的水平。

10.1.3　从其他角度分析

除了上述分析角度之外，还可以考虑专利诉讼、侵权纠纷等角度入手来确定竞争对手、市场占有率等情况。

一般来说，国外大型跨国企业为保护自身利益，借助其技术优势地位，对某些技术链条上的各个环节申请专利进行专利布局，形成"专利池"，从而使得我国农机企业在生产和研发中稍有不慎就有可能侵犯他人专利权，造成企业经济利益的重大损失，特别是由于我国申请人普遍来说专利保护意识还比较薄弱，不注重对专利工具的运用和对自身技术进行专利保护，而跨国公司由于竞争的需要多采取针对性的专利策略（例如先进行专利布局，在受到竞争对手的发展挑战时再运用专利工具，从而保证优势的竞争地位），这都使得我国很多技术的生产和研发受到很大限度的制约，对我国技术市场的长期发展产生了不利影响。

2008 年 12 月 9 日，日本久保田株式会社及其中国子公司久保田农业机械（苏州）有限公司（以下称为久保田）以泰州现代锋陵农业装备有限公司和泰州锋陵收割机租赁中心（以下称为锋陵）侵害久保田株式会社的中国专利权为由向中国南京市中级人民法院提起诉讼，要求锋陵停止制造、销售锋陵自走式半喂入联合收割机 "4LB－150"，并进行损害赔偿。这场纠纷历时 4 年，直至 2012 年 12 月 28 日，南京市中级人民法院认定了锋陵侵害久保田株式会社中国专利权（ZL99110929.5 作业车的履带装置）的事实，判决锋陵停止制造、销售上述侵权产品，并向久保田支付 80 万元的损害赔偿[①]。

久保田方面认为这次久保田的胜诉判决肯定了久保田 "合法排除侵害知识产权的产品" 主张的正当性。久保田今后仍将继续在国内外重视并保护知识产权。

但是从另一角度来说久保田株式会社正是在锋陵投产的 4LB－150 型自走式半喂入联合收割机在市场上热销后才开始进行诉讼。4LB－150 型联合收割机于 2002 年 11 月投产，于 2005 年获得农业部推广，而久保田株式会社发起诉讼的四件专利授权时间分别为 2002 年、2003 年、2005 年、2005 年，2008 年距离第一件发起诉讼的专利授权和 4LB－150 型联合收割机投产都过去了六年之久，久保田株式会社选择在此时发起诉讼，显然是由于其市场优势地位受到了竞争对手的挑战[②]。可见，有些竞争对手是可以通过专利诉讼、侵权纠纷体现得出的。

还有一种例外的情况是市场占有率高的竞争对手未必提出大量的专利申请。一般来说可能因为竞争对手的技术保密防范意识强、专利保护意识较弱或者其他原因造成。对于这类竞争对手，需要在专利分析的基础上结合不同策略来对应。

10.1.4 小结

本小节依次从申请布局、专利质量以及诉讼等角度对如何发现竞争对手进行了递进的分析。值得注意的是，并非需要满足几个方面才能确定出竞争对手，

---

① 陈金龙. 久保田获得与泰州锋陵专利侵权诉讼案胜诉终审判决［EB/OL］. （2004－01－07）［2015. 10. 16］http：//www. nongjitong. com/news/2013/266094. html.

② 杨铁军. 产业专利分析报告（第 7 册）：农业机械［M］. 北京：知识产权出版社，2012.

视实际情况而定，以上几个方面可以单独或者多个组合来确定竞争对手。

综合而言，竞争对手是指从市场占有、专利申请数量、专利申请目标国、技术等方面来说重合度较高的对象。

需要注意的是，发现竞争对手不应当只着眼于近几年或者当前情况，而应该更具前瞻性地结合自身未来技术方向来确定未来的竞争对手，提早做出对应。

10.2　竞争对手专利分析

在确定竞争对手之后，应针对竞争对手作出技术、布局上的反布局，提高自身竞争力，才能在市场中保持优势。

本节主要介绍如何对竞争对手的专利申请情况进行全面分析，并提供了根据分析结果如何作出有利于自身的调整。

10.2.1　企业概况

在确定了需要分析的申请人（本书中除非特别说明，均指企业型申请人）之后，首先要进行的工作就是对该申请人进行一个初步的信息收集工作，了解企业的大体情况。比如该企业的公司构架、主要产品、主要市场、合作对象、竞争对手等方面的信息。这些信息可以通过搜索引擎、期刊、公司主页、行业报表等手段获取。还需要注意企业的并购融资信息，新的并购对象也许蕴含着下一步企业的发展、拓展方向。企业概况对于更准确地对其进行分析、制定应对策略来说尤为重要。

10.2.2　专利申请情况分析

上一小节已经提到过，申请量分析有助于了解竞争对手在某些领域的投入程度。因此在对竞争对手进行分析的过程中，首先应当关注某个技术点上竞争对手的申请量。

1. 申请量趋势分析

在一个技术领域中，除了统计竞争对手在整个领域中的申请总量，为了进一步了解竞争对手的技术发展以及布局情况，还应该更为细化地统计各技术分支或者部件、技术重点的申请量变化情况。也即除了需要了解整个领域中的申请情况，还需要进一步把握竞争对手的动向。以图 10 - 1 为例，图 10 - 1 显示了久保田在联合收割机领域的全球申请随着时间变化的曲线①。为了体现出申请量变化曲线的连贯性变化，一般采用线图来展现，然而此类数据的解读往往比展现更难。

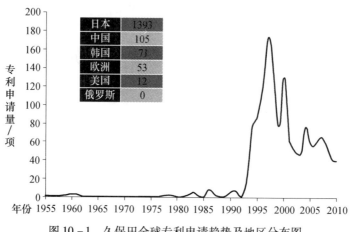

图 10 - 1　久保田全球专利申请趋势及地区分布图

在专利分析过程中，如果单单关注曲线的变化情况，便不够深入。还需要进一步分析曲线形成的原因，要结合多方面的讯息。仍然以久保田为例，从上面所收集到的资料可知，久保田自 1969 年才开始进军联合收割机领域，结合图 10 - 1 的申请量变化来看，这与企业的实际发展基本是一致的。久保田在 20 世纪 90 年代前期才开始大量申请，而所收集到的资料也表明，久保田在相同的时间来中国开设其分公司。可见，专利数量的变化与企业的发展是息息相关的。

2. 分类号转移分析

当发现竞争对手在某个领域、某个技术分支或某个重点技术上的申请量有明显减少之后，应当适当扩展到其他相关领域、技术分支或重点上，进一步分析竞争对手是否有技术重点转移或者新的技术出现，以对此做相对的研发。

通常相关领域、技术分支或者技术重点可以通过 IPC 分类号的变化体现出来。一般来说，可以简单统计竞争对手每一年在每个领域下的技术均分布在哪些分类号下面，或者说，统计每一年的主要 IPC 是哪一个，来确定竞争对手的

---

① 杨铁军. 产业专利分析报告（第 7 册）：农业机械行业［M］. 北京：知识产权出版社，2012.

技术演变趋势、技术研发对象。也即可以通过技术分支年申请量的变化来判断竞争对手的研发方向[1]。当重要竞争对手在某一技术分支的申请量逐年降低的时候，预示着该技术可能是接近淘汰的技术，或者该竞争对手有意从该技术分支逐步撤出；当竞争对手在某一个技术分支上的年申请量增加的时候，说明该技术分支可能是近年来或者该竞争对手近期的技术研发热点。

另外还可以通过如下方式来统计。下面通过表 10 - 1 的数据对此进行说明[2]。

表 10 - 1 所示为久保田在柴油机领域的 IPC 统计，表 10 - 1 中的统计数据将每年的申请量转换为每一年某些分类号中申请所占比例，通过这样的转换，更能直接体现出技术的转移情况。

表 10 - 1　久保田柴油机各个阶段公开专利使用最多的 3 个主分类号统计

阶段	使用最多 3 个主分类号	占所在阶段的百分比/%
1990—1994 年	F02B3	30.2
	F02D1	9.9
	F02B19	7.5
1995—1999 年	F02D1	20.5
	F02B3	18.5
	F02D31	10.2
2000—2004 年	F02D1	15.8
	F02B19	15.5
	F02D41	8.8
2005—2008 年	F02D1	18.2
	F01N3	13.2
	F02M59	6.6

从表 10 - 1 数据可知，初期较为侧重的分支 F02B3 随着时间的发展其使用频次下降，这说明久保田在这个分支上的研究力度和保护力度正在逐渐减弱。而分支 F02D1 在各个阶段均能保持较高的使用频次，这说明这一分支对久保田柴油机技术的发展来说一直处于重要地位。分支 F02B19 在第一和第三阶段占有

---

① 张鹏，等. 竞争对手专利情况分析方法探讨 [J]. 中国专利与发明，2011 (9)：46 - 49.
② 刘红光，等. 专利情报分析在特定竞争对手分析中的应用 [J]. 情报杂志，2010 (7)：35 - 39.

重要位置，而 F02D41 在第三阶段才呈现一定的比重，这说明在某一些时间段内久保田在这几个分支上进行了重点研究，这一方面可能是市场原因造成的，另一方面也有可能是久保田在这些分支上有了新的进步因而开始进行申请。在最后一个阶段中出现了 F01N3、F02M59，这也许就是久保田未来的发展方向，需要提起注意。通过分类号的统计分析，久保田在柴油机领域中的技术发展趋势变化得以呈现。

10.2.3　专利布局分析

申请区域分析目前是市场分析中的一个热点，一般来说，竞争对手开始在多个国家申请专利的时候，说明其将进军多国市场，并采取了布网式的专利战略。当与竞争对手存在产品和技术上的相似度时，更应该密切注意竞争对手的各国专利申请情况。另外，企业在国外申请专利的真正意图，往往还需要进一步的深入研究[1]。竞争对手在国外申请专利，可能为了占领某些国家的市场，也有可能是为了在技术上控制该国的竞争对手，使其无法生产出与自己竞争的产品。如溶胶－凝胶处理技术领域，同是美国公司，科宁玻璃公司把其大部分发明创造向美国、日本、德国、法国、英国等 13 个国家申请了专利，而精工－埃普森公司则主要在日本提出申请。这一点可以看出两家公司采取了不同的海外申请策略，实现不同的效果。除了考虑区域布局的分析以外，还可以从具体的保护形式入手分析[2]。

从宏观角度来说，分析申请人在哪些国家和地区提出了相关的专利申请，可以了解企业的重要市场布局。从微观角度说，研究竞争对手所采用的保护方式、策略，有助于了解竞争对手的保护范围。两者组合，能更为全面地探究竞争对手的布局。

以表 10-2 为例，从表 10-2 左方数据可见，该申请人的专利布局重点放在了亚洲，其中包括日本、中国、韩国等国家[3]。而进一步关注其在中国的布局情况可见（见表 10-2 右侧），申请重点放在了外观设计上，其后才是发明和实用

---

①　许玲玲. 运用专利分析进行竞争对手跟踪 [J]. 情报科学，2005（8）：1271－1276.

②　于海燕，等. 基于 TRIZ 理论的竞争对手专利预警分析 [J]. 图书情报工作网刊，2012（10）：47－52.

③　杨铁军. 产业专利分析报告（第 7 册）：农业机械 [M]. 北京：知识产权出版社. 2012.

新型。这一统计透露一个重要的信息，其在国内的申请注重由外而内的保护，也即偏重于外观方面的保护，然后才是内部结构的保护。以上两个方面的分析，进一步佐证了在资料搜集阶段得到的结论，也即久保田的主要市场仍然放在亚洲。而且其商业策略和专利保护策略并行，在中国市场上利用专利制度保护其产品的销售情况以及打击侵权。

表 10-2　某个申请人按国别统计的全球申请情况

申请国家	数量
日本	1393
中国	105
韩国	71
欧洲	53
美国	12

另一方面，一个技术在越多的国家申请保护，这个技术对于该企业来说越重要。同族和布局的地区比较多的申请，即为竞争对手自认为研发投入比较大、技术含量比较高、市场前景比较看好的专利。

除此之外，还可以结合时间段分析申请人在其他国家的申请趋势，来分析竞争对手对布局国的重视程度。

通过以上关于同族的分析，可以了解竞争对手未来的市场布局。如果所申请的专利在某些国家获得了授权，这对于有关人士来说，出售具有相同技术的商品就应当高度重视，或者尽早找到对战的策略来保住市场。

前面已经提及，引用和被引用是专利重要性和基础性的重要指标。如果一份专利多次被其他专利引用，则表明该专利技术在本领域中的质量比较高或者属于较为基础性的技术。通过被引用分析，可以发现竞争对手比较重要的专利技术，这样既可以发现竞争对手的技术优势和研发策略，又可以为研发人员提供新的研发思路和信息。

同样是被引用分析，还应当进一步分析，这些引用是自引还是他引用。自引是指竞争对手的在后申请对在先申请的引用，而他引则指其他人对竞争对手专利的引用。自引情况较多，则说明该竞争对手的技术研究可以自给自足，或者围绕着某一技术分支进行了深化的研究，或者不断对细节进行改进、扩展。而他引的情况较多，则说明该竞争对手的技术在业内引起了广泛的关注，引领了新的研究思潮，属于基础性或者前沿性的技术。一般来说，他引较多则更能体现竞争对手在这个行业中的实际技术实力。

同时，还可以利用竞争对手的引用情况做其他信息的追踪分析。如分析竞争对手专利的引用情况，根据相关引用文件，可以探究竞争对手的技术起源，甚至通过分析所引用专利的专利权人以及发明人，挖掘潜在的合作对象、技术人员，从而帮助提高自身的技术水平，提高竞争能力。

10.2.4　专利申请集中度分析

在了解了竞争对手在某一个领域的技术研究趋势之后，可能还需要进一步了解具体的技术细节才能作出针对性研究。因此就需要进一步对申请的技术进行研究。研究在这个领域中，竞争对手目前的技术水平，在某些技术点上竞争对手拥有什么样的技术，也即需要对竞争对手所申请专利进行技术分析。

一般的技术分析从三个方面进行分析，即专利申请技术分布、确定重要专利以及研发趋势分析。

1. 技术分布

专利文献兼具两方面的功能，一方面其是一种法律文献，清楚记载了申请人请求保护的范围；另一方面，其是一种技术文献，详细记载了技术方案。因而，在专利分析中，最常见的一种分析内容，就是对其技术的发展、现状进行了解。

技术分布通常指技术分支的研究情况。进一步地，还可以统计近几年来的技术分支申请投入数量，更能动态体现竞争对手近年的技术变动。

功效分析常用来考量技术热点和技术空白点。通过功效分析还可以看出竞争对手针对什么样的技术问题主要采用什么样的技术手段。

图 10-2、图 10-3 示出了强生在树脂眼镜模具方面的全球申请技术功效图[①]。该图统计了不同时间段，强生相关专利所注重的方面。从总体的技术功效来看，强生隐形眼镜比较注重减少瑕疵、精度和舒适度、生产率、自动化四个方面。随着时间和技术的进步，技术侧重点从提高生产效率逐渐过渡到减小瑕

---

① 杨铁军. 产业专利分析报告（第 35 册）：关键基础零部件［M］. 北京：知识产权出版社，2015.

疵和提高精度及舒适性方面。结合强生的市场发展来看，1995—1997 年是 ACU-VUE 日抛型隐形眼镜在美国、加拿大、日本及部分欧洲国家推出的时候，为了得到消费者的认可强生加大了这方面的研发力度，在后期的申请量也可以看出，强生还是取得了不错的效果。但对各种不同产品质量的追求是可能是分阶段的，所以在 2004 年以后仍然出现了一些申请。对生产率的追求只出现在 1997 年以前，强生的产品主要是抛弃型隐形眼镜，这个时期也是强生推出产品种类增多并且销售额增加的时期，因此这需要大批量生产产品，所以在 1997 年以前研发的重点在生产率。由此可见，专利技术的发展与市场和技术的发展是息息相关的。

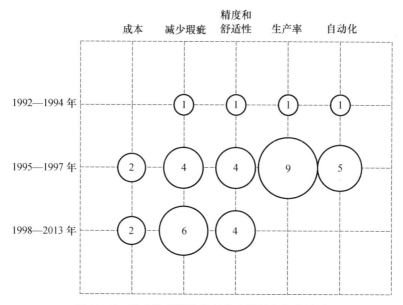

图 10 - 2　强生隐形眼镜模具技术效果与年代关系

图 10 - 3 是最为常见的技术效果图，是针对不同的技术效果和技术手段进行统计分析。

从图 10 - 3 中可以清楚地看出，与图 10 - 2 相对应，强生主要解决的技术问题在于舒适性以及减少瑕疵方面。同时，强生所申请的专利较为侧重于总体的加工过程，也即生产线整体，通过总的过程的控制来达到各种效果。由此可见，强生的总体性把握能力较强。而且，提高生产率也是强生注重的一个方面，为了达到这一技术效果，强生从各个方面都进行了尝试和改进。

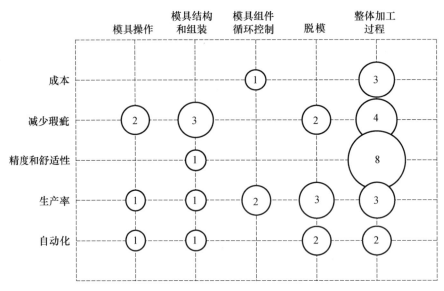

图 10 - 3　强生隐形眼镜模具技术构成和技术效果的关系

结合上述两个与技术功效有关的图可以看出，利用功效和技术手段结合的图，可以探知竞争对手的技术重点和技术空白点。我们可以针对这些空白点进行突破性研发，如果作为技术追随者，可以在技术重点上进行追随式研究或者作出一些细节性的改进。

结合时间因素，可以分析出竞争对手不同时期解决不同技术问题的集中程度，由此理清竞争对手的技术发展情况，甚至由此可以预知竞争对手的未来研发方向。

2. 确定重要专利

每个领域对于重要专利的选择标准并不一致，需要结合领域的实际情况来定。

常用的标准主要有引用频次、同族数量、是否技术节点、法律状态的等相关要素。

一般认为引用频次高的文献，其技术价值相对较高，但是也要考虑到申请时间的要素，申请日越早，引用频次可能就越高，因而在利用引用频次进行筛选的过程中应对此进行二次评判。

同族数量里面蕴含了一定的商业信息。一般认为，一个技术方案在越多的国家进行专利申请，则该技术方案背后所蕴含的商业利益越大，申请人才有动机在多个国家申请保护。另外，对于某些特别了解专利制度的跨国企业来说，其专利申请所到之处，很有可能就是该公司的市场普及之地。有效地整合同族信息，能帮助摸清其企业扩展意图。

而技术节点的分析，仍要借助技术专家和市场现状来确定，才足够客观准确。有一些技术在其具有雏形之时便进行了专利申请，如苹果等电子产品企业，然而往往是这些初级构思将来便会大大普及，影响市场消费观念。专利技术的进步和提高往往要比市场的实际变化先行一步。

专利的法律状态，可以从另一角度反映该技术方案的重要程度。试想，如果专利权人停止缴纳年费，则其权利终止。只有对其重要的专利，专利权人才会持续缴纳年费，维持专利的有效性。

3. 研发趋势分析（技术路线图）

对技术发展的分析，要结合年代以及该申请人其产品的换代情况来进行。这些从其申请的专利中可以明确得出，同时也可以结合其产品的发展历史来印证。更多更准确的技术信息可以求助本领域的技术专家进行确认，以保证对技术路线把握的准确性。

经过以上对专利文献的统计分析，基本上已经能够对申请人的技术发展有一个大体的了解。然而，技术路线的绘制更有利于提纲挈领地抓住技术发展的要点和脉络。而技术路线通常由确定出来的重点专利组成。为了示例起见，本小节选择久保田在中国申请的全喂入联合收割机中与滚筒分支相关的技术路线的绘制。技术路线的绘制，旨在体现随着时间或者发展阶段的变化，新旧技术的更新换代，技术的发展等信息，这些信息的了解对于审查工作大有帮助。

结合技术发展的特点，本节列出了三种技术路线的绘制方式。

图 10-4 示出了久保田在中国申请的脱粒滚筒的主要发展情况。图 10-4 中发展阶段的划分结合了久保田在中国所申请的所有联合收割机专利进行分析而划分得出。从前面小节的内容可知，自中国专利制度建立以来，久保田就开始在中国进行专利申请，但是早期的专利申请都与脱粒滚筒无关，仅从 1994 年久保田在中国开始设置公司之后，才在中国申请了相关专利。联合收割机脱粒部可以分为滚筒和筛分部两个主要部分，因而在图 10-4 中分别又分为两个方向来研究。该技术路线的绘制是借助专利附图来展现的，然而，也可以通过文字或者其他方式来体现，稍后会列出图表进行说明。

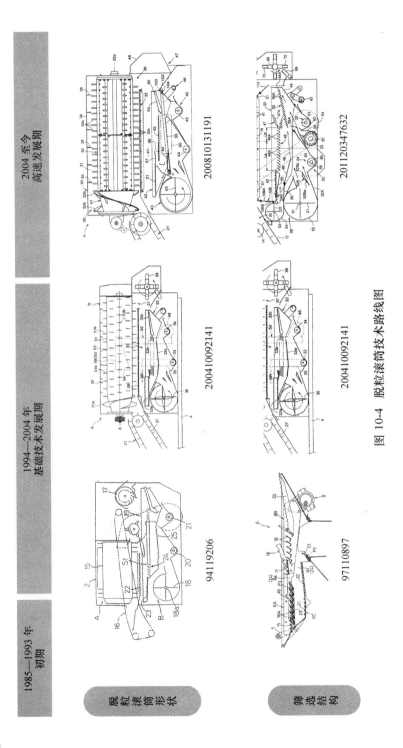

图 10-4 脱粒滚筒技术路线图

从图 10 - 4 可以看出，在基础技术发展期，脱粒滚筒从原来的筒体上设置成排的脱粒齿进行脱粒，但此类结构在进料口处容易堵塞，且加工效果较差（申请号：94119206）。到了基础技术发展期的后期，为了解决进料问题和加工均匀度的问题，滚筒结构在其进料口处设置了螺旋进料部，帮助进料，而脱粒齿的排布也进行了改良，错开布置（申请号：200410092141）。进入到高速发展期，这一时期的申请量不仅大大增加，而且滚筒结构也有了质的飞越。结合了螺旋进料部（解决入口处容易堵塞的问题）和框架式脱粒筒（解决了加工效率和效果的问题），提高了脱粒效率和效果。

另一方面，从图 10 - 4 可以看出，筛选结构的变化，是一种增式变化，也就是增加了不少辅助部件，提高了设备的复杂性。早期的设备中（申请号：97110897），仅在滚筒下方设置了筛板以及逐草板两种筛选机构。到了基础技术发展的后期（申请号：200410092141），为了方便快速排出脱粒后的秸秆，在筛选机构后部设置了辅助排出机构，同时为了优化排出路径，还重新调整了逐草板和下方分选风机的相对位置。到了高速发展阶段，在上述两种结构的基础上，又增加了排尘板（申请号：201120347632），同时在逐草板后方再增加一部分筛板，一方面提高加工效率，另一方面保证了加工效率。

通过以上两个方面的分析，可以理清了脱粒滚筒的结构发展。图 10 - 5 所示是较为简单的单一分支其技术路线的简单展示。然而，在很多情况下，技术路线并非如此简单，而且，因为篇幅有限，常需要将多分支一起展示。

多分支技术路线的绘制，常见的表现方式为鱼骨图、框图等。

需要注意的是，技术路线的绘制并不应局限于上述提到的几种类型，为了体现出技术发展的脉络可以结合各种创意而做出。

在技术路线的说明，不仅仅是专利文献的堆砌或者简单示出，而应该结合技术发展的前因后果来进行说明，在专利文献的背景技术部分，通常会提及过往技术存在的问题，该专利技术方案改进的基础等方面的信息，所以在作出技术路线的过程中，可以由此获得相关信息，帮助解读技术路线。另外，也应注意非专利文献的搜索，关注技术、市场的发展历史和动态。还可以请教相关领域的技术专家帮助理清思路。这些方面的有机结合，才得以绘出客观、可信的技术发展路线。

10.2.5 发明团队及合作申请分析

研发及合作团队是专利分析里针对人物关系的分析。通过数据分析，确定主要发明人（即研发团队）和主要合作申请人（即合作团队），可帮助进一步理清企业申请人中的技术核心力量和重要合作对象。

1. 主要发明人

可以从两个维度来考量。一方面，从其所涉及的专利申请数量看，其参与的专利申请量越大，可以认为其对技术的贡献也相对较大。另一方面，当然需要从技术的重要程度来考量，也即其在这些申请中是否担当的重要发明人的角色，或仅是技术参与者，更有甚者其未必对发明有技术上的帮助，而只是挂名的技术部管理人员或其他人员。当然，这些信息仅从专利发明人的角度是难以确定的，为了验证这方面的猜测，仍需要搜寻其他信息进行佐证。另外，技术重要性也需要从发明的创造性高度来考虑，如技术创新者，其申请量也许不高，但是却对某些技术的发展起到奠基、促进、提高的作用，这个方面的确认需要对技术有较为深入的认识，可以借助技术专家的力量。

2. 合作申请人分析

主要合作申请人一般体现出了与企业申请人在技术上的合作。更有甚者，在专利上的合作会成为他日企业兼并、并购的前兆。同时，通过合作申请的比例和对象，也可分析出企业申请人的优势、劣势。

图 10-5 示出了丰田在汽车覆盖件冲压模具领域中的合作申请情况①。通过对合作申请人、申请数量、申请内容方面的统计分析，可以直观地了解到，丰田在汽车覆盖件领域的上下游企业在不同时间段内的合作情况。这些信息可以直接为企业提供有利的商业信息，据此进行适当调整，比如接触相同的板材供应商、模具材料制造上，缩短技术差距。

10.3 对抗策略制定案例

总之，对抗竞争对手的策略是建立在对竞争对手进行了透彻分析之后，对应作出的。除了清楚竞争对手的情况，还应结合自身的技术地位、技术难点、

---

① 杨铁军. 产业专利分析报告（第35册）：关键基础零部件［M］. 北京：知识产权出版社，2015.

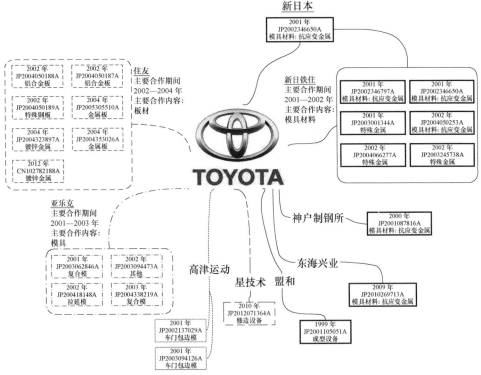

图 10 - 5　丰田在汽车覆盖件冲压模具领域的合作申请

技术方向、市场策略才能制定出足以和竞争对手抗衡甚至超越竞争对手的策略。在很多行业中，市场的胜利很多时候取决于技术的创新，因此在针对竞争对手拟定对抗策略的时候，最重要的内容就是如何在技术上规避甚至超越竞争对手，其次应当考虑利用合理的布局保证市场的稳定，最后还可以考虑与竞争对手的合作，互惠互利。本小节主要自身技术突破点的挖掘、技术改进、布局方式以及技术引进的角度出发，提出对抗竞争对手的策略。

10.3.1　突破点的挖掘

为了对抗竞争对手，首先应从自身技术的提高和突破出发。自身技术突破点的确定有两个方向，一是致力于解决本领域中固有的技术问题，比如提高效率、节约能源等，二是利用对竞争对手分析的结果。

根据企业对自身技术和市场的了解，已经可以确定出适合本企业发展的技术突破点。

首先，利用技术分支分析结果。技术分支分析结果更细致地体现了竞争对手的技术布局。企业可根据自身企业的情况，如果企业本身的基础技术较弱，可考虑利用竞争对手所有年限之内的技术分支结果，如果企业本身与竞争企业在近年才形成竞争关系，则可以考虑采用近年的技术分支分析结果。

一般来说，取长补短是最为有效快捷的提高方式。企业要明确自身的技术短板或者技术瓶颈，应研究竞争对手的相关专利文献中的技术手段，寻找适合自身操作的技术手段。这方面可以参考功效分析，通过功效分析还可以看出竞争对手针对什么样的技术问题主要采用什么样的技术手段。针对这些空白点进行突破性研发，如果作为技术追随者，可以在技术重点上进行追随式研究或者作出一些细节性的改进。结合时间因素，可以分析出竞争对手不同时期解决不同技术问题的集中程度，由此理清竞争对手的技术发展情况，甚至由此可以预知竞争对手的未来研发方向。有时，竞争对手为了达到相同技术目的，所采用的技术手段并不相同，因此也可以从技术功效角度入手，查看竞争对手主要采用的技术手段，以找到技术启示。

10.3.2　技术改进

一般来说，技术改进是指选择竞争对手名下与自身技术和市场相关的专利技术改进的过程。一般流程为：选择重点专利技术——技术分解——锁定改进点——改进——新颖性创造性的核实。

而选择重点专利技术的方式和方法，本小节不再详细说明。仅通过示例说明技术分解、锁定改进点以及改进的方式。

技术分解，是指针对所分析专利的权利要求方案进行技术特征的分解，分析每个技术特征所解决的技术问题，以及技术特征对技术方案的贡献，是否为主要技术特征（也即解决技术问题的必不可少的特征）或者次要技术特征（也即除主要技术特征之外的特征）。

根据技术改进意图，比如是否需要保留某一些特定的特征，从而确定哪些特征是必须保有的特征，再对其他特征进行改进。

针对需要改进的特征，考虑部件或者功能的替换。

得到新的技术方案之后，需要对新的方案进行检索，确认该技术方案是否具有新颖性和创造性。

下面以儿童汽车座（CN201020649128.8）的规避过程为例对从功能替换角度出发进行的技术改进说明①。

儿童汽车座（CN201020649128.8）专利保护的主要内容为旋转方向的限定，即当按下控制按钮后，座椅只能向一个方向转动。这篇专利所包含的组件有椅座、底座、转轴、阻挡部等，根据此条专利的权利要求项，绘出技术特征及其功能的组件图（见图 10－6），其中红线代表向右转动，绿线代表向左转动。

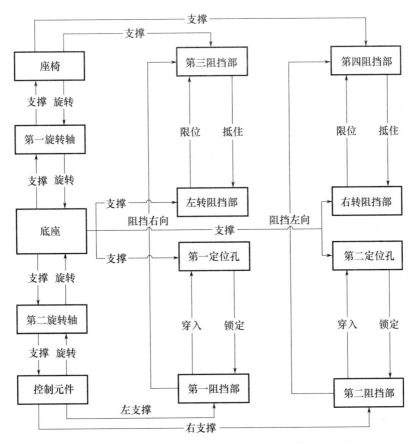

图 10－6　CN201020649128.8 独立权利要求专利功能组件图

尝试从以下三个方面对目标专利的功能组件图进行分析：

（1）是否存在次要组件。从图 10－6 中发现，左右阻挡部的作用是限位，即

① 于海燕，等．基于 TRIZ 理论的竞争对手专利预警分析［J］．图书情报工作网刊，2012（10）：47－52.

当向某一方向转动至某一位置时，限制座椅继续向这个方向转动，如果通过改进旋转轴的结构，由旋转轴本身来完成限位功能，即此转轴在转程为一定距离时，就不能再向此方向转动，因此，左右阻挡部为本技术系统的次要组件，取消左右阻挡部，在一定程度上简化了系统的结构。

（2）是否存在非现有功能。在发生右转时第三阻挡部和第一阻挡部以及第一定位孔都不发挥任何作用，同样，在发生左转时，与右转相关的组件也没有起到作用，因此，当发生左转时，右转的相关限位组件都为非现有功能，同理，当发生右转时，左转的相关组件都为非现有功能。可以考虑把两套组件整合为一套，由控制机关负责控制其锁定位置是在左侧还是右侧，并且同时控制锁定，从而实现其左转和右转的定位。

（3）是否存在无用或无效功能。定位孔的锁定功能完全可以由其他方法来取代，例如可以利用插销方式或是弹性体，或是磁力场，即使不用定位孔，也完全可以使第一阻挡部定位在需要的位置。因此，判断定位孔为本技术系统的无用组件。

结合上述分析，可以得到以下规避方案：一个车用座椅的旋转方向限定及旋转范围限定机构，椅座与底座通过转程只有180°或270°的轴承来连接。控制元件可以控制第一阻挡部的所处位置，当需要右转时，第一阻挡部会阻挡第四阻挡部使座椅不能向左转，只能向右转；当需要左转时，控制元件会调节第一阻挡部至相对称位置，阻挡第三阻挡部，只能向左转。考虑用插销或者磁力阻挡的方式替换定位孔，或者考虑直接在控制元件上加锁定装置，对第一阻挡部的位置进行固定。这样的规避方案，同样能实现对旋转方向的限定，同时还简化了该儿童汽车座椅的结构。

对上述的方案，编写表达式进行检索，对检索到的专利分别进行全文排查和图片排查，确定本方案具有新颖性。

10.3.3 布局方式

本小节所讨论的专利布局是指针对竞争对手的专利，有规划地进行专利申请。

针对竞争对手的相关专利进行布局的方式主要有以下几种①：路障式、城墙式、地毯式。

---

① 谢顺星，等. 专利布局浅析［J］. 中国发明与专利，2012（8）：24－29.

（1）路障式布局，是针对竞争对手的某一个技术必需的一种或几种方案申请专利。这种布局模式需要企业必须对特定技术领域的创新状况有比较全面、准确的把握，特别是对竞争对手的创新能力有更多的了解和认识，因此这种布局方式比较适合技术领先型企业在阻击申请策略中采用。比如，高通公司布局了 CDMA 的基础专利，使得无论是 WCDMA、TDSCDMA 还是 CDMA2000 的 3G 通信保准，都无法绕过高通所申请的基础专利这些路障式专利。再比如，苹果公司针对手机及个人电脑屏幕触摸技术进行的专利布局，也是路障式布局专利，这让其他竞争对手难以回避。

（2）城墙式布局，是指将实现某一技术的所有规避设计方案全部申请专利。城墙式布局一般用于抵御竞争者侵入自己的技术领域，不给竞争者进行规避设计和寻找替换方案的任何空间。当围绕某一个技术主题有多种方案的时候，就可以使用这种布局方式来形成保护围墙，防止竞争者有机可乘。

（3）地毯式布局，是指将实现某一技术目标的所有技术方案全部申请专利。但是这种布局方式难度较大，需要进行充分的专利挖掘，需要大量的资金和人力配合，投入成本高，容易形成为了专利而专利的局面，有时候未必能达到预期效果。这种方式较为适合在某一技术领域内具有较高研发实力，并需要在快速发展的行业中与竞争对手能快速相抗衡的企业。例如 IMB 的专利布局模式局势地毯式布局的典型代表，IBM 在任何 ICT 技术类项目中，专利申请的数量和质量都在前列，每年通过收取专利许可转让费用就能获得丰厚利益。

另外从宏观角度来说，结合市场规划，无需广撒网式在多国进行专利申请，针对重要市场和主要市场布局，使得专利布局成本合理化。需要长期关注专利的授权情况、有效情况。当过时技术退出市场的时候，可以适当考虑暂停缴纳年费，放弃专利权。如需要在国外进行专利布局，则应当善用 PCT 途径进行申请，同时根据 PCT 国际检索阶段的结果，判断进入其他国家后授权的可能性。甚至由此考虑申请类型是发明还是实用新型。

10.3.4　技术引进

当企业的发展到一定程度之后，如果技术难以突破、市场再难开展，就应当考虑技术的合作，或者市场的合作开发等方面的合作。与竞争对手的强强结合往往能占有更大的市场份额。三星是苹果 iPhone 手机和 iPad 平板电脑为处理芯片的唯一供应商①，同时还向苹果提供 DRAM 内存和 NAND 闪存芯片等部件，而苹果是三星的重要客户以及利润的重要来源者。另一方面，三星与诺基亚、HTC、索尼等也存在竞争合作关系，而苹果的供货商除了三星外还有尔必达和 SK 等。因此企业在竞争对手之间选择可能的合作伙伴，有利于共同拓宽市场。常见的合作方式有：通过协商方式以相互拥有的专利权为条件，以合作生产的形式合作；以技术为突破点，共同研发新技术。

专利许可和转让、生产线购买是从他人手里获取专利技术的最常见手段。

但在专利许可或转让以及生产线购买之时，注意有效性，有效专利不仅体现了技术创新成果的法律状况，还体现出专利的质量。在合作收购之时，应当注意专利的有效性，为企业合作提供更准确的依据。如在 20 世纪 80 年代初期，我国从英国皮尔金顿公司引进浮法玻璃生产线②，有关部门详细检索了专利文献，发现该公司有关浮法玻璃技术的 137 项专利中，有 51 项已经失效，从而使得谈判中将英方的要价从 2500 万英镑降低至 52.2 万英镑。与此相反，我国一家企业花费 100 万美元从日本三家公司引进的 22 项生产乙二醇的"专利技术"，事后发现，其中 7 项专利已过期、2 项即将过期、5 项无用，使得我方支付不必要的费用达 64 万美元。这个案例提醒我们，核查专利是否有效可用是技术合作中必须注意的一点。

另外，还可以通过专利收购来提高技术储备水平③，如苹果收购北电专利资产，谷歌收购摩托罗拉及其超过万件的全球专利资产，IDCC 出售专利资产，都是近年来发生的一系列专利收购案，这一再证明了知识产权现今已经成为了企业的重要资产，是企业技术发展的有力支持。

从本章分析的意图来看，为了能与竞争对手抗衡，一般收购的意图在于对抗性收购和战略性收购。对抗性收购是指收购主体之间均为产业界企业，彼此之间存在竞争关系，为了构筑或者提高与对手的抗衡能力而进行的专利收购，藉此获得专利对冲能力，进而获得市场平衡力。苹果对北电专利的收购，从核

① 张利敏，等. 专利情报分析法在竞争对手研究中的作用——苹果三星专利战带给我们的思考 [J]. 内蒙古科技与经济，2013 (4)：16-19.
② 陆海红. 基于专利文献信息中竞争情报价值的分析 [J]. 江苏科技信息，2010 (1)：27-28.
③ 王海波. 专利收购策略分析 [EB/OL]. (2012-05-29) [2015.10.16] http：//www. luoyun. cn/DesktopModule/BulletinMdl/BulContentView. aspx? BulID=7966.

心目标上来看就属于此类型。另外，这种类型的收购也适用于那些某领域的新进入者，并且市场发展能力较为强大，但又较容易遭受既有市场主体的专利打击，为了保护市场发展空间，突破专利封锁，购买专利是其捷径。战略性收购是指企业并不是以专利作为盈利载体，而是结合企业的战略考量，衡量了市场优势、技术优势、专利优势、上下游资源的控制考虑等因素之后进行的收购，也即为了帮助企业的良好发展而收购专利。比如高通在 CDMA 领域拥有绝对多数的基本专利，其核心的商业模式也集中在"专利 + 芯片"的架构上。当移动通信技术朝着以 OFDM 为基础的第四代移动通信技术发展的过程中，其既有的知识产权优势以及商业模式都将受到极大挑战，基于战略上的考虑，必须建立在 OFDM 技术领域的优势，所以就有了高通公司大量涉及 OFDM 技术和专利的收购行动。

另外还可以通过并购和收购或者合并来组成新的企业，通过收购来获取产品及相应专利权的掌控。或者抽派技术人员，利用各自的技术优势，共同研发新产品，共同申请。

本节从发现竞争对手、竞争对手分析、对抗策略制定案例三个层次探讨了竞争对手分析的目的和利用方式。表 10 – 3 总结了竞争对手分析的项目以及分析每个项目的目的，供读者参考。

表 10 – 3　竞争对手分析项

	分析项	分析目的
技术竞争力	行业技术路线分析及竞争对手技术路线	确定竞争对手的技术地位
	重点专利分析	了解重要技术
	引用/被引用分析	了解技术起源与发展
	授权比例	确定新颖性、创造性
	发明团队分析	了解技术实力
	合作对象分析	了解相关产业链
	历年申请量	了解技术变化情况
布局情况	领域排名情况	市场、技术地位
	技术侧重及变化	确定技术重点和发展情况
	申请国	技术发展市场的预警
	保护形式	保护力度
其他	许可情况	技术推广程度
	无效、侵权诉讼情况	技术重视程度
	维持年限	技术获益程度

第 11 章　专利布局分析

专利权是一种专有权，它具有独占的排他性、地域性、时间性。专利权人是以"公开"换取"独占"的权利，而专利的地域性、时间性又限制了专利权人的独占权。因此，专利权人为了获取最大限度的专利独占权利，就必须在专利布局上下足功夫。

高质量的专利资产应当是经过布局的专利组合，应当是围绕某一特定技术形成彼此联系、相互配套的技术经过申请获得授权的专利集合；高质量的专利资产应当在技术布局、时间布局、地域布局等多个维度有所体现，是一个立体的专利保护网络。所以高质量的专利组合资产可以最大化地发挥每项专利的作用，打破单个专利的地域性和时间性，产生"1+1>2"的效果，使专利权人可以最大限度地享受专利的独占权。所以，专利布局就是通过专利的技术布局、时间布局、地域布局等多重布局，形成一系列彼此联系、相互配套的专利集合，构筑一张专利的立体保护网络。

经过布局的专利从地域分布上应当具有以下特征：

（1）从技术角度来看，具有高度的产品相关性，具有高度的技术相关性，具有高度相似的权利要求特征；

（2）从地域布局来看，具有绵密的同族专利网络，全球同族专利，主张国际优先权。

11.1　专利布局的分析角度解析

从"天时、地利、人和实力"的综合角度出发，延展为从专利的空间、时间、人力、技术、竞争力等不同维度进行具体阐释分析专利布局。

11.1.1　从空间角度分析专利布局

从空间的角度上分析，即以专利的地域属性为基础，将专利实施过程分为专利申请和专利产品推广两个特定的方向分而论之。

1. 专利申请布局角度

随着经济全球化的发展，企业的经营早已跨越国界的限制，专利保护成为全球性的企业活动。由于专利权存在地域性特征，专利申请国的选择成为企业专利全球化战略的关键点。孙子在《九地篇》中概括出了用兵作战的九种地域，分析出了各自地域的特点，给出各个地域下的作战方案和注意事项。

《孙子－九地篇》曰："用兵之法，有散地，有轻地，有争地，有交地，有衢地，有重地，有圮地，有围地，有死地。诸侯自战其地者，为散地；入人之地不深者，为轻地；我得亦利，彼得亦利者，为争地；我可以往，彼可以来者，为交地；诸侯之地三属，先至而得天下众者，为衢地；入人之地深，背城邑多者，为重地；山林、险阻、沮泽，凡难行之道者，为圮地；所由入者隘，所从归者迂，彼寡可以击吾之众者，为围地；疾战则存，不疾战则亡者，为死地。是故散地则无战，轻地则无止，争地则无攻，交地则无绝，衢地则合交，重地则掠，圮地则行，围地则谋，死地则战。"

在专利申请地域布局中，"九地理论"同样可以借鉴：专利散地指在自己既成的专利布局中继续申请专利完善布局；专利轻地指对对手的核心专利布局外围专利；专利争地指专利许可后的改进专利，专利许可双方能够起到正和博弈的效果；专利交地指大家都可以使用的现有技术、解密技术和失效专利；专利衢地指标准必要专利和技术标准的制定；专利重地指核心专利和重要专利；专利圮地指难以突破、绕开的基础性专利；专利围地指"关门捉贼"式专利布局，对手一旦进入我方可以以少胜多；专利死地指如果不突破企业就会面临破产危险的专利障碍。

其中，产品制造国对应专利申请的"争地、交地、重地"；产品销售国对应专利申请的"散地、衢地"；技术引进国对应专利申请的"交地、重地"；竞争对手占领国对应专利申请的"轻地、圮地、围地、死地"。

对于产品制造国，申请专利是相当必要的，否则在该国生产制造的相关产品将被全盘封锁或失去产品议价权。在产品制造国申请专利，除了要积极应对大型跨国公司的"专利圈地"，还要大力开展"专利争地"运动，并积极围绕核心专利申请外围专利，利用"专利交地"有效利用现有技术，在"专利重地"中的产业链的纵深方向上布局专利，以保障产品制造的供应链和销售链的畅通。

对于产品销售国，国内销售对应"专利散地"，全球推广对应"专利衢地"。企业在"专利散地"申请专利，占据天时地利人和的优势，应依托于本国国内政治经济大环境和相应的法规政策，善于利用地域性差异和文化差异，制定针对性、特色性的专利申请策略。企业在"专利衢地"申请专利，需要用"走出去"的理念来关注全球相关行业的变化，根据全球市场营销战略和产品销售国的知识产权保护状况申请专利，并为市场开发和拓展打好基石。在"专利衢地"进行专利布局应结合"假途伐虢"之计运作，例如可采用PCT国际申请的方式，通过一次申请多国进入的手段来简化专利申请流程。

对于技术引进国，要力争促成企业间"珠联璧合"式的合作共赢，在"反客为主"之前身处客位时，"背靠大树好乘凉"式的合作是必不可少的。这是在激烈的专利战争中争取有利的专利客位，谋求生存发展乃至寻求"主位"的必经途径。

对于竞争对手占领国，在敌占区内申请专利是主动地从根本上遏制其专利布局的最有效的措施之一，属于专利进攻的范畴。在专利布局暂时处于劣势的情况下，可以用"走为上"之计以退为进入侵其"专利轻地"，用"偷梁换柱"之计通过技术替代经过其"专利圮地"，用"围魏救赵"之计攻其必救解围"专利围地"，用"釜底抽薪"之计无效其核心专利破解"专利死地"，置之死地而后生，最终用"反客为主"之计占领竞争对手的专利阵地，来谋求更大的竞争优势。

案例11-1：

【分析项目】农业机械产业专利分析报告①。

从图11-1的全球主要国家对铧式犁专利申请的分布图中可以看出，主要产粮国美国、加拿大、俄罗斯、中国、巴西、澳大利亚也是铧式犁申请量较多的国家，其中美国699项、中国611项、俄罗斯（包括苏联）454项、德国254项、英国229项、法国138项、澳大利亚82项、日本38项、加拿大37项、韩国14项、巴西7项。

为了方便对铧式犁犁体的标引，按照申请量的多少从地区划分上美国、欧洲（除苏联及独联体国家）、中国、俄罗斯（包括苏联）、其他国等国家和地区（主要包括日本、韩国、澳大利亚、加拿大等国），申请量分别为699项、628项、611项、454项和178项。

---

① 杨铁军. 产业专利分析报告（第3册）[M]. 北京：知识产权出版社，2013.

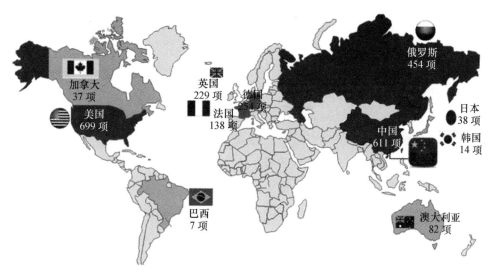

图 11 - 1　全球主要国家铧式犁申请量分布情况

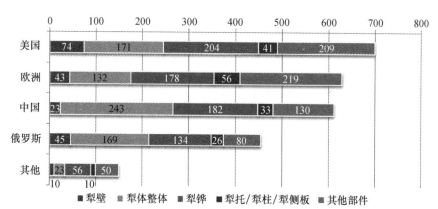

■ 犁壁　■ 犁体整体　■ 犁铧　■ 犁托/犁柱/犁侧板　■ 其他部件

图 11 - 2　铧式犁犁体各分支五地区申请量和百分比

　　不同地区的申请人，往往根据其自身需求以及销售对象调整研发重点以及专利申请保护的方向。图 11 - 2 很清楚地展示了不同地区在不同部件上的关注程度，以及相同部件上不同国家申请人的申请量对比，犁壁和犁铧申请量最多的国家是美国，分别占到全球相关部件专利申请量的 310.9% 和 210.1%。犁体整体结构申请量最多的国家是中国（占全球犁体整体专利申请总量的 32.9%），犁托/犁柱/犁侧板等申请最多的国家是欧洲（占全球犁托/犁柱/犁侧板专利申请总量的 33.7%）。而铧式犁最主要的部件是犁铧和犁壁，美国在犁铧和犁壁方面的申请量均占据全球首位。从五个国家和地区铧式犁犁体不同部件的申请量百分比可以看出，五个地区在铧式犁犁体各领域的申请量的比例大体上一致，基本上都是按照犁铧、犁体整体、其他部件、犁壁、犁托/犁柱/犁侧板的顺序降序排列的。中国和其他国家（日本、澳大利亚等）的犁体整体部件的申请量最多，这与中国、日本等国的实用新型专利中多涉及犁体整体结构的改进的原因有关。由于犁铧和犁壁是直接与土壤接触的部分，造成这两个部分磨损最严重。同时犁铧和犁壁也是与耕地质量、耕作阻力最相关的部分，因此全球都将犁铧和犁壁作为最主要的研究对象。由于分类的原因，犁体的整体部分和其他部件由于涉及的范围很广，因此总的数据量较大，但是分摊到每个具体的部件后所占的比例比较小。五个国家和地区各技术组成部分申请量比例的大致相同，说明了各国对铧式犁犁体各部分重视程度上是存在一致性的，这也代表着国际上犁铧发展的潮流和趋势。

2. 专利产品推广角度

自从 1883 年《巴黎公约》颁布开始，专利全球化的过程中就确定了专利申请"地域性"原则，即一国授予的专利权只在该国受到法律保护，各个国家分局本国国情对专利性的定义也有差别，各国法律往往有利于保护本国企业和/或产业。即便在经济全球化快速发展的今天，专利权包括专利制度都还是有地域性的，因此立志于开拓全球市场的企业，"远交近攻"的策略是必需的。

一般而言，一家公司在海外市场推广自己的专利产品有四种方式：设立当地分公司、设立子公司、建立合资企业、专利许可。前三种方法费时费财费力，还可能因为不了解当地的文化、法律环境等原因而"铩羽而归"。所以现在好多跨国公司通过专利许可贸易"远交"海外市场，只通过知识产权许可获得收益或间接控制非热点地域和/或蓝海市场，把主要精力"近攻"热点地域和/或红海市场①。

案例 11 - 2：

【分析项目】汽车安全产业专利分析报告②。

---

① 经济学中常用红海和蓝海表示市场的竞争状态。红海是指竞争异常激烈、盈利非常困难的技术或市场领域，蓝海则指竞争较少甚至没有竞争、盈利状况良好的技术或市场领域。在某些条件下，红海和蓝海是可以互相转化的.

② 杨铁军. 产业专利分析报告（第 16 册）［M］. 北京：知识产权出版社，2014.

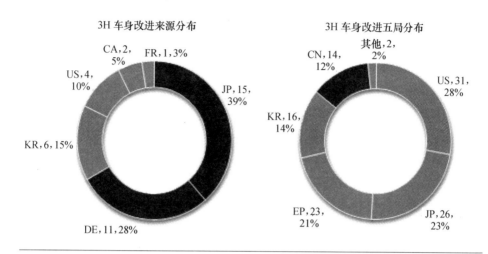

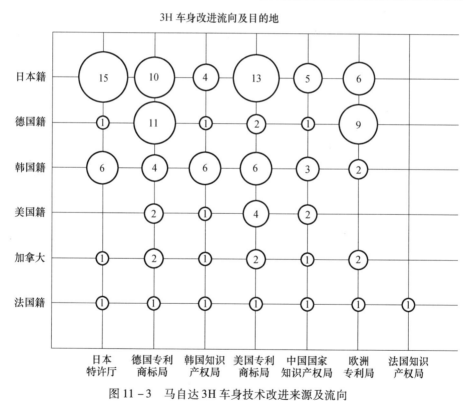

图 11-3 马自达 3H 车身技术改进来源及流向

从技术来源分布看，针对 3H 车身技术的改进主要来源于日本、德国、韩国，其中中国汽车厂商并未参与 3H 车身技术的改进，可见中国汽车厂商对国外重要专利技术的敏感性及反应速度与国外企业存在明显差距。技术目的地则主要在美国、日本和欧洲，此外韩国、中国也各占 10% 左右。其中，日本汽车厂商除了在本国大量申请外，还非常重视美国、德国的市场；德国汽车企业则主要把眼光放在了本国和欧洲市场；韩国现代的 6 项申请均在本国、美国、日本进行了布局；美国汽车厂商则主要在本国布局；加拿大的汽车零部件供应商麦格纳则在全球都进行了布局。

11.1.2　从时间角度分析专利布局

由于市场竞争形势的多变性，申请专利的时机也是千变万化、一日千里的，应当适时、准确、广泛、生动地根据具体的情况作出正确的选择。或顺应市场需求，谋取近期利益，或着眼未来，作长远打算。

1. 先入为主，无中生有

在面临非常严峻的技术竞争的情况下，企业必须未雨绸缪地抢先申请专利，才能占据先机先发制人，此时可借鉴《专利三十六计》第七计"无中生有"："诳也，非诳也，实其所诳也。"即利用先申请原则，在研发工作全面完成之后的第一时间亦或完成之前对于重要专利抢先提交专利申请，在激烈的专利战占据有利地位，然后合理利用本国优先权战略在 1 年期之内将相关技术完善，并结合配套的专利技术将专利布局完备。

也可合理利用 PCT 申请进入国家阶段期限较长（30 或 31 个月）的特点，争取更多的时间进行资金筹备、技术完善等，然后根据《专利合作条约》第 19 条对权利要求书进行修改，利用《专利合作条约》第 34 条、第 28 条或第 41 条等对权利要求书、说明书和附图进行相应的修改，令保护范围最优化。

2. 伺机而动，以逸待劳

对于短期内未打算实施的技术和难以被他人通过反向工程破解的技术，可以借鉴《专利三十六计》第四计"以逸待劳"："困敌之势，不以战。"即企业在核心技术研发结束后可暂且作为技术秘密保护，同时研发外围专利。根据产品市场推广的需要、竞争对手的研发情况等因素，等待时机适时提交专利申请。

3. 后发制人，反客为主

当竞争对手对于新产品、新技术抢先进行专利布局，企业面临严峻的专利攻势时，可以借鉴《专利三十六计》第三十计"反客为主"："乘隙插足，扼其主机，渐之进也。"即在进行专利布局时尽量设法抓住其技术空白点，乘隙插足，"声东击西"地对上下游产业链进行专利攻击，令对手在供需链和推广链中丧失定价权的优势；通过攻击其外围专利布局，"围魏救赵"地在相关技术要点周围布局专利以构成反制，并力主达成双方的专利交叉许可。一旦时机成熟，抓住有利时机敢于"亮剑"，实现反客为主。

11.1.3　从专利技术角度分析专利布局

当一家企业在某一关键技术上取得突破并获得专利权权时，需要战略性地进行"远交近攻"：如果竞争对手技术力量较弱，在很长时间内没有相关的研究开发实力，自己的专利城堡又难于逾越，就进行"近攻"，尽快将产品生产出来占领市场，获取垄断利益；如果竞争对手实力雄厚，可以在很短的时间内超越自己的专利，最好授权给它进行"远交"，这样就可以在一定程度上阻止竞争对手的研发计划，短时间内在技术上对竞争对手形成一定程度的钳制。

这样，专利主就可以从专利技术的角度上用"远交近攻"的战略控制相关技术的演进和发展过程。

案例 11 - 3：

【分析项目】汽车产业专利分析报告①。

从时间分布上来看，3H 车身技术公开后，不仅马自达迅速对柱、梁断面以及加强件的改进进行了专利布局，铃木、大众、宝马、现代、克莱斯勒、三菱、麦格纳等公司也在随后的 1~2 年内纷纷对 3H 车身的局部改进申请了专利，其中 2000—2001 年共提出了 14 项专利申请，且对 3H 车身的改进一直持续到现在。

由图 11 - 4 所示，主导全球乘用车市场的六大汽车联盟，通用 + 菲亚特 + 铃木 + 富士重工 + 五十铃、福特 + 马自达 + 沃尔沃、戴姆勒 + 克莱斯勒 + 三菱、丰田 + 大发 + 日野、大众 + 斯堪尼亚、雷诺 + 日产 + 三星集团，以及 3 个相对独立的企业本田、标致雪铁龙、宝马，除标致雪铁龙之外，均对马自达 3H 车身改进申请了相关专利，此外韩国现代和全球著名汽车零部件供应商麦格纳也对马自达 3H 车身改进申请了专利。

---

① 杨铁军. 产业专利分析报告（第 16 册）［M］. 北京：知识产权出版社，2014.

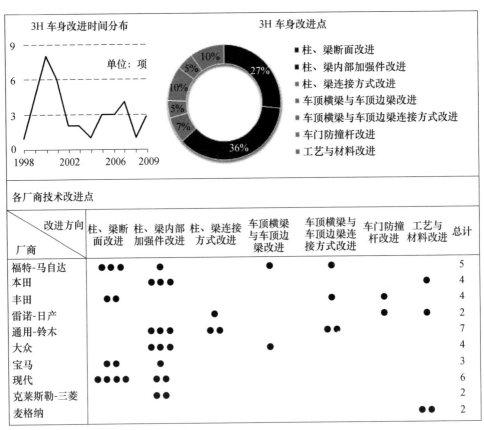

图 11－4　马自达 3H 车身技术改进趋势及构成

　　就技术改进方向而言，针对 3H 车身的改进包括：柱（A 柱、B 柱）、梁（车顶边梁、门槛）断面改进；柱、梁内部加强件改进；柱、梁连接方式改进；车顶横梁与车顶边梁改进；车顶横梁与车顶边梁连接方式改进；车门防撞杆改进；工艺与材料改进。柱、梁断面和加强件改进共占 63%。此外，通用－铃木、现代、福特－马自达对 3H 车身改进的专利较多，不同汽车厂商针对 3H 车身的改进方向也各有侧重，如福特－马自达、现代主要侧重于断面的改进，本田、通用－铃木、大众等则侧重于内部加强件的改进。

11.1.4　从企业竞争力角度分析专利布局

　　对于企业而言，通过 SWOT 分析做专利竞争力测评后，以公司发展战略为核心，把专利分为三类：未来发展所需专利、当前可经营专利、已失去商业价值的专利。然后，"远交"第一类专利，"近攻"第二类专利，"冷淡"第三类专利：对于企业未来发展可能有关键作用的专利应重视，并投入人力物力进行配套技术的开发研究，并为核心专利申请外围专利进行专利布局；对于当前可经营的专利，应积极促成合资开发或及时出售来获得企业发展资金；对于没有利用和销售价值的专利，应通过终止缴费令专利权自行终止、主动放弃专利权、捐赠给非营利组织等方式果断放弃。

另外，对于经营项目而言，"远交近攻"也适用于企业发展规划，"近攻"能充分发挥己方既有优势和技术专长的领域，"远交"甚至"远离"自己所不擅长且风险性较高的产业。

从更宏观的层面看，在全球社会视野中，知识产权制度既需要"近攻"来维护，也要"远交"来完善发展。不能仅仅固守在极少数发达国家所极力倡导的维护技术创新者、技术领先者利益的基本准则之上，还应重视发展中国家和最不发达国家的基本利益，就是要兼顾各类不同发展水平、不同基本社会制度国家和地区的实际状况和切身利益，容忍各国之间在知识产权制度方面存在一定的差异，避免将自己的意愿强加于人，搞"一刀切"。

11.1.5　从运营角度分析专利布局

总之，从空间、时间、人、技术、竞争力等角度运用"远交近攻"之计时，要根据企业的专利战略和具体情况灵活运用，"远"则交"近"则攻。

例如，美国道化学公司是一家大型的跨国化学公司，其中央数据库中的有效专利曾达到 3 万多件，这些专利原来处于分散的无组织状态，每年的维护费用就需要 3000 多万美元。1993 年，正是合理利用"远交近攻"之计分三步走，道化学公司将专利运营价值最大化。

第一步，道化学公司将其所拥有的大量专利分为正在使用、将要使用和不再使用的三类组别，然后分别确定各个组别专利的使用策略，特别是针对不再使用的专利，从战略高度上确定是许可他人使用还是主动放弃。

第二步，对其专利的有效性进行鉴别，若属有效专利，则由公司各业务部门决定是否对该专利进行投资，然后是专利的价值评估，确定专利的市场价值，并利用价值评估和竞争力测评得出的结果，由公司决定是否采用诸如对研究加大投入，建立合资企业，从外部获取专利技术的使用许可等专利策略。

第三步，公司通过加强专利的动态管理和有针对性的投资，不断减少专利的数量同时增强专利的质量，最终形成更加有效的专利战略。

四年后的统计数据显示，通过放弃或赠送对本企业不再具有价值的专利，公司节省专利费用4000多万美元，而专利的许可费则反而从2500万美元激增至1.25亿美元。

11.2　专利布局具体形式列举

《孙子—谋攻篇》云："用兵之法，十则围之，五则攻之，倍则分之。"

在专利中布局要遵循"数量布局，质量取胜"的原则，本篇从以下六个内容对专利布局的具体形式进行分析：绊马索式布局、撒网式布局、长城式布局、收费战式布局、口袋式布局和农村包围城市式布局。

11.2.1　绊马索式布局

绊马索式布局策略是指路障式布局是指将实现某一技术目标之必需的一种或几种技术解决方案申请专利，形成像"绊马索"一样的、在必经路线上设置专利的布局模式。

绊马索式布局（如图11-5）的优点是申请与维护成本较低，但缺点是给竞争者绕过己方所设置的障碍留下了一定的空间，竞争者有机会通过回避设计突破障碍，而且在己方专利的启发下，竞争者研发成本较低。因此，只有当技术解决方案是实现某一技术主题目标所必需的，竞争者很难绕开它，回避设计必须投入大量的人力财力时，才适宜用这种模式。采用这种模式进行布局的企业必须对某特定技术领域的创新状况有比较全面、准确的把握，特别是对竞争者的创新能力有较多的了解和认识。绊马索式布局模式较为适合技术领先型企业在阻击申请策略中采用。

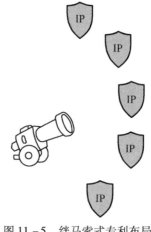

图11-5　绊马索式专利布局

11.2.2　撒网式布局

撒网式布局策略是指将实现某一技术目标之所有技术解决方案全部申请专利，或在拥有了核心专利的同时，再在该核心专利周围设置许多小专利，形成一个由核心专利和外围专利构成的专利网形成的专利布局模式，达到"天网恢恢，疏而不漏"的目的。采用这种布局，能够围绕一个技术主题系列形成牢固的专利网，能够最有效地保护自己的专利技术，阻止竞争者进入。一旦竞争者进入，还可以通过"关门打狗"的专利诉讼等方式将其赶出自己的保护区（图 11－6）。

撒网式布局模式需要大量资金以及研发人力的配合，投入成本高，但是在缺乏系统的布局策略时容易出现专利泛滥却无法发挥预期效果的情形。这种专利布局模式比较适合在某一技术领域内拥有较强的研发实力、各种研发方向都有研发成果产生且期望快速与技术领先企业相抗衡的企业在专利网策略中使用，也适用于专利产出较多的电子或半导体行业，但不太适用于机械、化工类等传统行业。

图 11－6　撒网式专利布局

另外，撒网式布局不单靠数量取胜，一件专利也能撒起到网式布局的效果。2014 年授权的美国专利 US8694657 中，共有 671 项权利要求；在美国专利 US8924269 中，共有 1178492 个单词，总词量是托尔斯泰《战争与和平》的 2 倍，其长度可想而知。

案例 11－4:①。

一个小小的连接器，价钱可能只有 2 美元，但是富士康却不惜代价进行技术开发，在这小小的连接器上竟然获得了 8000 多项专利。富士康在小产品上做大自主创新文章的做法值得很多企业借鉴。

所有的电子电信产品，都有一些把"电子讯号"和"电源"连接起来的组件，而连接"电子讯号"的桥梁和组件就是连接器。它虽然是配件，却被看作

---

① 董新蕊．专利三十六计 ［M］．北京：知识产权出版社，2015.

是传递电子产品指令的中枢神经。富士康生产的一种连接内存和线路板之间的连接器，不到 1 厘米宽、5 厘米长，却布满 400 多个针孔般的小洞，传输讯号的铜线从中穿过，只要一个洞不通，整台计算机就无法运作。

连接器需要精密模具相配套，富士康向下延伸建立了庞大的模具开发基地。千变万化、玲珑精微的连接器需要精密模具相配套，模具开发能力提升的是制造能力和水平。为此，富士康向下延伸建立了庞大的模具开发基地。一般公司 3~6 个月才开出一副模具，富士康 3~5 天就能开出一副，整个开发基地一个月就开出上千副模具。

产业链向上延伸，富士康逐步开发出囊括机壳、电路板、内存、光驱、电源器、中央处理器等关键零部件的连接器。在"复合式""模块化""光电""高频""表面直接粘着"的趋势下，富士康的连接器就成为计算机小、轻、薄、短、强的利器，尤其是大大提升了各类元器件"模块化""系统化"能力。在美国，开发一项结构模块需要 16 个星期，而富士康只需要 6 个星期。最终，富士康连接器形成一种强大的整合能力，将计算机制造整合到了一起，体现出速度、效率、成本和品质，这也成为富士康称霸全球 PC 代工市场的诀窍。连接器不但是富士康做大做强的基石，也是公司最赚钱的产品。比如，系统光纤连接器毛利率达到 45%，英特尔中央处理器连接主板的连接器毛利率超过 40%。因此，为了保住在连接器方面的全球领先地位，富士康在这方面的办法就是密布专利"地雷"，目前已成为在美国申请专利数最多的台湾企业。

1992 年，美国 AMP 公司曾诉富士康专利侵权，2001 年也曾有美国公司对富士康提起专利侵权诉讼。当了 20 年被告的富士康，现在已经开始反过来控告专利侵权的竞争对手了。

"在连接器领域，富士康的价值就像处理器领域的英特尔。"这是计算机领域权威人士的评价。连接器不但是富士康做大做强的基石，目前仍是公司最赚钱的产品。比如，系统光纤连接器，毛利率达到 45%，英特尔中央处理器连接主板的连接器，毛利率超过 40%。

"在连接器领域，富士康的价值就像处理器领域的英特尔"，对于富士康而言，保住在连接器方面的全球领先地位，也就守住了全球 PC 的关键地位，从而稳固地向 6C 产业全面进军，富士康在这方面的办法就是为 2 美元的小零件密布专利"地雷"，用多达 8000 项的严密的专利布局撒开大网"关门提贼"。

11.2.3　长城式布局

顾名思义，长城式布局是指将实现某一技术目标之所有规避设计方案全部申请专利，形成"万里长城式"的系列专利布局模式，通过专利预警"烽火台"，可以有效抵御竞争者侵入自己的技术领地，不给竞争者进行规避设计和寻找替代方案的任何空间（图 11-7）。

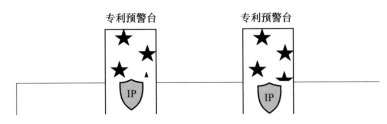

图 11-7　长城式专利布局

在围绕某一个技术主题有多种不同的技术解决方案，每种方案都能够达到类似的功能和效果时，就可以使用长城式布局模式构筑专利保护的屏障。

案例 11-5：

【分析项目】3D 闪存产业专利分析报告①。

在 2005—2008 年的稳定发展阶段，闪迪公司与东芝公司进行合作，开展 3D Flash 技术的共同研发和制作，并由此开始涉及有源区结构以及栅（介质）等 3D Flash 芯片结构的专利申请，并在 Flash 制作工艺领域实现了申请量较大的增长。而与此同时，在闪迪公司一贯擅长的读写方法、接口及外围电路等技术分支领域的专利申请相继进行研发增长，并保持较高的申请量；在 2009 年后的迅猛发展阶段，闪迪公司与东芝公司联合提出了 P-BiCS 3D Flash 构架，在此期间 3D Flash 专利申请增长较为明显；伴随新的 3D Flash 构架的申请，需要有相应的存储结构、读写以及外围电路的配套，因此各技术分支呈现出较为一致的相辅相成的曲线态势。

详细请参见图 11-8 闪迪公司在 3D Flash 技术分支下的专利布局情况。该图体现了闪迪公司对 3D Flash 基础性研发的投入巨大，也与各国对 3D Flash 研

---

① 杨铁军. 产业专利分析报告（第 25 册）[M]. 北京：知识产权出版社，2015.

发呈全面发展的态势相一致,各国都在抢占专利布局。

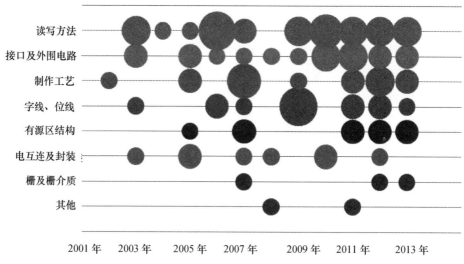

图 11 - 8　3D Flash 闪迪公司全球各技术分支历年

专利发明申请趋势示意图

11.2.4　收费站式布局

采用收费站模式进行布局的企业必须对某特定技术领域的创新状况有比较全面、准确的把握,特别是对竞争者的创新能力有较多的了解和认识,用"蛙跳策略"跳过目前的研发阶段,组织有创造力的研发人员将下一阶段可能出现的新技术以非常宽的保护范围进行覆盖,并针对这些技术抢先进行专利布局,然后向高速公路的收费站一样"设卡收费"。

图 11 - 9　收费站式专利布局

例如,高通公司布局了 CDMA 的基础专利,使得无论是 WCDMA、TD - SC-DMA,还是 CDMA2000 的 3G 通信标准,都无法绕开其基础专利这一路障型专利。苹果公司针对手机及电脑屏幕触摸技术进行专利布局,给竞争者回避其设计设置了很大的障碍。

11.2.5　口袋式布局

企业进行任何投入都会从成本与收益上进行权衡，铺天盖地般的撒网式布局对许多企业来说往往是不切实际的。因此，可以在专利布局时"网开一面"，虚留生路，暗设口袋"以逸待劳"（图 11 - 10）。

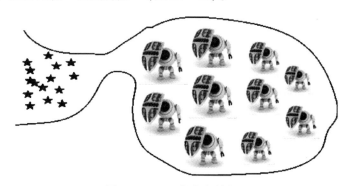

图 11 - 10　口袋式专利布局

对于可能有多个替代方案的技术，若没有实力和/或时间进行全面的撒网式专利布局，可结合"擒贼擒王"之计针对技术壁垒易突破、生产成本低、销售链更加完备的产品，进行重点完善的专利布局并对外提高专利诉讼等级；对技术壁垒高、生产工艺繁杂、生产成本高、销售链不明朗的相关技术，暂时"网开一面"。竞争对手为了规避专利侵权只能选择后者进行研发，这样就造成了他们的产品质量差、价格高，市场竞争力较弱，企业通过"欲擒故纵"之计实现"价格关门"。

11.2.6　农村包围城市式布局

如果具备相当的专利数量和财力优势，而且胜券在握，可用"农村包围城市式"布局也可来围歼竞争对手的核心专利（图 11 - 11）。

"农村包围城市式"布局是指在核心专利由竞争者掌握时，将围绕该技术主题的许多技术解决方案申请专利，设置若干小专利，将核心专利包围起来，即可形成一个牢固的包围

图 11 - 11　农村包围城市式专利布局

圈。这些小专利的技术含量也许无法与核心专利相比，但其组合却可以阻止竞争者的重要专利进行有效的商业使用，以各种不同的应用包围基础专利或核心专利，就可能使得基础专利或核心专利的价值大打折扣或荡然无存，这样就具有了与拥有基础专利或核心专利之竞争者进行交叉许可谈判的筹码，在专利许可谈判时占据有利地位。

这种专利布局模式特别适合自身尚不具有足够的技术和资金实力，主要采取"跟随型"研发策略的企业采用。实施这种布局模式，需要企业对核心专利具有一定的敏感度，并能够快速跟进。

例如，发现欧美厂商在日本专利局申请了一种新型自行车的专利后，日本企业就赶紧申请自行车脚踏板、车把手等众多外围小专利（包括外观设计专利）。欧美厂商想实施其新型自行车总体设计方案时，躲不开这些外围专利，只好与日本企业签订交叉许可协议。

案例 11 - 6：

【分析项目】汽车安全产业专利分析报告①。

从图 11 - 12 可知，在安全车身领域的专利实力方面，马自达在专利申请数量上明显处于优势，在整个福特联盟专利申请中所占比例最高，福特居中，沃尔沃最少。但考察有关专利申请质量的其他指标，例如已授权专利数量相对于专利总申请量的比例，马自达与福特和沃尔沃相比则明显偏低。

在市场规模方面，福特优势明显，无论企业排名还是年经营收入均远远高于马自达和沃尔沃，在高度商品化的汽车产业中，占据市场的多寡是企业实力的重要反映。从马自达和沃尔沃与福特在经营收入上的巨大差距，可以看出福特与马自达和沃尔沃结成联盟的直接目的并不在于提高经营水平和市场占有率，而是看中这两个企业在其他方面的优势。

平均碰撞成绩是能够较为客观地反映车身安全性能的评价指标，在该指标的评价中，专利数量方面处于劣势的沃尔沃汽车反而表现最好，福特仍然居中，马自达最差。这一方面反映了沃尔沃对于实际产品安全性能的重视，同时也反映了马自达在专利策略方面的积极态度并没有直接体现在技术水平的提高上，换句话说，对于评价整车企业在安全车身领域的技术实力，仅仅通过专利方面的参数是不全面的。

---

① 杨铁军. 产业专利分析报告（第16册）[M]. 北京：知识产权出版社，2014.

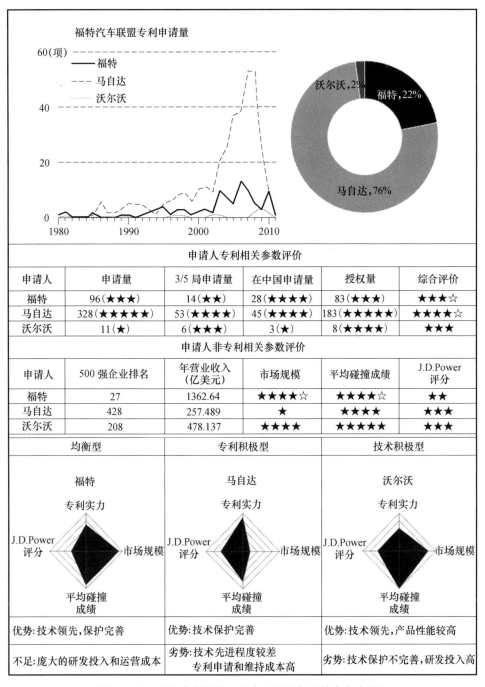

图 11 - 12 安全车身福特、马自达和沃尔沃综合实力对比

在用户评价方面，对于应用了这些安全车身技术的整车产品，用户的实际体验反而是对马自达车型和沃尔沃车型的反馈要好于福特的车型。这是由于马自达在开发产品和技术的同时，非常重视对于市场信息尤其是用户反馈的分析和体现；而沃尔沃对车身安全性能的技术改进是同时基于实验数据和实际交通事故中采集的数据①进行的。因此，马自达和沃尔沃在车身安全性能方面的改进更贴合用户在实际使用中的需求。

专利是技术的一种载体，企业对待专利与技术二者的态度和实施的策略却未必一致，马自达采用了非常积极的专利策略，对其安全车身技术申请了大量的发明专利，但是由于技术水平的限制，无论是从专利质量评价指标还是法规符合性指标上看，马自达汽车均要逊于福特汽车和沃尔沃汽车，但是其较为完善的专利布局策略对其自身的技术形成了较好的保护，这一策略是值得整车企业借鉴的。与之相反的典型企业是沃尔沃，沃尔沃车型的安全性在业内和消费者中都有着很好的口碑，在各国 NCAP 测试中其碰撞成绩也相当出色，并且专利质量非常高，但是与这些成绩并不相称的是，沃尔沃在安全车身技术方面的专利申请总量却寥寥无几，可见其对车身安全技术方面采取了较为消极的专利策略。这对于安全车身这种以结构特征为主要发明点的技术来说，是非常不利于其自身技术的保护的。

通过上述分析可知，在福特联盟的三大整车企业中，专利质量和技术水平最为均衡的福特汽车具备真正的技术整合的实力。而沃尔沃和马自达各自在专利、技术上都存在明显的缺陷，马自达是专利申请量很大，但质量不高，尤其是使用世界公认的碰撞成绩考察其技术水平时，得到的是与其专利申请量不相称的结果；相反，沃尔沃的碰撞成绩很好，其车身安全性也被行业和消费者认可，但是对应的安全车身专利却非常稀少，虽然其重要的安全车身技术多多少少在其专利申请中有所体现，但核心专利的后续专利及外围专利几乎没有，这一专利策略对于其技术的保护非常不利，但却为福特汽车的技术整合提供了便利的条件。

相对于马自达和沃尔沃而言，福特汽车对技术与专利的重视程度相当高，

---

① 沃尔沃在1970年即成立了交通事故研究小组，专门针对实际发生的交通事故进行分析并提出改进方案.

无论是产品的实际碰撞成绩，还是专利对技术的覆盖程度都较为均衡，同时，在其相对薄弱的方面，例如专利申请数量、用户体验方面，福特汽车将在这两个方面优势明显的马自达和沃尔沃纳入联盟之中，其目标是非常明显的，就是"取长补短"，将马自达和沃尔沃的优势整合到福特汽车中，实现福特所谓"全球一个福特"的战略构想。

11.3　专利布局方案制作的步骤

11.2 节所讲述的六种布局模式，每种均有自己被运用的前提和优缺点，不能简单地认为哪种模式更好。而且，由于每个企业都有其特定的管理和经营状况，并不一定只适合采用某一种布局模式，也可能适用几种模式共同使用的混合形态，实务中，企业应综合分析各技术领域的现实情况和具体形势，并结合专利申请策略来选择最恰当的布局模式。

综合而言，根据具体情况，策划专利布局方案一般包含如下几个步骤。

11.3.1　找出关键技术部位

在专利分析的基础上，根据发明目的、技术手段和技术效果对特定技术领域的专利进行深层剖析，挑选出相关专利，做成专利摘要表，然后依据各相关专利之发明点与技术效果，制成鸟瞰图或矩阵图等图表。在此基础上，找出拟研发课题最关键、最核心的技术部位之所在。企业进行任何投入都会从成本与收益上进行权衡，铺天盖地般的地毯式布局对许多企业来说往往是不切实际的，因此，首先找出关键技术部位对专利布局策划十分重要。

11.3.2　找出关键弹着区

在找出关键技术部位后，就需要根据拟定研发课题最关键与最核心的技术部位找出专利弹着区。建立在关键弹着区基础上的专利布局，有利于集中火力打在关键技术部位上，获得核心专利，甚至形成基础专利或路障型专利。弹着区的多项关联专利之组合，容易形成牢不可破的专利网，以此为基础也容易形成各种专利布局。

例如，日本企业通过专利垄断光学变焦镜头市场已长达数十年，它们彼此进行交叉许可，从而让其他国家的竞争者毫无插足之地，其策略就是找到光学仪器最核心的弹着区，在最核心的技术部位建立稠密的专利网，使得竞争者只好知难而退。然而，最早取得光学变焦镜头专利的并不是日本人，而是美国人，后来德国和法国的企业也涉足过该领域，但他们却没有像日本人那样采用集中火力的专利布局策略，从而也就没能获得全面垄断的地位。

11.3.3　草拟布局方案

在找出关键弹着区后，接下来就要依据企业研发能力和企业经营策略与经营状况，选择合适的专利布局模式，并草拟初步布局方案。草拟布局方案前，必须首先衡量企业的研发能力。

我国企业多数属于技术追随型企业，在核心技术研发和专利布局上往往不能与国外竞争者分庭抗礼，因此，在找到关键弹着区后，还必须根据企业研发能力，评估是否有机会在关键弹着区有所作为。如不然，则应当寻找其他关键且企业有能力作为的次弹着区，以迂回战术，取得与强大竞争者对话与抗衡的机会。

例如，在手机产品上，通信协议标准和芯片等核心技术可能被国外企业所拥有，但手机的外观设计却是既较为关键又是很多企业有能力研发的，可以将其作为次弹着区，抢攻这方面的专利，从而进行专利布局。

11.3.4　确定布局方案

获得草拟布局方案后，应在分析规避可能性的基础上，对草拟的布局方案进行细致分析和修改调整，从而确定最终的布局方案。竞争者为绕开专利，常常会想尽办法进行规避设计，因此在有能力获得核心技术专利的前提下进行专利布局时，必须尽量找出可能被规避设计的缺口，找出封堵各缺口的办法和方案，由此封堵住竞争者进行规避设计的后路，消除后顾之忧。

当然，封堵规避设计之后路，不一定都要采用申请专利的方式，若某种规避设计方案没有任何商业利用的价值，竞争者也不会采用，就没有必要耗财耗力地申请专利。

第 12 章　重要专利的发现与研究

12.1　重要专利的界定

专利是世界上最重要的科技文献之一。据世界知识产权组织（World Intellectual Property Organization，WIPO）的有关统计资料表明，全世界每年 90% ~ 95% 的发明创造成果都可以在专利文献中查到，其中约有 70% 的发明成果从未在其他非专利文献上发表过，科研工作中经常查阅专利文献，不仅可以提高科研项目的研究起点和水平，而且还可以节约 60% 左右的研究时间和 40% 左右的研究经费。

在浩瀚的专利文献中，并非每一件专利都那么重要，如何评判一件专利成为业界关心的话题。目前，为了表达一项专利的重要性或影响力，常见说法有"核心专利""标准必要专利"。

核心专利指的是制造某个技术领域的某种产品必须使用的技术所对应的专利，而很难通过一些规避设计手段绕开。除了标题摘要快速阅读专利之外，还有一些结构化的手段帮助我们快速定位核心专利①。

利用专利被引证次数来判断。引证专利是指由申请人在说明书中写明的，或者由审查员在审查过程中确认的与该篇专利文献技术内容相关的其他专利文献，Innovation 包含了 17 个国家的专利引证信息。通常情况下，专利越重要，被引证的次数就越多。在某领域内被引证次数最多的专利文献，很可能涉及的就是该领域内的核心技术。换一个角度说，如果某项专利引证其他专利的数量越少，说明该项专利技术更基础；如果某项专利引证其他专利的数量越多，说明该项专利技术已比较成熟，主要是对先前技术的改进。

---

① 问题六：怎样寻找核心专利［OL］. http：//www. thomsonscientific. com. cn/searchtips/tisearchtips/tisearch07/.

利用专利的同族专利成员数量来判断。同族专利的数量是衡量专利经济价值的重要指标，它可以反映出某项发明潜在的技术市场和经济势力范围。并且专利申请人只有在对某国市场有预期的情况下，才会向该国提交专利申请。因此，通过分析申请人就某项发明在哪些国家提出了专利申请，有助于了解申请人的经营策略、市场开发方向等。同样道理，一家公司如果为一项技术申请了大量同族专利，也可以从一个侧面反映出这项技术的重要程度。

利用专利诉讼信息来判断。在美国的专利诉讼往往花费大量财力和时间，如果一件专利背后没有巨大的利益冲突，企业不会贸然进行专利诉讼。

利用美国政府的投资背景来判断。

利用 EP 专利的许可信息来判断。

这是一种对专利的重要性和影响力界定的方式，强调了专利的不可替代性，衡量的指标包括专利被引证次数、专利同族数量、专利诉讼信息、政府投资背景和专利许可信息。

标准必要专利（Standard Essential Patent，SEP），是指在执行技术标准时不可避免会使用到的专利权（具体到权利要求）。因此，判断某专利是否为标准必要专利，应当比较技术标准中的相关部分是否落入相应的专利权利要求的保护范围。具体地说，如果专利权的权利要求的所有技术特征均被技术标准所覆盖，那么在执行该标准时，则不可避免地形成对该权利要求的侵权，此时该权利要求就属于该标准的"必要权利要求"。反之，如果权利要求中存在某些技术特征不属于标准所规范的内容，那么在执行标准时该权利要求的专利权就不会必然受到侵犯，此时该权利要求不属于该标准的必要权利要求①。

一般而言，标准必要专利之专利权人应当对标准实施者或潜在实施者在公平、合理、无歧视（Fair Reasonable and Non - discriminatory，FRAND）或者合理、无歧视（Reasonable and Non - discriminatory，RAND）的原则下，对其拥有的标准必要专利进行授权。至于授权的费用，则可以收取许可费或者免收许可费。例如 USB3.0 贡献者协议中就约定在满足一定条件的情况下，对必要权利要

---

① 标准必要专利许可的两个基本问题［OL］. http：//www. iprchn. com/Index_ NewsContent. aspx? newsId = 79950.

求的许可证的授权应当基于"免许可费且合理而非歧视条款",但并未排除许可证的授予可以采用某种方式调节。由我国国家标准化管理委员会、国家知识产权局联合发布的《国家标准涉及专利的管理规定(暂行)》中也明确规定,国家标准涉及专利的,应当及时要求专利权人声明同意在公平、合理、无歧视的基础上,免费或者收费许可实施者在实施国家标准时实施其专利。从上述原则和规定还可以看出,对于标准必要专利,无论是收费或者免费许可,专利权人和专利实施者之间必然存在一个许可的程序,认为既然是标准必要专利,实施者就自然而然获得授权的"自动许可"观点不符合实际情况,也不利于加强知识产权保护、促进科技进步和全面创新。

这是从另外一个角度来描述专利的重要性和影响力,通过标准强大的影响力尤其专利的许可来体现专利的影响力。

综合来看,本书将重要专利定义为:能够在技术、市场和法律方面发挥较大影响力的专利。

12.2　重要专利的影响因素

12.2.1　专利的生命周期

为研究方便,将专利的生命周期定义为:自专利申请提出之日(以下简称:专利申请日,拥有优先权日的以优先权日为准)起至专利权失效之日(以下简称专利失效日)止。在这里专利权失效包括:专利申请视为撤回,专利无效,专利权利终止等情况。

根据专利类型的不同,目前在全球大多数国家和地区的专利生命周期都是有限的。发明专利的生命周期最长为 20 年,仅在美国的个别领域,例如医药领域,可长达 25 年。实用新型和外国设计的生命周期最长为 10 年。

实际上,全球的大部分专利都没有等到寿终正寝的那一天。2009 年国家知识产权局发布的《2008 中国有效专利年度报告》显示,仅四成国内发明专利的维持时间达到 10 年以上,低于国际平均水平。专利权维持有效的时间越长,表明其创造经济效益的时间越长,市场价值越高。但数据显示,在我国国内发明专利中,维持时间达到 10 年的有 44.0%,达到 20 年的仅有 3.2%;而国外发明专利中，维持时间达到 10 年的有 82.2%，达到 20 年的有 22.8%①。

因此，从专利的生命周期出发，无疑是研究专利重要性的可靠途径之一。从这一角度出发，对一项专利需要关心以下问题：

（1）专利获得授权了吗？专利获得授权是专利的法定出生证，只有获得授权的权利才会在技术进步、市场竞争、法律诉讼中实现巨大的商业价值。当然，未获得授权的专利并非没有价值，作为一种技术文献公开也将为技术进步带来直接或间接的价值，只是不在本主题的讨论范围而已。

（2）专利的生命周期有多长？专利的生命周期不是决定其价值的唯一因素，但是活下去是专利的使命，只有活下去专利的价值才有最大化的可能。专利能否活下去，很大程度上取决于专利权人对专利权的重视程度。专利权人面临专利权预期收益和专利权维持费的博弈，若专利权人对专利权的预期收益一直抱有希望或实现专利权收益的努力，专利权将被维持直至专利权维持期届满；反之，若专利权人觉得难以负担专利权维持费，或者专利权被无效的风险难以承担时，选择不交专利权维持费是一个明智的选择。

（3）在专利的生命周期中会发生哪些大事？若以生命阶段来划分专利的生命周期，一项专利将会经历萌芽期、成长期、成熟期和衰败期。从创意萌发，一项专利便开始它的生命历程，萌芽期大致可以界定为从创意萌发之日起到专利申请之日止。成长期大致可以界定为从专利申请之日起到专利授权之日止。成熟期大致可以界定为从专利授权之日起到专利权收益最大之日止。衰败期大致可以界定为从专利权收益最大之日起到专利权终止之日止。

在每一个时期，都将会发生足以影响专利生命周期的事件，这些事件包括但不限于：专利申请审查答复，专利申请引用，专利申请被引用件，和产品、标准、法规的关联性，专利权许可、质押、转移转让，专利被无效、专利诉讼等。

（4）在专利的生命周期中，专利权人都用它做了什么？专利权自诞生之日起就有强烈的利益属性。狄更斯笔下的农夫不惜倾家荡产跋山涉水餐风露宿也要获得国王的一纸授权证书，正是对专利利益属性最好的注解。在现代专利制

---

① 报告显示：我国仅四成发明专利维持时间达 10 年以上［OL］. http：//news. xinhuanet. com/tech/2009 - 07/23/content_ 11760396. htm.

度下，专利权作为市场经济的重要参与者，代表着巨大的经济利益。专利权人在专利权的行使过程中探索了众多实现专利权收益的途径，例如新产品上市、专利维权诉讼、公司并购、技术输出、参与标准制定等。

12.2.2　专利的里程碑事件

一项专利从创意萌发到专利权维持期届满，会经历非常丰富的生命历程。若仔细分析，会发现以下里程碑事件将对专利产生重大影响。

（1）专利授权。专利申请获得授权是拥有专利制度的主权国家或地区对专利的法律地位的认可标志，只有获得这些国家或地区的授权才会拥有专利权由法律赋予的权利。对专利权的行使具有重大影响的因素包括申请人、专利权人、发明人、权利要求、专利引用频次。

（2）专利实施。专利权人在获得专利权后，行使专利权的权利和义务是其最重要的资产和职责。常见的专利权实施包括：将专利技术产业化应用在商品上，将专利技术应用在行业或国家或国际组织的标准中，将专利技术应用在国家或地区的相关法律法规中。

（3）专利运营。专利权人在获得专利权后，行使专利权的另一个途径是最大化专利权的无形资产属性和法律属性。常见的专利运营方式包括专利权许可、质押、融资、拍卖、转移，专利技术入股、作价投资，专利诉讼，构建专利联盟等。

12.2.3　重要专利的影响因素

通过以上的讨论，不难发现在每一生命时期和重大事件中专利所扮演角色和体现出的影响力的差异决定了专利的重要程度。尤其是专利在这些事件中的影响力是凸显专利重要性的主要观察指标。专利影响力一般体现在三个方面，分别是专利在技术进步中的影响力，专利在市场经济活动中的影响力和专利在法律事务中的影响力。这三者的关系相互依存，如果将专利的重要性比喻为一棵果树，那么技术影响力就是滋养果树生长的土壤，法律影响力则是提供果树外部环境的阳光、空气，市场影响力则是果树最终结出的果实。

技术影响力首先体现在推动技术进步上，获得授权是技术进步性，也即专利具有新颖性和创造性的基本保证。其次是权利要求保护范围的大小，好的技术需要好的权利要求保护范围，否则徒做嫁衣，失去保护的意义。再者就是专利权人和发明人，谁发明了它，谁拥有了它，都是决定专利重要性的影响因素。再者就是申请国家和引用频次，申请国家体现的专利的目标市场的大小，引用频次体现专利在技术界的影响力。

法律影响力首先体现在专利维权诉讼中，利用专利发起诉讼不仅是处于维护自己的法定权利，也是商业竞争中有效的调节手段，甚至可作为商业战略实施的有机构成部分。其次是能够经受起专利复审程序中的无效程序，专利获得授权后会受到竞争对手或利益相关方的密切关注，随后可能遭遇专利无效程序。如果一项专利能够接受专利无效的挑战并继续维持专利权有效，使该项专利的专利权具有较高的稳定性而具有更高的市场应用价值。

市场影响力首先体现在专利的收益变现中，通过专利权的许可、转让、质押等手段，专利权人将获得相关经济收益。其次是将专利应用在法规、标准和产品中。这些方式并不带来直接的收益，但是业界盛传的"一流企业做标准，二流企业做品牌，三流企业做产品"为专利价值的体现做了最好的注解。

12.2.4 重要专利的发现机制

根据重要专利的影响因素，利用专利之间的差异发现重要专利是一个可行的方法。根据专利信息的种类，可将重要专利的发现指标归纳为表 12 - 1 ~ 表12 - 3。

表 12 - 1 技术类筛选指标

筛选类型	筛选指标	定量信息	定性信息	发现时间
技术类	申请人	数量	是否重要	成长期
	发明人	数量	是否重要	成长期
	申请国家	数量	市场规模大小	
	权利要求	数量	保护范围大小	成长期
	引用文献	引用次数	非专利文献	成熟期
		引用时间	自引	
			他引	

表 12 - 2　法律类筛选指标

筛选类型	筛选指标	定量信息	定性信息	发现时间
法律类	有效期	年数		成熟期
	无效	次数	原告是否重要	成熟期
	诉讼	赔偿金额 和解金额	结案情况	成熟期
	337	涉及金额		成熟期

表 12 - 3　市场类筛选指标

筛选类型	筛选指标	定量信息	定性信息	发现时间
市场类	准入法规	性能指标	是否重要	成长期
	标准	技术指标	是否重要	成长期
	重要产品	金额	市场规模大小	成熟期
	专利许可	金额	保护范围大小	成熟期
	专利转让	金额		成熟期
	专利质押	金额		成熟期
	专利并购	金额		成熟期

12.3　重要专利的实证研究

12.3.1　汽车碰撞安全领域的重要专利筛选及分析

寻找到潜在的汽车碰撞安全技术领域的重要专利，不论是对于了解该领域的重点发展专利技术、了解掌握重点专利技术的申请人，还是对于研究该领域中重要申请人之间的技术关联，都具有积极的意义。但是，由于专利的重要性评价并没有绝对的标准，虽然已经提出了要基于市场、法律、技术和研发投入等多方面因素综合考虑，但是，其中的很多因素的定量指标往往是不易于获得的，因而实际操作性并不是很高[1]。

---

[1]　杨铁军. 产业专利分析报告 - 汽车碰撞安全（第 9 册）[M]. 北京：知识产权出版社，2013.

经过分析，课题组认为，考虑到专利文献更多的是一种技术文献①，一项专利是否重要，更多的应该是从技术层面进行判断，而表征技术重要性或价值的指标，如果要用数理统计的手段或方法来进行分析，则引证数据（包括被引引证数据、施引引证数据）是较为易行、可操作性较好的指标。

实际上，基于引证数量进行专利技术重要性判断的方法也已经提出②，课题组在学习以往方法的基础上，不单纯采用引证数量指标，在深入分析影响专利技术重要性的因素之后，提出综合考虑被分析专利文献 P* 本身的属性③、对被分析专利文献 P* 进行引证的引证属性④等因素，细化区分各种因素对被分析专利文献 P* 技术重要性影响的指导原则，并基于此，本节关于汽车碰撞安全技术领域重要专利的确定方法，是从技术重要性的角度出发，主要借助于引证关系、引证数量等引证数据和被分析专利的国别属性与同族数量等指标，尝试建立可操作性较高的重要专利筛选模型。

在给出本研究的重要专利筛选模型之前，先梳理本研究认为会影响专利技术重要性的影响因素，并对其与专利技术的重要性关系进行初步的分析。

具体而言，本研究认为，对专利技术重要性构成影响的因素包括被引频次、引用属性、时间属性、国别属性、同族数量，以下分别进行介绍。

1. 重要专利的影响因素

1）被引频次

定义：被引频次也称被引项数、引证次数、引证项数、被引频率、被引频次，指的是某个专利文献在首次公开之后，被后续专利文献引用的总次数。例如，一个专利文献 P* 在 2000 年首次被公开后，截止展开研究时止，总计只在 2005 年、2008 年分别被引用了 7 次、3 次，那么该专利文献 P* 的被引频次为 10 次（即 $7 + 3 = 10$）。

被引频次是用来评价专利重要性时最为常用的指标⑤，以往为了操作的方便，可能会直接以开展研究时的时间点为基础，往前倒推一定时间间隔，相应

---

① 专利文献也蕴含着其他信息（典型的如法律信息），但是不易量化与统计分析.

② 杨铁军. 产业专利分析报告（第 3 册）[M]. 北京：知识产权出版社，2012.

③ 主要包括被分析专利文献 P* 的国别、同族情况和首次公开的年份时间等.

④ 主要包括引证文献的来源、引证文献的申请年份时间等.

⑤ AB Jafie，M Trajtenberg. Knowledge Spillovers and Patent Citations：Evidence from a Survey of Inventors. The American Economic Review.

地设定位于某个时间点之前的被分析专利文献 P* 的被引频率阈值，并根据该阈值来设定哪些专利能够进入待筛选重要专利之列。举例来说，当前研究时间为 2012 年，按照以往的做法，直接统一设定 1995 年这一时间界限之前首次公开的被分析专利文献 P* 的被引频次阈值（如 40 次），只有当某项专利的被引频次高于 40 次（即阈值为 40 次），才可能列入待筛选重要专利之列，类似地，对于 1996 - 2006 年之间首次公开的专利只有被引频次在 20 次以上（即阈值为 20 次）、对于 2007 年之后首次公开的专利必须被引频次在 5 次以上（即阈值为 5 次），才能够进入待筛选重要专利之列。

但是，课题组对上述方法的分析结果进行了研究和分析，发现现实情况并非如此，有的专利技术本身可能很重要，授权年代也很早，但是被引频率并不特别高，如果单纯以被分析专利的首次公开时间与研究时间的距离为依据来划定被引频率阈值，极可能会截断掉很多实际上技术重要性较高的专利[1]。为此，课题组提出，不能够单纯以某个时间点为界限统一设定位于该时间点界限之前的被分析专利文献 P* 的"专利被引频次"截断阈值，还应该结合考虑被分析专利文献 P* 的首次公开时间 T0 及其与后续施引文献的施引时间 Tc 之间的时间差 Td 的关系[2]，将这些因素也纳入到被引频次截断阈值的设定机制当中。

2）引用属性

定义：引用属性，主要基于引用的来源进行区分，具体说，其是基于后续专利文献对被分析专利文献 P* 的引证是由谁发出来确定的，不同的引用来源，对于被分析专利文献 P* 的技术重要性具有不同的影响程度。课题组通过对常见的引用数据类型进行分析后，提出如下的引用属性：

（1）申请引证（Crf）：即施引文献的申请人发出的引证，申请引证进一步又可以分为自引引证 Cse[3] 与他引引证 Cot[4]，即 Crf = Cse + Cot。

（2）审查引证（Cex）：即施引专利文献在专利审查机关的审查过程中，由

---

① 即将实际上技术重要性较高的专利排除在待筛选重要专利之外。本研究中的重要专利 DE854157C （首次公开时间 1952 年，远在 1995 年这一时间界限之前）就是这样的一个例子，该专利后续总被引次数为 18 次，如果以 40 次作为截断阈值，该专利显然就会被排除出待筛选重要专利之列.

② 这种关系由时间属性表征，详细说明见后.

③ 施引文献申请人与被分析专利文献 P* 的申请人相同.

④ 施引文献申请人与被分析专利文献 P* 的申请人不同.

审查员发出的引用被分析专利文献 P* 的引证①。

对应于不同的引用属性，其对于被分析专利文献 P* 的技术重要性影响亦不相同。

一般而言，对于申请引证（Crf），发出引证的申请人、发明人特点（比如是申请人、发明人自身引证，还是其他申请人、发明人引证，以及是否是重要申请人/重要发明人)② 等因素，对于被分析专利文献 P* 的技术重要性具有正相关的影响，容易设想，如果申请引证由重要的申请人、发明人发出，那么被分析专利文献 P* 的技术重要性相对越高。遗憾的是，与前面提到的被引频次因素不同，这类影响因素难以直接量化，较为合理和可行的方式是通过赋予申请人、发明人属性一定的权重，藉此对引用被分析专利文献 P* 的引用频次进行加权，由此获得加权后的引证频次数值，并以该加权计算后的值作为进一步筛选的依据。更进一步的，在具体选择权重时，可能需要进行相应的差异化设计，例如，同样是申请引证，申请人自引引证的价值权重一般而言要低于其他申请人引证的价值权重③，而重要申请人引证的权重应该比非重要申请人的权重更高。

此外，对于审查引证，同样也应当有所区分。例如，被分析专利文献 P* 被用作了审查引证，并且成功地缩限了其他专利申请④的保护范围，或者直接否定了后续专利申请的专利性，那么该施引文献的引证价值权重应该相对更高。

总之，课题组认为，对于引证数据，除了要考虑原始的被引频次数据，还应当兼顾引用的属性，通过对引用属性的细化分类，赋予不同的引证价值权重，

---

① 主要包括检索员引证（CT）、审查员引证（EX），其他的可能还包括复审阶段、异议阶段的引证，乃至于发生专利纠纷时的法庭诉讼阶段的引证等。考虑到易操作性和相关数据获取的难度，本研究目前仅考虑了检索员引证和审查员引证.

② 关于申请人、发明人是否是重要的申请人、发明人，影响因素也较多，除了专利方面的因素，也包括专利之外的因素，例如申请人或发明人所属企业的规模、技术实力等。专利方面的因素同样有不同的指标表示，例如申请量、授权量等，以及另外一个很重要的专利指标，就是被引证情况，即：施引文献的申请人、发明人是否是经常被他人引用的申请人、发明人，此时就涉及"二级引证"的情况，即施引文献的被引用情况。本研究的重要专利筛选模型中，为不使模型过于复杂，未将二级引证纳入。不过，课题组认为，如果后续能够进一步将该因素考虑进来，应该能够使评价模型得到进一步的完善，以获得更为高效、合理的结果.

③ 考虑到某些领域可能存在某些申请人在某个技术领域具有非常强的技术优势，这类申请人可能仅会进行自引证，这种情况下自引权重并非总是低于他引权重.

④ 即后续的施引专利文献.

使基于引证数据的专利技术重要性判断更趋合理。

3）时间属性

定义：时间属性，在本研究中涉及被分析专利文献 P^*、施引文献两类文献的时间属性，更具体说，是指被分析专利文献 P^* 的首次公开时间 T0、施引文献的申请时间 Tc（即对被分析专利文献 P^* 发出引证的年份时间）以及两者之间的时间差 Td。

前面已经提到，应该结合考虑被分析专利文献 P^* 的首次公开时间 T0 及其与后续施引文献的施引时间 Tc 之间的时间差 Td 的关系，设置被分析专利文献 P^* 的被引频次截断阈值。以下进一步说明提出这种考虑的原因：被分析专利文献 P^* 首次公开之后，其就可能会被后续的专利文献所引用，但是，被分析专利文献 P^* 在之后的不同年份中，被后续专利引用的频率并非是呈持续的线性增长趋势，而是施引文献的申请年份（即施引时间年份）Tc 与被分析专利文献 P^* 首次公开年份 T0 的时间差 Td 具有曲线的方程关系，因此，同样是 1995 年之前首次公开的专利文献，1980 年首次公开的专利文献 $P1^*$ 与 1985 年首次公开的专利 $P2^*$ 两者的被引频次截断阈值应当有所不同，不宜按照以往的做法直接将 1995 年之前首次公开的专利文献 P^* 的被引频次截断阈值统一设定为一个相同的数值（如 40）[1]，而应该综合考虑 T0、Tc、Td 进行设置。

4）国别属性

对于被分析专利文献 P^* 被引频次截断阈值的设置，还有一点需要注意，就是被分析专利文献 P^* 的国别属性。经过对全球主要专利审查机构[2]对专利引文信息处理方式的分析，课题组发现，美国（USPTO）、欧洲（EPO）、日本（JPO）的审查机构是目前在专利引证信息的规定方面做得较好的几个，其中尤以美国（USPTO）做的最为完善[3]。查看美国的专利文献可知，其扉页上详细记载了申请引证、审查引证信息，并且在相应的专利数据库中，对引证信息进行了详细的、完善的标引，为后续基于引证信息的检索、统计和分析奠定了良好

---

① 当然也可能设置为其他值，但不论具体为什么值，其缺陷都在于没有区分 1995 年之前的专利文献 P^* 的首次公开年份时间．

② 主要指 EPO、JPO、KIPO、SIPO、USPTO 及 WIPO．

③ 我国目前正在大力加强专利引文信息的处理，并具体由国家知识产权局（SIPO）下属的专利技术开发公司对我国所有专利文献的引文数据进行专业化处理。相信在不久的将来，我国专利审查机关将提供高质量的专利引文数据信息．

的基础。

正是由于这种对于引证信息处理机制的差异，导致美国专利文献的被引频率往往都较高，欧洲（包括德国、英国和法国等）、日本的专利被引频率相对更低，因此，如果仅仅考虑被引频率，而忽略了被分析专利文献 P* 的国别属性，那么很容易造成对于专利技术重要性的判断偏差。为此，课题组提出，在基于引证数据进行专利技术重要性判断时，还应当引入被分析专利文献 P* 的国别属性，在分析过程中，对不同的国别属性给予一定的加权权重，以对这种国别差异进行调整，将这一因素纳入到被分析专利文献 P* 被引频次截断阈值的设置机制当中，使筛选结果更为合理。

5）同族数量

对于被分析专利文献 P*，其是否向多个国家或地区提出申请，与其重要性具有较为密切的关系，一般而言，如果一项专利技术向多个国家或地区提出专利申请，那么其技术重要程度相对而言更高[①]。因此，在筛选重要专利时，如果能够在考虑被引频率的基础上，进一步综合考虑专利申请的同族数量属性，得出的结论应能更为合理，而且由于同族数量的信息易于获取，因此可操作性高、实际中易于应用。

值得说明的是，在考虑被分析专利文献 P* 的同族数量时，也要注意不同国家、地区申请人的特点以及技术领域和市场的特点（比如有的地区的申请人具有较强的向外申请偏好，如日本申请人），有的由于技术发展的时代和地域特点导致某个阶段的申请可能向外申请较少（比如本研究中早期的德国申请人的专利申请），这些同族数量少的专利并不一定技术重要性不高。因此，应当综合多方面因素来考虑，究竟具有多少同族数量的被分析专利文献 P* 应当列入待筛选重要专利[②]，并非同族数量越多就必然代表技术重要性越高。

因此，为了能够在将同族数量因素纳入筛选模型的同时，尽量抑制由于单纯依靠同族数量而导致不恰当的截断待筛选重要专利的不足，课题组进一步提出"同族平均被引证"概念，即：在综合前述 4 类影响因素获得的被引情况基础上，进一步求取被分析专利文献 P* 的"同族平均被引证"数据，并以此作为

---

① 当然，这其中也可能会包括市场方面的影响因素，但是技术本身的重要性不能够否定.

② 以前的研究大多提出，一项具有重要意义的专利，至少应当具备 2 项以上的同族，但是课题组认为，这种限制性规定并不一定合理，并为此针对同族数量提出进一步的分析模型.

判断以被分析专利文献 P* 为代表的专利技术重要性的最终依据。

2. 重要专利筛选模型

在综合考虑前述的专利技术重要性影响因素的基础上，课题组提出如下的、以引用特性为基础的重要专利筛选模型，并用下式表示：

$$C^* = \sum_{k=1}^{m} \left(\zeta_{k*} \left(\sum \alpha_{i*} C_{\mathrm{se}\cdot k\cdot i} + \sum \beta_i \cdot C_{\mathrm{ot}\cdot k\cdot i} + \sum \delta_i \cdot C_{\mathrm{ex}\cdot k\cdot i} \right) \right) / m$$

下面对上式中的各个参数进行简要说明：

（1）下标 i 为表征申请年份的参数，i 的取值为被分析专利文献 P* 的首次公开时间年份到展开研究分析时的历年时间年份[①]；下标 k 为表征同族的参数，k 的取值为 $1 \sim m$（m 表示被分析专利文献 P* 的同族数量）[②]。

（2）$C_{\mathrm{se}}\cdot k\cdot i$ 表示 i 年份中对于被分析专利文献 P* 的第 k 个同族、其申请人自己引用被分析专利文献 P*[③] 的引证次数（即自引引证次数），$C_{\mathrm{ot}}\cdot k\cdot i$ 表示 i 年份中对于被分析专利文献 P* 的第 k 个同族、其他申请人引用被分析专利文献 P*[④] 的引证次数（即他引引证次数），$C_{\mathrm{ex}}\cdot k\cdot i$ 表示对于被分析专利文献 P* 的第 k 个同族、审查员在审查申请年份为 i 年份的专利申请时引用被分析专利文献 P*[⑤] 的引证次数（即审查引证次数）。

（3）α_i、β_i、δ_i 是分别用以加权对应于 i 年（份）的自引引证次数、他引引证次数、审查引证次数的权重系数。

（4）ζ_k 为对应于被分析专利文献 P* 第 k 个同族的国别属性的加权系数。

经过分析，课题组提出影响 α_i、β_i、δ_i、ζ_k 等加权系数取值的因素并简要分析如下：

1）α_i、β_i、δ_i 影响因素

一般而言，α_i、β_i、δ_i 受以下因素影响：

（1）引证文献的申请年份时间 Tc 与被分析专利文献 P* 首次公开时间的时间差 Td。

---

① 例如，本研究中对专利文献 DE854157C 的分析，DE854157C 的首次公开时间年份 1952 年、当前分析时间为 2012 年，因此，i 的取值即为 1952—2012 之间的历年申请年份（1952，1953，…，2012）.

② 例如，某项被分析专利文献 P* 具有 5 项同族，那么 k 的取值为（1，2，…，5）.

③ 以及某些特殊情况下被分析专利文献 P* 的同族.

④ 以及某些特殊情况下被分析专利文献 P* 的同族.

⑤ 以及某些特殊情况下被分析专利文献 P* 的同族.

一项专利技术首次被公开之后，随着时间的推移，其被后续专利文献引用的被引总次数必然是逐渐增加的[①]，但是在首次公开之后的一定时间之内，被分析专利文献 P^* 的被引证次数并不是持续的线性增长，而是会呈现出先增后减的曲线发展态势，而与之相对的，该时间段内的引证文献对被分析专利文献 P^* 的技术重要性的影响却呈现先减后增的趋势。这背后的逻辑在于，当一项专利技术被首次公开之后，如果其在短时间之内会被迅速引用，那么足以表明该技术或者是该领域极为重要的、或者这是一项具有开创性意义的新技术，但不管是哪一种，均足以表明其技术的重要性。而随着被分析专利文献 P^* 被公开的时间增长，其所代表的技术愈来愈为该领域中的技术人员所熟知，因此，其被引频次会在一定时期到达较高的水平。有以往的研究[②]表明，平均而言，一项专利在授权公告 5 年之后会达到被引次数的顶峰，根据该研究，美国、加拿大、欧洲和日本的专利 P^* 的被引证次数与滞后时间差的关系曲线如图 12 – 1所示。

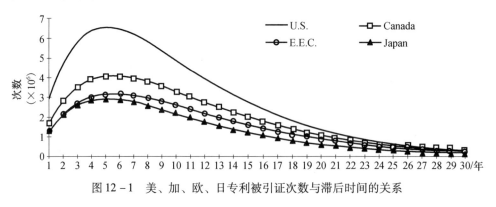

图 12 – 1　美、加、欧、日专利被引证次数与滞后时间的关系

同样是在该研究中，给出了常见技术领域（医药、化工、电子、机械、其他技术领域）的被分析专利文献 P^* 的被引证次数与滞后时间差的关系曲线如图 12 – 2所示。

----

① 当然，我们这里指的是被分析专利文献 P^* 会被引用的时间段内，如果在某个时间之后被分析专利文献 P^*，不再被后续专利文献引用，则被分析专利文献 P^* 的被引总次数将保持不变.

② 平均而言，一项专利会在 5 年左右达到被引峰值，当然，这还与专利所属的技术领域有关（ADAM B. JAFFE, MANUEL TRAJTENBERG. Proceedings of the National Academy of Science. Vol. 93, pp. 12671 – 12677, November 1996）.

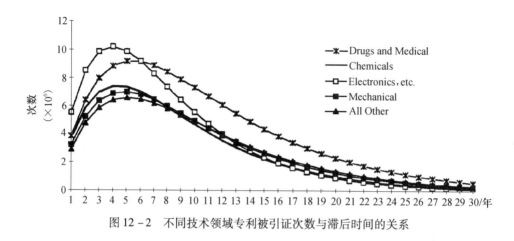

图 12 - 2　不同技术领域专利被引证次数与滞后时间的关系

由图 12 - 1、图 12 - 2 可知，不论是以国别为基础，还是以专利技术所处的技术领域为基础，一项专利基本上在公告后的 5 年左右达到被引证次数的峰值，并且明显呈现出前期增长速度较快、后期慢速降低的态势。

经分析，课题组认为，虽然被分析专利文献 P* 在对应于引证峰值年份具有最大的被引证次数，但此时的引证对于被分析专利文献 P* 技术重要性的影响并不一定是最高的，反而是最弱的，而在引证高峰过去之后，如果被分析专利文献 P* 仍然能够在之后的很长时间内被后续专利文献引用，反映的是被分析专利文献 P* 的技术影响的持续性，因此，在高峰之后时间差相距越远的引证文献，其对于被分析专利文献 P* 技术重要性的影响逐渐增加。也就是说，对应于不同时间差 Td 的引证次数，其对于被分析专利文献 P* 的技术重要性的影响并不是相同的、恒定不变的，而是呈一定的曲线关系。

在前述逻辑分析基础上，课题组提出 Td 与 α_i、β_i、δ_i 等加权系数之间的 U 形曲线关系，并用 $(\alpha_i, \beta_i, \delta_i) = F(Td)$ 表示，其关系示意图如图 12 - 3 所示。

（2）申请人、发明人特性。

施引文献的申请人、发明人特性，施引文献本身是否被后续专利文献引用，与 α_i、β_i 之间存在正相关关系，即施引文献的申请人、发明人越重要，施引文献本身技术重要性越高[1]，则 α_i、β_i 越大。

---

① 例如经常被后续专利文献引用.

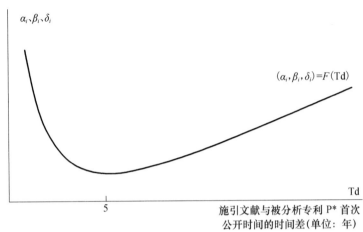

图 12-3　α_i、β_i、δ_i 与 Td 之间具有曲线关系（α_i，β_i，δ_i）$= F$（Td）

（3）被分析专利文献 P* 的"专利破坏性"。

对于发出审查引证的施引文献而言，如果其权利要求或保护范围由于被分析专利文献 P* 而受到的缩限越明显，则表明被分析专利文献 P* 对该施引文献的"专利破坏性"越强，δ_i 的取值越大。

2）ζ_k 影响因素

对于加权系数 ζ_k，其与被分析专利文献 P* 的国别属性相关，一般而言，根据目前不同国别或地区专利管理机构对于引证数据的规定情况和对引证数据的处理程度[①]的差异，为不同国别的被分析专利文献 P* 赋予不同的 ζ_k 值。

根据初步分析，课题组认为，对于 ζ_k 值的具体取值需要采用循环验证的方式确定一个较为合理的值，但是，对于一些主要的国别而言，ζ_k 的取值至少应该遵循这样的条件，即 $\zeta_{us} < \zeta_{ep} < \zeta_{jp} < \zeta_{kr} < \zeta_{cn}$。

总之，在主要基于引证数据这一数据指标查找和确定重要专利时，应当秉持"并非每个引证具有同样重要的作用"的理念，区别对待引证文献，综合考虑被分析专利文献 P* 本身的属性、对被分析专利文献 P* 进行引证的引证属性等因素，以更为合理的方式从大量被引专利文献中查找、筛选出潜在的重要专利，并供后续进一步分析[②]。

---

① 包括数据的规范性、易获取性、易处理性等.

② 例如，基于查找的重要专利，进一步分析特定的发明人、特定的申请人，以及重要专利的技术流向等.

3. 安全车身重要专利筛选

利用前面小节提出的重要专利筛选模型，本研究以安全车身技术领域为研究范围，通过简化模型之中的参数设计，按照以下流程，获得安全车身技术领域的潜在重要专利，并通过对这些专利的进一步人工筛选，获得安全车身技术领域的典型重要专利列表（表 12 - 4）。

表 12 - 4　安全车身技术典型重要专利

序号	公告号	发明点	申请人
1	DE10028716C	A 柱加强件与下边梁加强件连接，使车身侧面加强，更好地应对侧面碰撞	SUZUKI
2	DE10037492C	A 柱上部改进：通过加强件点焊连接 A 柱、顶梁，减少部件制造难度	SUZUKI
3	DE102004053917C	一体成型车身侧面部件，且 A 柱前下部与下边梁前部、顶梁中部与 B 柱上部硬度更高。易于生产，碰撞性能好	BENTELER
4	DE102005017980C	B 柱结构设计改进：B 柱空腔内设有带槽的封闭件，发生碰撞时，加强筋插入槽中。提高安全性，成本低	AUDI
5	DE1157935C	车身前后端设吸能盒、纵梁可变形吸能，避免前后碰撞时对乘员舱的影响	BENZ
6	DE1680029C	采用填充变形材料的活塞结构连接横梁与乘员舱，实现溃缩吸能	BENZ
7	DE1801960C	通过前后纵梁变形实现车身两端的吸能溃缩；纵梁开口、开槽结构，实现多级吸能溃缩（原理：发生碰撞时，碰撞点并不变形，远离碰撞点得乘员舱发生变形，不利于乘员保护，因而使发生碰撞的区域结构弱化，有效应对前碰后碰	OPEL
8	DE19531874C	整体的门框型加强件（110a），同时加强 A/B/C 柱及下边梁。尤其对大面积碰撞保护效果好	BENZ
9	DE19639565C	在车身前后溃缩区的基础上，增设中间溃缩区（概念车型）。更好的溃缩吸能，保护车内成员	BENZ
10	DE854157C	三段式车身结构，第一次提出乘客舱强度应当高，车身前后部应能吸能溃缩的理念。是后续车身被动安全技术的基础	BENZ
11	EP0816520B1	压制成型 B 柱加强件，中间硬度最高。受侧面冲击时，B 柱上下端先变形，保护车内乘客	TOYOTA
12	EP0825096B1	前纵梁与下边梁连接处加强。偏置碰时减小 A 柱变形	MITSUBISHI
13	EP0856455B1	"3H" 车身：轻量化	MAZDA

（续）

序号	公告号	发明点	申请人
14	EP1024074B1	"工"字形B柱加强件，采用空心超高强度钢液压成型。轻量化，并提高车身刚度	MAZDA
15	EP1149757B1	车身顶部、侧面结构均为三段式、独立部件铸造成型后组装。组装方便，车身刚度提高	NISSAN
16	EP2006190B1	B柱改进：B柱分上中下三部分，由不同抗张强度的钢板制成，上部强度低于中部、高于下部，减少了内部剩余应力，易于压印成型	TOYOTA
17	EP2014539B1	具有内外板件间设置加强件的下边梁在加强件和外板件之间设置缓冲件，改善侧碰性能	PORSCHE
18	GB2292716	B柱具有置于内外板之间的加强件，加强件为三段式结构，中间易于变形吸能。保护侧碰时车内乘客	FUJI
19	JP4272626B2	下边梁设置双层加强件，一个位于内部，另一个位于外部，增强侧碰抗击能力	HONDA
20	JP4470494B2	B柱/B柱加强件设有断口，在受到侧面冲击时，起到缓冲作用	NISSAN
21	SE417183C	乘员舱内增设横向加强件，提高侧碰吸能效果（Volvo的非气囊SIPS技术）	VOLVO AB
22	SE507768C	前纵梁为自爆式结构，实现两级溃缩吸能（结合运用感应及控制技术）	VOLVO AB
23	SE510595C	车身乘员舱前部增设横向加强件，提高侧碰性能（"笼式"车身概念）	VOLVO AB
24	US3651886A	三段式车身结构，两端在发生碰撞时可以与中间乘员舱发生分离（概念车）	DAIMLER
25	US3651886A	三段式车身结构，两端在发生碰撞时可以与中间乘员舱发生分离（概念车）	DAIMLER
26	US3663034A	与刚性乘员舱连接的纵梁前端为环状溃缩吸能结构，且易于拆卸	BENZ
27	US3802733A	车身设有前后左右溃缩区，并环绕溃缩区设置刚性加强区，提供前后侧偏置碰撞保护。乘员舱为刚性结构	VOLKSWAGEN
28	US3831997A	在前梁吸能溃缩基础上，进一步设置下边吸能梁溃缩	FORD
29	US3888502A	在前、后、中、侧部均设置吸能变形部件；尤其是中部设置的吸能部件，提高侧碰保护效果（SIPS）	GEN MOTORS
30	US4272103A	用于侧面碰撞保护乘客安全，外部结构加强，与乘员接触部分为弹性结构	BENZ

（续）

序号	公告号	发明点	申请人
31	US4307911A	侧门防撞梁，其上形成有加强结构，加强结构通过连接件和螺栓连接到车门上，在增强刚度的同时将冲击更好地传递到 AB 柱	BUDD
32	US4682812A	后侧面设置从顶至下的 U 形加强件，减小后碰的影响	FORD
33	US5033236A	车门内设置支撑结构，且在结构上设置引导部件，在碰撞时引导加强结构上的梁移动到碰撞主要发生的部位，同时可以在内部加入侧气帘，使得保护更全面	BROSE
34	US5246264	A 柱、B 柱及下边梁内设相互连接的加强件。提高吸能、减噪效果	MAZDA
35	US5306066A	车门内安装有蜂巢形的吸能部件	FORD
36	US5314229A	车辆前部安装有吸能盒，其上形成褶皱，用于在碰撞时形成溃缩	TOYOTA
37	US5398989	B 柱形成为多层、多空腔结构，提高吸能效果。制造成本降低	AUDI
38	US5431445A	汽车前方具有纵向延伸的纵梁，纵梁具有多个凹槽，在前碰时候能够溃缩吸能	FORD
39	US5575500A	车顶保护部，相对于传统蜂窝材料，采用可变形的吸能板结构，在碰撞发生时变形，减少伤害	TOYOTA
40	US5575526A	汽车上一种梁结构，可以作为散热器支架，风挡玻璃周围的前柱，梁内具有腔室和泡沫	HENKEL
41	US5609385A	汽车前柱和中柱改进结构，具有三个腔室，在碰撞时，吸收冲击能量	FORD
42	US5641195A	汽车的柱部件包括多个能量吸收肋，在碰撞时吸收和分散能量	FORD
43	US5671968A	汽车中柱结构，通过连接件连接到框架上，中柱具有高强度不连续部分和底端部分，在侧碰时防止变形	FUJI
44	US5704644A	为车辆底盘加强架构，在纵向中心形成加强梁，中间用横梁连接两侧侧梁，用于在碰撞时将力传递到后部	ESORO
45	US5806918A	横梁纵梁结合使用，副框架与底部框架的配合结构	HONDA
46	US5884960A	汽车门框下部横梁，具有总控壳体和包括内部增强件，增强件中间具有热膨胀树脂，具有高硬度和强度	HENKEL

（续）

序号	公告号	发明点	申请人
47	US5921618A	利用管状梁长度方向刚度与强度大的性质提高地板横向强度和刚度	TOYOTA
48	US6073992A	3H 车身结构	MAZDA
49	US6096403A	槽形件的局部增强壳	HENKEL
50	US6106039A	在一根梁的前后两端采用不同的截面从而使其前后刚度不同，产生对冲击能量的分阶段吸收	NISSAN
51	US6149227A	使用槽形加强件从内部加强钣金的抗弯强度	HENKEL
52	US6165588A	管状梁增加长度方向上的强度和刚度	HENKEL
53	US6203098B1	双管梁，菱形管梁	HONDA
54	US6270153B1	地板加强梁，相当于在地板上加了一个副车架	HONDA
55	US6332641B1	用于无 B 柱车门的加强结构，其中车门设置水平加强梁 12，13，车门边缘用过竖直梁 10，11 加强，以将侧面冲击传递给车顶和地板	MAZDA
56	US6467834B1	A 柱加强结构，含空腔的骨架结构外部设置有发泡材料	L&L
57	US6482486B1	B 柱加强结构，B 柱套筒内设置环氧树脂加强件	L&L
58	US8029047B1	中柱加强件与顶梁侧边部连接以加强顶部，中柱由高强度钢片材 980MPA 制成。减少了重量和制造成本	HYUNDAI

安全车身技术领域潜在重要专利查找与筛选流程：

（1）检索安全车身技术领域专利；

（2）提取安全车身专利被引用数据①；

（3）加工安全车身专利数据②、引用数据③；

（4）代入模型运算，获得模型处理后的加权引证数据；

（5）依据安全车身专利的申请年份分布，设定加权引证数据④的截断阈值；

（6）获得潜在重要专利列表，并人工浏览筛选，进一步获得典型重要专利。

---

① 并剔除无引用数据的安全车身专利.
② 提取同族数据、首次公开时间数据.
③ 提取申请引证数据（并具体区分自引引证数据、他引引证数据、审查引证数据）、引证数据日期信息（申请年份信息）.
④ 注意，这里的引证数据已经不是原始的引证数据，而是已经经过模型加权后的引用信息.

12.3.2　刀具涂层领域的重要专利筛选及分析

1.　重要专利筛选方法

根据重要专利的影响因素，同时征询了行业、企业相关专家的意见，制定以下重要专利的规则①：

1）根据被引用频次选取

专利文献的被引用频次具有以下特点：专利文献的被引用频次与公开时间的年限成正比，公开越早被引用的频次就越可能高；被引用频次相同的专利文献，公开时间越晚，重要性越高；同一时期的专利文献，被引用频次越高，重要性越高。基于上述特点，入选的重要专利的被引用频次满足以下条件：

1995 年以前：根据"专利被引频次"的统计，被引用频次 40 次以上（参见重要专利目录表），1995—2005 年间，被引用频次在 20 次以上；2005 年以后，被引用次数在 5 次以上。

2）根据同族数量选取

2005 年以后的专利，不仅要考虑被引用频次，还应当考虑同族数量，同族数量应当大于 2。

3）涉及诉讼的专利

只要是涉及诉讼的专利均入选重要专利。

4）重要申请人的专利

2005 年以后的专利，具有相同的被引用频次的专利文献，如果其申请人属于主要申请人的，更值得关注。

2.　刀具涂层领域重要专利分析方法

任何领域的技术创新需要循序渐进，鉴于中国刀具企业的整体技术实力还比较薄弱，在这方面可以借鉴刀具行业的一些领跑企业的研发成果和研发经验。中国刀具企业可以开放、务实的心态，大力借鉴和吸收国外各项技术成果，坚持借鉴与创新并重，引进技术和消化吸收并重。

当然，在原始创新和集成创新能力不足的情况下，引进、消化、吸收、再

---

① 杨铁军. 产业专利分析报告 – 切削加工刀具（第 3 册）［M］. 北京：知识产权出版社，2012.

创新无疑是一条比较好的创新途径①。但不应当完全摈弃原始创新和集成创新，应当坚持原始创新、集成创新和引进消化吸收再创新相结合。

"他山之石，可以攻玉。"在消化吸收再创新方式上，我们可以多借鉴日本申请人的做法②，特别是日本申请人在重要专利技术的基础上进行再创新后变成自主创新的做法，通过对日本申请人的研究可以发现他们通过"外围专利战略"和"差异化专利战略"的实施取得了非常好的效果。

"外围专利战略"③注重对引进技术的消化吸收，在消化吸收的基础上加以改进创新，从而形成了以专利技术为主体的"引进—消化吸收—创新—输出"的良性循环机制。运用"外围专利战略"最成功的是日本申请人④，在刀具涂层结构领域重要申请人三菱材料是运用此战略较为成功的范例。

"差异化战略"是指结合近期的技术发展需求，对各技术分支解决的技术问题进行功效矩阵分析，找出具备技术可行性的技术空白点。可先选择一点进行突破，走"小而精或小而专"的研发思路，与竞争对手进行差异化技术申请。当然，也可以通过海外并购直接购买相关技术。据悉，海外并购已经成为中国刀具行业产业调整的主要形式之一⑤，特别是在国外处于经济危机的时期⑥。

重要申请人往往占据十分重要的市场地位，拥有大量的重要专利是其能够扩大市场优势的重要支撑之一。通过重要申请人对其他重要申请人的重要专利

---

① 王乃静. 基于技术引进、消化吸收的企业自主创新路径探析 [J]. 中国软科学，2007（04）.

② 解读中长期科技发展规划60条配套政策之三：引进消化吸收再创新如何一路走好？"日本在很多领域的技术引进和消化吸收再创新方面的投入之比达到了1：5到1：11，这使他们的自主创新能力迅速提升；相比之下，我国在引进和消化吸收再创新方面可以说严重脱节，2004年引进技术和消化吸收投入之比仅仅为1：0.15 [N]. 中国高新技术产业导报，2006－5－29.

③ 外围专利战略，即采用具有相同原理并环绕他人基本专利的许多不同的专利，加强自己与基本专利权人进行对抗的战略。或者在自己的基本专利受到冲击时，在基本专利周围编织专利网，采取层层围堵的办法加以对抗 [OL]. http：//baike. baidu. com/view/1516170. html.

④ 日本企业的专利战略及其启示："面对欧美在日申请的大量基础性关键技术专利的攻击，日本众多企业展开了"外围专利"攻势，也就是围绕欧美的基础性关键技术专利抢先申请各有特色的大量小专利，即"外围专利"，构筑严密的外围专利网，使欧美的基础性关键技术在日本企业的外围专利网中失灵，因为没有这些众多的外围专利，基础性专利就不能具体实施. 世界商业评论，2006－04－11. ICXO. COM.

⑤ 哈尔滨量具刃具集团有限公司于2005年并购了德国KELCH公司，主要产品为刀具预调仪和HSK刀柄。大连远东企业集团有限公司于2009年成功收购美国肯纳旗下具有百年历史、世界最大的高速钢钻头工厂——格林菲尔德/克利夫兰切削刀具工厂. 中国机床工具工业协会. 中国机床工具工业年鉴 [M]. 北京：机械工业出版社，2010：13.

⑥ 追赶甚至是实现赶超的大好时机 [OL]. http：//wenku. baidu. com/view/1749f3. html.

的利用方法的分析，一方面可以了解拥有该项重要专利的重要申请人是如何进行自己的专利申请，另一方面可以了解未拥有该项重要专利的重要申请人是使用了怎样的方法来对该项重要专利进行吸收、创新、突围。为其他申请人在面对重要申请人的重要专利申请时如何发挥自己的技术优势并在竞争中获得一席之地提供有益的参考。

3. 刀具涂层领域重要专利案例分析

案例简介：

申请人——山特维克，最早优先权日——1994 年 7 月 20 日，专利申请号为——EP693574A，公开日——1996 年 1 月 24 日。

该项专利共被引用 65 次（图 12-4），其中被三菱材料引用了 8 次（图 12-5），通过研究三菱材料的这 8 项专利申请，可以发现一些三菱材料针对山特维克该项专利申请的利用过程。

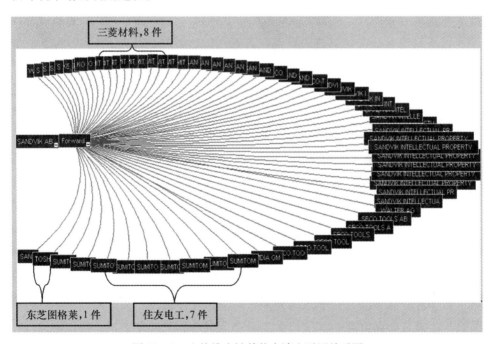

图 12-4　山特维克被其他申请人引用关系图

1）消化吸收期（1996—2000 年）

在消化吸收期，三菱材料对该项重要专利进行了密切跟踪，慎重判断，持

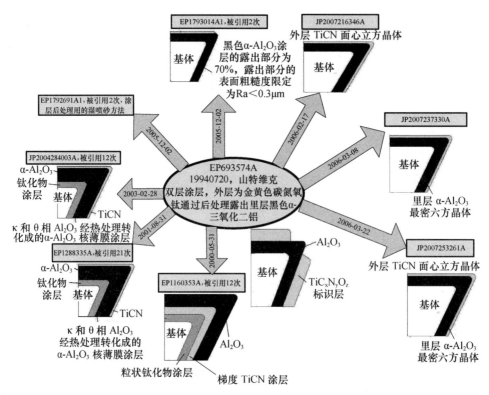

图 12 - 5　山特维克被三菱材料引用关系图

续研发。首先要慎重分析竞争对手的该项专利申请的价值，一旦判断该项专利申请具有一定的市场价值，就迅速跟进。在山特维克的专利申请于 1996 年公开后，三菱材料于 2000 年才提交与山特维克的该项申请密切相关的专利申请（EP1160353A），说明在这期间，三菱材料对山特维克的该项专利申请进行了慎重的专利价值评估，同时也在技术上做了消化吸收，进而为在此基础上的技术再创新做准备。至 2006 年，三菱材料仍在提交和该项专利密切相关的专利申请（JP2007253261A），由此可见，三菱材料针对该项重要专利的研发时间至少在 6 年以上。

2）技术再创新期（2000 年至今）

从 2000 年开始，三菱材料以山特维克的该项重要专利为基础开始了一系列的技术创新。从专利申请的角度看，可以发现三菱材料的技术创新主要集中在以下几个方面：

技术特征创新：对三氧化二铝涂层露出部分的大小更具体地限定为 70%，对三氧化二铝涂层露出部的表面粗糙度限定为 $Ra < 0.3\mu m$，$Ra < 0.2\mu m$（EP1793014A1）；

涂层微观物理结构创新：限定 $\alpha - Al_2O_3$ 涂层的晶体结构为六方最密晶（JP2007237330A）；

涂层结构创新：由原来的双层涂层结构扩展到三层乃至三层以上，将中间层设为梯度涂层（EP1160353A）。

涂层性能创新：增加钛化物涂层，以提高涂层与基体的粘接强度（EP1288335A）；增加三氧化二铝核薄膜层，以增加涂层和涂层之间的粘接强度（JP2004284003A）。

涂层相关工艺创新：用于三氧化二铝涂层后处理的湿法喷砂法（EP1792691A1）。

3）三菱材料的专利申请分析

（1）消化吸收再创新战略。

三菱材料在经过四年的消化吸收后，从 2000 年开始，三菱材料以山特维克的该项重要专利为基础共提交了 8 项专利申请，其中有 5 项专利申请都进行了多边申请，涵盖了欧、美、日、中、韩等主要刀具市场，在这 5 项专利申请中有 4 项专利申请在多个国家和地区获得授权。由此可见，三菱材料实施的消化吸收再创新战略是比较成功的。

（2）外围战略。

三菱材料对山特维克的该项重要专利进行了深入的研究和消化吸收，进而找到自己的创新方向。山特维克的该项重要专利主要有以下三项重要的技术特征：里层为 $\alpha - Al_2O_3$ 涂层，外层为金黄色钛化物涂层，在刀刃部分去除部分外层的金黄色钛化物涂层，从而露出里层的 $\alpha - Al_2O_3$ 涂层。三菱材料在此基础上做了以下改进，在涂层微观物理结构上，对里层为 $\alpha - Al_2O_3$ 涂层做进一步研究，将 $\alpha - Al_2O_3$ 涂层的晶体结构限定为六方最密晶（JP2007237330A），以提高 $\alpha - Al_2O_3$ 涂层的耐磨性能；针对部分露出 $\alpha - Al_2O_3$ 涂层这一技术特征，将该露出部分的大小更具体地限定为 70%，同时对 $\alpha - Al_2O_3$ 涂层露出部分的表面粗糙度限定为 $Ra < 0.3\mu m$，$Ra < 0.2\mu m$（EP1793014A1）。为了提高 $\alpha - Al_2O_3$ 涂层露出部分的表面质量，三菱材料又申请了对 $\alpha - Al_2O_3$ 涂层进行后处理的湿法喷

砂法（EP1792691A1）。

通过上述分析可以发现，三菱材料非常仔细地研究了山特维克的该项重要专利，并从该项重要专利的技术方案的每个技术特征出发，通过进一步的研发，提高相应的性能，在研发的过程中不局限于该项产品，还对制造该项产品的工艺进行新的创新。三菱材料通过这些创新形成针对山特维克的该项重要专利的外围申请，有效地提高了自己的专利技术竞争力，是实施"外围专利战略"较为成功的范例。

（3）差异化战略。

梯度涂层技术近年来快速增长，三菱材料早在2000年前就捕捉到这一技术趋势，在山特维克的该项重要专利基础上，由原来的双层涂层结构扩展到三层乃至三层以上，并将中间层设为梯度涂层（EP1160353A），开发出梯度涂层结构的专利技术，实现了涂层结构的创新。

粘接强度是刀具涂层的主要性能需求之一，三菱材料在山特维克的该项重要专利基础上，为了提高涂层的粘接性能做了以下创新：增加钛化物涂层，以提高涂层与基体的粘接强度（EP1288335A）；增加三氧化二铝核薄膜层，以增加涂层和涂层之间的粘接强度（JP2004284003A）。

通过上述分析可以发现，三菱材料不仅针对山特维克的该项重要专利做了外围专利申请，还在刀具涂层结构的技术需求和技术功效方面确定了自己的研发方向，在刀具涂层结构和刀具涂层性能上进行了技术创新，是实施"差异化战略"较为成功的范例。

12.4 重要专利应用小结

通过以上案例的展示可以看出，重要专利的影响因素复杂而多变。专利的重要性与专利所在行业、发展阶段、竞争状况、政策环境都密切相关。如此多的指标全部都用也不符合实际研究情况，那么如何选用合适的指标在一定的应用情景下选出重要专利呢？

为了便于筛选指标的运用，总结了五大筛选指标应用原则。它们是"按需要制定筛选方案、看时间判断生命周期、分领域去留筛选指标、多指标交叉验证和重质量定性定量分析"。

（1）按需要制定筛选方案。重要专利的筛选永远决定于应用场景的需求，不同的应用场合的需求决定了重要专利筛选方案制定的方向。例如，面向研发技术人员的需求，为了找出这一群体所关心的重要专利，技术类筛选指标是考虑的重点，对其他指标可兼顾而不苛求。

（2）看时间判断生命周期。受限于专利的生命周期，时间是一个非常重要的考量因素。当开始关注一项或一组或一领域的重要专利时，可通过对相关专利所处的生命周期进行初步的判断。对于偏重技术属性的需求来说，由于专利公开的滞后性，应当重点关注成长期的专利。对于偏重法律属性的需求来说，处于成熟期的专利带来的挑战和风险更值得关注。对于偏重市场属性的需求来说，为了掌握市场竞争的主动权，关注成长期的专利更加重要。

（3）分领域去留筛选指标。专利的技术属性决定了专利必然受所在技术领域的影响，不同技术领域的发展特点决定相关专利是否能够产生影响力。对于有成熟产业链和价值链的技术领域，产业附加值高的关键技术领域的专利重要性必然要高。例如，化学药领域，能够体现原创药物的结构式、制备方法、应用领域的专利决定了整个产业链的价值分布，重要性最高；通信领域由于标准是构建整个产业发展的基石，因此标准必要专利的重要性是第一位的。因此，需要根据专利所属的具体技术领域来取舍重要专利的筛选指标，所确定的筛选指标以能够体现行业发展特点为标准进行重点关注，其他指标可作为参考佐证或受其他因素影响不予考虑也可。

（4）多指标交叉验证。初步罗列重要专利的指标可以发现有 16 种之多，根据前述原则可以发现，并非每一件专利的重要性都需要用所有指标来确定，但是可以用未选用的指标来验证或修正重要专利筛选指标选用得是否恰当。例如，在装备制造领域，由于发展历史长、技术集中度比较高，往往由几家主要申请人引领技术的发展。这时可以引用频次作为主要筛选指标，再以重要申请人为辅进行验证，可以较好地找出行业关注的重要专利。

（5）重质量定性定量分析。对于重要专利的筛选方案来说，筛选质量决定了重要专利筛选的精准度。那么对选用的筛选指标一定要从定性和定量两个方面去分析。例如关于引用频次，不仅仅体现在引用的数量上，还体现在引用人和引用时间上。从定性的方面看，有谁在引用非常关键，当业内主要技术引领者都在引用同一项专利时，其重要性不言而喻。从定量的方面看，在有限的时间内被引用了多少次也很关键，特别在一项专利公开后很短一段时间内就被频繁引用，毫无疑问能够看出该项专利的巨大影响力，确定其为重要专利也是顺理成章的。

综上所述，筛选重要专利的工作既复杂也多变，不仅需要考虑外部因素还要考虑专利的内在品质，不仅需要考虑技术、市场、法律的影响力还要考虑不同的应用场景，不仅需要确定筛选指标体系还要考虑筛选指标的定性定量分析。上述五原则仅仅是一些实践经验的总结，在重要专利的定义、重要专利的筛选指标、重要专利的数据处理工具和重要专利的应用策略方面还有巨大的探索空间。相信随着需求的不断扩展和深化，积累的经验越来越丰富，期待会有更为高效便捷的方法出现。

第 13 章　专利运用战略分析

　　企业是创新的主体，因此企业自然也应是专利运用的主体。但事实是现有的大量专利被束之高阁，排除专利质量的问题，专利运用就自然成为了矛头所向。企业的专利运用与企业的技术创新有着紧密的联系，企业的技术创新需求与价值归宿决定了专利这种形式的技术创新成果的运用策略。

　　专利运用就是以专利信息资源利用和专利分析为基础，把专利布局和专利储备应用嵌入企业技术创新、产品创新、组织创新、商业模式和市场推广中来。

13.1　企业专利运用策略概述

　　日、美两国企业在运用专利战略方面非常成功，各自形成自己的特色，反向分析二者的成功之路可以有以下发现。

　　美国企业因其在技术上的巨大优势而积极地以专利作为武器在全球范围内发动战略攻势，拓展市场。而第二次世界大战后日本企业在处于劣势时正是凭借大力引进欧美先进技术、用小发明构建密集的专利网等防御性战略成功抵御了欧美先进企业的专利攻势，并且使自身得到发展。

　　同时，专利战略也不是一成不变的，而是要随着时代发展和自身条件的改变而改变，如到 20 世纪 80 年代，当日本企业技术实力大增，已具备同欧美列强抗衡的实力的时候，便开始在其专利战略中逐步加入进攻性色彩。到现在，日本企业已运用不断调整的专利战略在全球竞争中占据了领先地位。

　　我国加入世贸组织已十多年，在这期间我国企业的创新能力、竞争实力都有了巨大提升。有些企业已能在全球市场的竞争中占据一席之地，如海尔集团、华为等，但是有些领域的企业在竞争中仍处于劣势，如传统领域中的机械制造、材料、化工等领域。因此，在对其他国家先进企业成功经验的借鉴中，我国企业应当结合自身实际情况，采用适合自身的专利战略。

为了便于纵向整合，本章将企业专利运用策略拆分开来，再进行组合，常用的专利基本策略具体大致分为如下类别。

1. 基础专利策略

企业在研发过程中，做出的具有很高创造性的新技术、新发明及在核心技术领域的突破一定要及时申请专利，这些就是基础专利（也叫核心专利），构成企业实施专利战略的基础。一个企业拥有的基础专利的数量越多，这个企业在市场的竞争力也就越强。

2. 专利布局网策略

克劳塞维茨在其《战争论》一书中指出："在战术上如同在战略上一样，数目上的优势是取胜的最普遍原则……战略中的首要准则是让尽可能多的军队开赴前线。"同样的道理，专利数目占据绝对优势是专利网战略奏效的基础。日本企业能在第二次世界大战后同欧美的专利战中守住阵地，便是得益于专利布局网战略的运用，所以日本人认为这是体现专利保护功能的最重要的专利战略。我国企业应围绕自己的基本专利不断进行开发，大量布局外围专利，构成严密的专利布局网。对处于劣势的企业，基本专利少，但可借鉴第二次世界大战后日本的专利战略，采取"农村包围城市"的方式，通过技术引进掌握国外的先进技术，再全力围绕这些技术主动进行应用性的开发研究，构筑外围专利布局网，突破欧美企业的技术垄断，变被动为主动。

3. 专利收买策略

对于发展中国家，大量引进发达国家先进技术不可避免。对于优势企业，购进专利可以进一步增强自己的技术优势，而对于我国处于劣势的企业，专利收买也是我们实施专利网战略的基础，因而专利收买战略也是最基本的专利战略之一。当然，最核心的技术通常很难买到，最终还是要靠自己的创新，所以，我国企业对引进的技术一定要吃透，能够消化吸收，进而提升自己的研发创新能力。

4. 专利许可策略

利用专利许可战略能够发挥专利的创收功能。据有关资料，2002 年 IBM 公司的知识产权许可收入达 17.5 亿美元，占当年盈利的 15% 以上。因此，对于我国技术实力较强的企业，可以采取主动、灵活的专利许可策略，这样可以为企业打开一条增值创收的渠道，增强企业的盈利能力，为企业的发展壮大贡献力量，另一方面，还可以起到限制被许可企业的研究开发成本及产品成本的作用。

5. 交叉许可策略

日本人认为，现在购买技术的货币不再是钱，而是等值的技术。没有企业能够开发所有的技术，一方面，对于优势企业，通过实施交叉许可战略可以进入他人的技术禁区；另一方面，对于劣势企业，交叉许可战略也是专利网战略的有力辅助之一，战后日本重建时期，日本企业正是凭借数量众多的小发明来换取欧美先进企业的核心技术。

6. 专利共享策略

运用专利共享战略也是战后日本企业迅速壮大起来的重要原因。专利共享是指两个或两个以上的企业达成交叉许可协议共享他们的专利，这样使得参与专利共享的企业可以在互惠基础上交替自由使用共享各方提供的专利技术。这样可以减少各方的研究开发成本，避免大量重复引进，从而形成"共赢"的局面。面对国外各大跨国公司的大举进攻，我国各行业企业都应有这种互利共赢的意识，紧密团结，共同进步，以提高整个行业的整体竞争力。

7. 专利诉讼策略

我国属于大陆法系，本不像英美法系国家那样公民都有"好讼"的传统。而在专利战争中，诉讼不仅仅是作为一种维护自身权益，获取赔偿的手段，更大程度上是作为一种限制市场准入、打压竞争对手的有效武器。更有甚者，通过事先布下的"专利陷阱"，将诉讼作为一种盈利的手段。我国低压电器制造企业正泰集团曾在短短几年内被竞争对手施耐德电气 24 次告上法庭，给企业造成了难以估量的损失。在专利竞争愈演愈烈的今天，我国企业必须对诉讼战略有足够的重视。

8. 专利标准化策略

通常认为，技术标准化策略是指一种围绕标准而制定的专利总体谋划，它能够使企业在专利竞争中处于整体上的有利地位。具体而言，就是指通过将专利技术运用到技术标准中，在技术竞争和市场竞争中谋求企业利益最大化的一种策略。

13.2　企业专利运用战略分类

专利战略的选择与企业的技术实力、经济实力和市场竞争地位密切相关。企业的技术、经济实力不同，采用的专利战略也不同。专利战并不仅仅是一方起诉、一方无效的法律程序，它更多的是一种综合性的策略设计。

一般来说，专利战略主要分为三种：一是进攻型专利运用战略；二是防御型专利运用战略；三是混合型专利运用战略。

1. 进攻型专利运用战略

具有较强经济实力、技术上处于领先优势的企业通常采用进攻型专利战略，即利用与专利相关的法律、技术、经济手段，积极主动地开发新技术、新产品，并及时申请专利取得法律保护，抢先占领市场，维护自己在市场竞争中占主动的优势地位和垄断地位，以获得最大的市场占有份额。

进攻型专利运用策略以专利转让、专利许可、专利标准化为主，以专利诉讼和专利潜伏为辅助。该类企业技术创新实力较强，对技术发展趋势把握较好，善于发现市场变化中的技术空白，利用其技术优势，快速掌握技术专利，但由于技术的成熟度和专利实施资金等发展障碍，专利多以转让形式交易出去，对于其中成熟度较高的，可以许可给加工制造业企业实施。进一步，就是利用专利阻止竞争对手相关产品的生产研发，通过诉讼打击竞争对手或者收取高额的专利许可费，让竞争对手的产品在市场上失去竞争力。最后就是纯粹利用已有的自己不会实施的专利收取额外的专利许可费。

现在国外各大跨国公司实施的就是十足的进攻性专利战略。例如IBM，一年的专利许可费就可收入20亿美元。这样的企业基本上用不着专利防御，因为它拥有巨大的专利库，具有专利阻吓功能，没有相当专利储备的企业不敢起诉这样的公司。2003年，美国的SCO起诉该公司侵犯了专利权，换来的就是一大堆的侵权反诉。正如有的专家指出的：让你一辈子为你的起诉决定后悔，但愿自己从来就不认识"专利"两个字。

2. 防御型专利运用战略

经济实力较弱、技术上不具有竞争优势的企业通常采用的是防御型专利战略，即利用对专利技术的二次开发、技术引进、专利对抗、专利诉讼等方式抵御竞争者的专利攻势，打破竞争者的技术垄断，以改变自己在竞争中的被动劣势地位，捍卫和开拓自己的市场。

防御型专利运用策略以专利收买、专利共享、专利无效为主，以来自技术改造或工艺改进等生产环节的专利产业化为辅。

韩国、中国大陆的企业现在基本上处在这个阶段上，所区别的是韩国的企业已经有了相当的专利储备，而且有了专利战略和专利战的"实战经验"，而中国企业的状态却是在知识产权储备上一贫如洗，极少有企业制定了专利战略。可以说，中国的零专利企业制定的只能是纯粹的防御战略，在这样的战略中，法务人员是专利战略制定和实施的主角。

3. 混合型专利运用战略

两种基本分类以外，还有一种就是混合型专利战略，攻中有守、守中有攻，韩国的一些企业实施的就是这样的战略。例如韩国的 LG，一方面它面临美、日企业的专利进攻压力，另一方面也参加 6C 对中国企业索取专利费的活动。在专利文化成熟的国家和地区，专利战略上纯粹进攻和纯粹防守的企业不多，大多是混合型的。

该类企业往往兼顾传统产业和新兴产业，专利运用策略以专利购买、专利许可和专利无效为主，以自主实施和许可他人实施的专利产业化为辅。

对中国企业来说，跟进型的专利开发战略也值得推荐。正如跟进型的营销战略一样，跟进专利战略也可以规避经营危险，减少资金投入，同时又能获得相当的利益。由于资金和经济实力有限，中国的企业没有必要开发领先的专利技术。在研发方面只要跟着主流技术走，开发主流专利技术的外围专利，然后寻求交叉许可，就可以获得一定的生存空间。

与跟进型的专利开发战略相配合的是技术引进战略。中国大陆企业在专利技术开发战略中，应将技术引进（包括专利许可和专利收购等）放在突出的位置。企业适时引进技术，能够缩短与技术领先企业之间的距离，节省研究开发经费，取得良好经济效益。如美国杜邦公司为发明尼龙用了 11 年时间，耗资 2500 万美元，而日本东丽公司引进该项专利技术只投入了 700 万美元，投产后 2 年内却净得利润 9000 万美元。

但企业也不应采取单纯引进的方式，应在引进技术中实施跟进型的专利开发战略，以达到"以小制大"的目的。在这一点上，日本的经验很值得中国企业借鉴。

日本在第二次世界大战以后从一个战败国迅速发展成现在的经济强国，就是成功地运用跟进型专利战略的结果。在 20 世纪五六十年代，日本主要采用的是购买、引进等防御型专利战略并大量申请改进专利、实用新型专利等外围专利，它们大部分是作为"专利篱笆"而出现的。"专利篱笆"的作用是很明显的，原企业基本发明完成后如果忽视以后的开发，基本专利的权利就会变成孤立状态，会受到改进发明或应用发明的侵入，被日本企业的"专利篱笆"包围起来。无论是改进专利还是实用专利，只要应用适当，也具有不次于基本专利的威力。在制造某种专利产品或采用某种专利方法时，如果必须采用这些外围专利，那么在此时，"专利篱笆"具有强大的威力。

这一战略使日本科技得到迅速发展，到 20 世纪八九十年代，日本根据其本国发展实力，调整了专利战略，变单纯防御型为攻、防结合型。这些专利战略的成功实施，使日本成为当今世界经济强国。中国企业的专利战略也要随着企业的发展而不断调整，以适应迅速发展的科技和激烈竞争的市场的要求。

13.3　以专利分析为视角确定企业
专利运用战略技巧

专利权人经济利益的实现，取决于专利权人对专利的运用策略，包括专利转化方式、范围、数量等多种考量因素。通过专利分析能够帮助企业规避掉很多专利风险，充分利用专利的各种规则，搞清竞争对手的专利运用策略，设计出针对自己的专利运用战略，为产品销售保驾护航。

以专利分析为视角，能够通过反向工程厘清不同类型企业的专利运用战略。一方面能够认清自身企业所处的位置，便于安排下一步的专利运用战略；另一方面能够看清竞争对手的专利规划，便于下一步的专利防御/进攻；另外，还能从相同产业企业的成功专利运用案例中学习。

具体而言，以专利分析为视角对企业的专利运用战略进行分析的步骤，可以分为以下四步走。

第一步，以技术路线图、专利技术地图的线性分析为切入点，着重分析技术路线、重点技术、技术生命周期、产业发展方向等因素。

例如，技术发展路线中的关键节点所涉及的专利技术不仅仅是技术的突破点和重要改进点，也是在生产相关产品时很难绕开的技术点。但是在寻找这些技术节点时，需要行业专家花费大量的时间勾勒出这个行业的技术发展路线图，然后按图索骥找到这个行业的关键技术点。

第二步，以专利引用频次、专利无效次数、专利许可次数、科学关联系数、专利评估价值分析为分析手段，综合依据专利的重要程度，依次确定专利等级。

一般而言，被引频次较高的专利可能在产业链中所处位置较关键，可能是竞争对手不能回避的。因此，被引频次可以在一定程度上反映专利在某领域研发中的基础引导性作用。通常情况下，专利文献公开时间越早，则被引证概率就越高。因此，引入专利存活时间相同的专利文献的平均被引频次水平作为参照，以消除不同专利存活时间带来的影响。此外，很多国家的专利没有给出引用信息，或引用信息不可检索。就美国专利而言，其专利制度中规定专利公告时要充分揭露该篇专利的重要相关引用专利和文献，因此对于美国专利数据库来说，可以提供较为完整的专利引证信息，而中国内地的专利制度并没有此项规定。

第三步，以专利申请数量、专利授权数量、专利储备数量为参照，以重要专利、基础专利、核心专利、外围专利、分析为入口，分析技术开创型企业、先导型企业和领先型企业，进一步分析核心技术企业、二次创新企业、技术跟随型企业，并建立各种类型企业的相关的专利战略模型。

例如，技术引领企业的主要特点是具有领先的技术创新能力。领头企业等市场主导型企业由于具有资金、技术和先发优势，大多数情况下也是技术引领型企业。技术引领型企业往往依据自身的核心专利构建"围栏式"专利布局，除此之外，还积极推动行业标准的建立，将技术标准化与专利相结合，力图倡导一种新理念的技术领域竞争和技术许可贸易的新规则。如 DVD 产业中的飞利浦公司，自从 1972 年最先开发出激光视盘 LD 技术后，一直是 CD、DVD 和蓝光 BD 技术的标准制定者。

第四步，划定企业自身或主要竞争对手的专利策略类型（进攻、防御、攻防兼备），采用"自身对比标准""他人对比标准"和"自身对比他人"等比较法，对竞争对手的专利运用战略针对性地进行攻防或模仿，对自身的专利运用战略进行合理的设计和规划。

例如，技术跟随型企业往往利用外围专利进行专利布局，其专利申请的目的多维参与市场竞争与合作。如 DVD 6C 专利联盟的成员中，专利池中除了掌握核心专利的 9 家理事成员企业外，其余百家企业多属于技术跟随型企业，无论从产业控制力还是专利影响力方面，相对于技术引领型企业的差距很大。技术跟随型企业虽然专利强度相对较弱，但是其专利布局策略和方法以及融入产业的方式，还是值得在专利分析时进行深入研究的，能够总结经验供国内企业参与国际竞争时借鉴。

13.4 企业专利运用战略分析案例

案例 13 - 1：

【分析项目】增材制造产业专利分析报告①。

案例设置目的：通过了解产业优势企业的专利布局战略以及后进企业如何制定专利进攻战略。

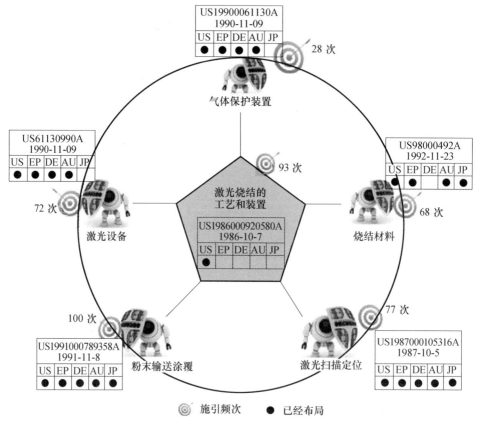

图 13 - 1 DTM 公司激光烧结专利布局模型

第一阶段：分析出技术领先企业的专利运用战略

_____

① 杨铁军. 产业专利分析报告（第 18 册）［M］. 北京：知识产权出版社，2014.

　　第一步，通过专利前引用分析手段结合技术路线图分析手段，分析出技术领先型企业的核心专利技术和基础专利技术。

　　通过引证指数和同族专利数量去确定基础专利和核心专利。例如，图显示了 DTM 公司对 SLS 激光烧结技术的专利布局策略，为典型的"围栏式"专利布局，即拥有核心专利技术——激光烧结的工艺和装置，利用美国优先权抢先占领专利市场。

　　第二步，确定技术领先型企业外围专利的布局分布情况。

　　从整合产业链专利技术着手，定性地分析技术路线图上的各技术分支，通过定量地分析专利数量、引用频次、科学关联性、专利产出效率等因素，得出外围专利布局。例如，DTM 公司以核心专利为中心通过激光设备、粉末输送涂覆装置、激光扫描定位设备、气体保护装置等辅助设备和烧结材料等将核心专利包围起来，用围栏式的专利群进行全方位的外围专利布局（图 13 - 1）。虽然外围的专利的技术含量可能无法与核心专利相比，但是通过对外围专利的合理组合，一定可以对竞争者的技术跟随造成一定的麻烦。

　　第三步，通过专利后引用分析确定技术领先型企业专利被引用情况、分析专利许可情况和专利侵权情况。

　　通过施引频次的统计，如果被引频次较高，一是说明该项专利在产业链上所处位置较为重要，竞争对手不好回避；二是说明被引专利在研发中的基础性和指导性作用[1]。由 DTM 专利布局图可以看出，在被施引频次最多的是粉末输送涂覆装置（100 次）和核心专利 SLS 工艺的施引频次（93 次），对激光装置、粉末材料和扫描定位的施引频次接近（70 次左右），对气体保护装置关注较少。

　　第四步，确定技术领先型企业最容易被攻击点和防御重点。

　　经过对粉末输送涂覆重要专利（申请号为 US1991000789358）分析发现，DTM 公司对粉末涂覆辊子进行了较为严密的专利布局，竞争企业难以绕过，只能在此基础上通过粉末涂覆刮板等替代方式进行突围。

　　另外，通过技术领先型企业的专利运用战略分析还能看出各个专利布局点，如 DTM 公司该专利的申请时间和进入主要国家和地区的情况，能够得知该公司专利进入的主要针对区域。可以发现，DTM 公司除了在美国、欧洲、日本、德

---

① 李清海，等. 专利价值评价指标概述及层次分析［J］. 科学研究，2007（2）.

国进行专利布局外,还针对澳大利亚市场进行专门的专利布局,说明3D打印产业在澳大利亚开展较早,且已经具备一定的产业规模。

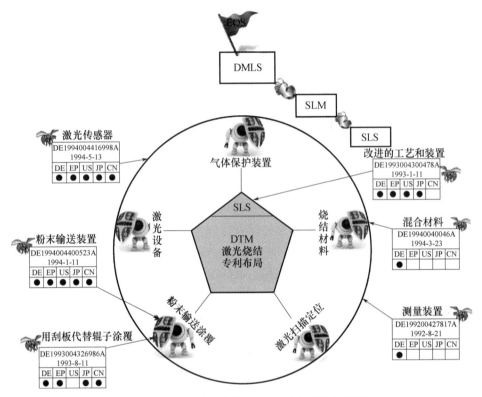

图13－2　EOS公司突破DTM公司专利壁垒模型

第二阶段:分析技术追随型企业"反客为主"的专利运用战略

(1)根据上述前三步,结合自身情况,用SWOT分析法确定专利进攻方向。

作为初期的技术跟随型企业,EOS公司通过以各种不同的应用包围跟随对手的核心专利,就可能使得核心专利的价值大打折扣或荡然无存,这种专利突破方式特别适合自身技术尚不完善,研发和资金实力不足,主要采取"跟随型"研发策略的早期的EOS公司采用。

(2)围绕外围布局的某一点进行重点布局,撬动技术领先型企业的市场份额。

经过专利分析和不断的试探,结合自身的研发优势,EOS公司最终选择了粉末涂覆装置这一外围布局点作为突破方向。

（3）力主与技术领先型企业制定专利交叉许可战略，取得对方的核心专利使用权。

由于粉末涂覆装置这一外围布局点作为突破方向，并依托于技术优势和后期的市场推广，赢得了利用刮板代替 DTM 公司粉末涂覆技术的先机。

分析论之，在对付 DTM 公司的外围专利布局策略上，采取"点面结合""战略性放弃"的进攻策略。因为 DTM 公司占据核心专利的有利位置，EOS 公司利用事务之间相互制约的关系，避实击虚，需找机会攻击 DTM 专利布局的薄弱环节——攻其必救，占据 DTM 公司在外围专利的必经路线，逼迫对方进行专利交叉许可，从而以最低成本获取激光烧结核心专利的使用权，这正是专利三十六计中"围魏救赵"一计的精华所在①。

（4）以核心专利为依托，制定新的研发方向，并进行专利布局。

实施这种方案，需要企业对核心专利的敏感度足够，并能迅速跟进，在该专利（SLS）（申请号为 DE1993004300478）的基础上进行改进或改良（SLM），并最终建立属于自己的技术体系（DMLS），完成了"源头开花"的原创性专利的开发，实现技术的跨越式发展。

（5）通过事实标准确定自己新技术方向的市场地位。

（6）围绕自己的新标准制定专利布局，从而全面完成对原技术领先型企业的全面超越。

对粉末输送涂覆装置和粉末烧结材料进行针对性的重点突破，并在 DTM 公司没有进行针对性布局的测量装置和激光传感器方面进行战略性专利布局，对于气体保护装置在前期则没有布局，后期利用自己与瑞士的 FHS 圣加伦应用科学大学 RPD 研究所合作申请的 PCT 专利 WO2007000069A（优先权日为 2005 年 6 月 27 日），完成了其 EOSINT M280 产品中集成保护气体管理体系的建立。

案例 13 - 2：

【分析项目】智能电视产业专利分析报告②。

案例设置目的：分析新进入型企业如何运用专利战略对抗产业巨头的运用战略。

①　董新蕊. 专利三十六计之围魏救赵［J］. 中国发明与专利，2014.
②　杨铁军. 产业专利分析报告（第 8 册）［M］. 北京：知识产权出版社，2013.

根据迈克尔·波特的"五力模型"，潜在竞争者或新型进入者的威胁是一个重要因素。通过研究专利动向发现产业新的进入企业，分析其研发方向和经营模式，有助于改进现有产业内企业发展的不足，即使调整发展方向和策略。此外，一些新进入型企业在某一领域具有特殊的创新能力，如苹果收购的 2007 年才创建的小公司 Siri 公司，凭借在语音输入和控制方面掌握着核心专利技术，成为这一领域的技术领先型企业。

综上所述，分析大型企业收购新进入型企业的专利策略总结为：

第一步，通过对技术路线图进行梳理，结合敏锐的市场判断力，找到未来的市场热点。

例如，苹果公司凭借乔布斯的个人创新能力推出 iPhone 之后，需要对其智能功能进行不断的完善，这时位于技术路线图上的智能语音识别技术自然就摆上了日程。

第二步，在自身研发实力短时间内难以支持自己的市场计划时，通过专利技术追踪，找到相关领域的佼佼者，用"瞒天过海"等策略隐瞒自己的真实目的，与相关企业达成合作意向。

2007 年才创建的小公司 Siri 公司，凭借在语音输入和控制方面掌握着核心专利技术，成为这一领域的技术领先型企业。苹果公司在收购了 Siri 公司之后，立即在 iPhone4S 手机上推出了该项业务。

第三步，进行全面检索，争取提前找到其替代技术或相关企业，进行抢夺性收购或进行主动性提前防御。

案例 13 - 3：

【分析项目】智能电视产业专利分析报告①。

"智者千虑，必有一失"。在与深圳惟冠的"iPad"商标之争败诉后，由于没有做好相关的全面检索工作，苹果公司在 Siri 技术上，在中国也遭遇到了打击。

2012 年 6 月，苹果公司迎来了一家中国公司的专利诉讼，诉讼发起人为智臻网络科技有限公司，诉讼对象为苹果的 Siri 相关专利技术。智臻网络科技有限公司推出产品"小 i 机器人"并获得相关专利 ZL200410053749.9（一种聊天机

---

① 杨铁军. 产业专利分析报告（第18册）［M］. 北京：知识产权出版社，2014.

器人系统）的专利权后，苹果公司收购了 Siri 公司并向美国专利商标局申请了
Siri 技术的相关专利，但目前未获得相关专利申请的专利授权，由于 Siri 同样
涉及智能助理服务，智臻网络认为苹果 Siri 技术侵犯了 ZL200410053749.9 相
关专利权，并于 2012 年 5 月向苹果公司发出律师函，希望通过协商解决专利
纠纷，并于 2012 年 6 月 21 日向上海某法院提起专利诉讼，目前案件还在受理
阶段（见图 5 - 8）。

与此同时，苹果公司于 2012 年 11 月向国家知识产权局专利复审委员会提出
申请，请求宣告"小 i 机器人"的 ZL200410053749.9 专利权无效。2013 年 9
月，国家知识产权局专利复审委员会作出决定，维持"小 i 机器人"相关专利
权有效。苹果公司对此不服，于 2014 年 10 月 16 日向北京市第一中级人民法院
提起诉讼，起诉国家知识产权局专利复审委员会，要求宣告"小 i 机器人"专
利无效。

无论最终结果如何，作为新进入型企业 Siri 公司和上海智臻网络都充分利用
了专利技术进行市场保护和拓展，并结合自身特点进行最有利的保护，值得相
关企业参考学习。

第 14 章　专利分析报告的撰写

专利分析报告是在专利分析完成后，对整个专利分析的背景、目的、意义、分析内容、分析方法以及通过分析得出的结论等内容的总结性的文件。专利分析报告是呈现给专利分析委托人的一份逻辑清晰、有理有据的专利分析文件，使委托人以此为参考，制定相应的战略政策。

一份专利分析报告是专利分析的"果实"，也是其他人员了解专利分析工作和分析人员意图的主要途径。一份专利分析报告要符合"酸、甜、苦、辣、咸"的五味，才能奉献一份完美的、合乎口味的"情报大餐"，即要求分析结论要精勿多，可读性强简洁有效，不要创造太多难懂晦涩的词语，报告图表可读性要强，结论要基于数据、实事求是。

14.1　专利分析报告撰写的总体要求

专利分析报告是呈献给委托人的关于某领域或者某技术的最终的专利分析文稿，作为影响企业或者委托人战略决策的重要参考依据，虽然体现了专利分析师的思维角度，但是在撰写时要考虑报告阅读人的角度进行换位思考。因此除了要求文笔流畅、结构严谨、实施客观、视角独特之外，在撰写时有严格的要求，表现在：

（1）结构上要求完整有条理。专利分析报告有完整的框架，前后呼应，有理有据，完整紧凑、条理清晰的专利分析报告才能让人信服、认同。

（2）内容上要求准确严谨。严格按照检索数据和分析数据来撰写，不能为了得到某个结论杜撰数据，一是一，二是二，确保呈现给委托人的是准确的严谨的专利分析数据。

（3）结论要求客观公正。专利分析的结论应该是严格按照专利分析数据得出的，专利分析的结论要站在公正的立场得出，推测的内容要有理有据，有推导的过程，不应出现带有个人偏见、个人感情色彩的结论性意见。

（4）行文要求谨慎简练，术语要统一。对于浅显易懂的内容简略写，不为了凑篇幅而出现大段的啰嗦的废话，对于重点的难于理解的内容，要不惜笔墨，详细分析阐述，尤其对于检索用语、专业术语或者专业符号的使用要注意，针对不同的受众要尽量使用大家看到懂的表达方式，避免出现太多看不懂的内容；用语要谨慎，不带有不确定的内容和不确定的用语，以免破坏委托人对报告的认可度。

14.2　专利分析报告的撰写过程

（1）撰写准备。第一，拟定专利分析报告的提纲，这在专利分析课题确定之初就应该完成，参照一般报告的习惯形式，按照委托人的需求编写提纲，经与客户沟通协商后确定。第二，建立主题，根据分析报告提纲涉及的内容，确定检索方向，建立主题；第三，制作图表，并对图表进行分析，提出分析意见和结论。

（2）撰写概述。第一，包括专利分析项目的背景，主要阐述该专利分析项目产生的原因、目的和要求；第二，包括确定技术领域，即该专利分析报告涉及的技术领域，要分析的技术范围；第三，确定检索的方法，简单介绍一下检索的思路、方法以及要用到的检索的数据库等；第四，确定数据范围，说明该专利分析报告所用的数据的国别、年限等。

（3）对专利分析内容的记录和分析。这是专利分析报告中的重点，对专利分析的技术进行检索完成后，利用专利分析软件对数据进行加工，得到想要的分析图表之后，将图表以及对图表的描述和分析撰写到专利分析报告中，为得出最终的专利分析结论提供依据。专利分析的图表是根据需要制作和分析的，一般包括整体趋势分析、地域性分析（包括不同地域的专利保护发展趋势、保护差异、不同地域的申请人构成等）、申请人分析（包括竞争对手专利保护的重点、技术发展的侧重和方向，以及委托人与竞争对手的差异）、重点技术分支的具体分析等，对于每种分析配合一幅或者多幅图表，并针对图表进行文字的说明，对于图表中显而易见的内容可以简写，对于图表中不能明显看出或者需要推导得出的重要内容重点撰写。此外，对于图表的绘制形式处理要清晰明了，适当的创新也很重要，为了清楚明确的表达专利分析的信息，突破现有常规的图表样式，设计几个新颖的图表，将使得专利分析报告增色不少甚至成为整个专利分析报告的亮点。

（4）总结评述。分析完成后对各个分支进行总结，并对整个专利分析过程做总的总结。

（5）提出建议。根据前述的分析总结的内容，提出建议。这是专利分析的精髓，是委托人最直接希望得到的结论性的内容。一般包括竞争战略建议（如企业未来竞争对手的技术性、地域性特征）、创新战略建议（企业发展的技术创新方向和重点）以及专利战略建议（如何保护自己的专利技术、规避专利纠纷且利用公开的技术发展自己的专利）等，建议的内容应紧密结合分析的结论得出，而不是按照想象或者委托人的期望随意发挥。

（6）统稿整理。包括报告全文的格式的统一、目录、附录的添加，引用文献的标引，并规范用语、避免错别字等。在保证严谨客观的基础上，能呈现一份整洁、漂亮的报告，也是委托人希望看到的。

总之，专利分析报告的撰写虽然不是整个专利分析过程的重中之重，但却是对整个专利信息分析过程的表达，是整个专利分析团队智慧的结晶，专利分析过程做得再完美，但是表达不好也会影响专利分析报告的可靠性和实用性，所以专利分析报告的撰写也至关重要。

案例 14-1：增材制造专利分析报告的结论和建议

3D 打印技术已成为时下最热门的技术，其应用领域正随着技术的进步而不断扩展。鉴于中国是世界制造业第一大国，装备制造业在国民经济中属支柱型产业，国家知识产权局组织人员针对我国制造业影响较大的 3D 打印技术的专利现况及风险进行了分析。研究表明：虽然 3D 打印技术发展前景确有不明朗因素，短期内无法替代颠覆传统制造业，但该技术仍具有广阔的发展前景，从我国装备制造业在国民经济中所处的地位及 3D 打印技术对其的影响考虑，建议对 3D 打印技术给予高度重视，在科学、有针对性地实施政策和资金扶植的同时，做好国内外专利动态的分析研究和预警工作。

截至 2013 年 6 月底，在装备制造业领域，全球涉及 3D 打印技术的专利申请达 3000 余项，其中，美国的申请量最大，占 3D 打印专利全球申请总量的41.7%；日本和德国次之，分别为 23% 和 13%；中国为 7.9%，暂居第四位。由此可知，在装备制造业领域，美、日、德、中四国拥有 86% 的 3D 打印技术申请总量。在申请人方面，专利申请量排名前十位的均为国外公司，排名前两位的是美国的 3D Systems 公司和 Stratasys 公司，第 3 位是德国的 EOS 公司。其中，3D Systems 公司已经覆盖了从数据离散、材料到加工手段以远程服务等 3D 打印技术领域的全产业链，而且注重公司的专利布局，通过公司研发、并购公司、购买专利等手段对 3D 打印技术的全领域进行专利布局；而 Stratasys 公司在 3D 打印的关键技术——添加剂材料方面表现非常出众。专利数据分析表明，美国在 3D 打印技术领域占据绝对领先的霸主地位，同时还表明，3D 打印技术的各个国际行业巨头公司对于目标市场均有较严密和针对性的专利布局，中国即是其中之一，只是目前的专利申请数量还不高。

在我国受理的装备制造业领域的专利申请中，在申请量方面，国内专利申请占申请总量的 45.9%，国外在华申请的主要国家是美国，其申请量占申请总量的 49%，之后依次是德国、荷兰、日本及瑞士等；在申请人方面，申请量排名前 10 位的申请人中，有 8 位是国内申请人且主要是高校，研能科技股份有限公司是唯一进入前 10 位的国内企业。3D 打印技术的专利申请中，发明专利申请占绝对主导地位，处于有效状态的专利申请量占总申请量的 70%，处于失效状态的专利申请尚不足专利申请总量的 10% 且失效专利主要是国内专利申请。

就装备制造业而言，从全球和国内专利申请状况来看，3D 打印技术在 20 多年的发展中，专利申请量并不算多，根本原因在于至今该技术本身仍存在尚未攻克的技术瓶颈，主要包括打印材料的多样性方面，成型效率、精度和稳定性方面，成本方面、产业环境方面等，距离产业成熟阶段尚有较大距离，因此，限制了这项技术在国内的影响力。从综合经济效益来看，其还处于整个制造业的边缘，即使随着技术的不断突破，逐步渗透至主流制造业，也只能成为制造业的一部分。

国内、外专利申请状况的对比表明，就制造业的 3D 打印技术而言，我国拥有相当数量的专利申请，并且，在某些技术（如激光近成形技术等）的研发方面已接近先进水平，已在全球 3D 打印技术领域占有一席之地。但是，我们也应清楚地看到，总体而言，我国 3D 打印技术在产业链的完整度（特别是材料、软件、关键部件的研发）、国内企业的参与度、对全球制造业市场的专利布局等方面，与美国等主要国家存在一定差距。

综上，从目前的专利申请状况来看，3D 打印技术的风险来自两个方面，即技术风险和专利风险。其中，技术风险主要来源于 3D 打印技术自身瓶颈所导致的不确定和不可测因素，相关政府部门应冷静、客观地看待此项技术，对该技术的表态和扶植应保持谨慎；专利风险主要来源于目前以美国为首的世界主要发达国家正在积极地开展相关技术的研发工作，从中长期来看，3D打印技术在全球发展前景广阔，结合装备制造业在国民经济中所处的地位以及3D打印技术对制造业的影响考虑，一旦技术瓶颈被攻克，来自国外的专利风险必然陡增，进而会对我国的装备制造业及相关产业带来巨大的影响和冲击，不排除有重塑世界制造业格局的可能性。

针对于此，课题组认为：

（1）3D打印技术是值得我国政府高度重视的具有战略性特质的新兴产业，政府对此项技术确有从政策、资金等方面给与扶植的必要，以切实提升我国3D打印的技术水平和推广应用，弥补中国3D打印产业的短板和软肋。

（2）针对国内科研单位，建议引导并扶植其技术向知识产权的转化以加快专利布局工作。

（3）相关政府部门（特别是知识产权管理部门）应积极跟踪国际打印技术的发展动态，适时做好相关的专利预警工作，监控国内外主要区域和主要竞争机构的专利申请动态和布局情况，及时为国家、企业提供技术发展和知识产权保护的相关信息，并根据实际情况考虑在法律框架允许的情况下出台相应的政策和对策。

14.3 专利分析报告框架的设计案例

由于各行业、产业或企业选择的研究内容和研究方法存在一定的差异，因此在专利分析报告撰写的框架设计时也不一定完全按照特定的模式来规划，应当体现自己的特色和研究重点。下面列举几例来进行说明（表14-1、表14-2）。

表14-1 农业机械行业专利分析报告框架

目录	内　　容
第1章	研究概况
1.1	研究背景
1.1.1	技术现状
1.1.2	产业现状
1.2	研究对象和方法
1.2.1	技术分解表

（续）

目录	内 容
1.2.2	数据检索与处理
1.3	术语说明
第2章	农业机械领域全球专利分析
2.1	全球专利申请总体态势分析
2.1.1	专利申请量趋势分析
2.1.2	专利申请地域分布分析
2.1.3	专利申请技术构成分析
2.2	全球专利主要申请目的国分析
2.2.1	日本
2.2.2	美国
2.2.3	中国
2.2.4	俄罗斯
2.2.5	德国
2.2.6	法国
2.2.7	英国
2.2.8	专利技术的国际交流
2.3	全球专利主要申请人分析
2.4	申请人排名
2.4.1	主要申请人申请量趋势分析
2.4.2	主要申请人技术构成分析
第3章	铧式犁专利申请分析
3.1	全球及中国专利总体态势
3.1.1	全球专利申请趋势及发展阶段
3.1.2	中国专利申请趋势及法律状态
3.2	技术发展路线
3.2.1	技术发展阶段
3.2.2	铧式犁关键技术点
3.2.3	专利技术发展路线分析
3.2.4	各部件关键技术点分析
3.2.5	技术－功效矩阵分析
3.3	各技术部件专利布局对比

（续）

（续）

目录	内 容
5.2	技术发展路线
5.3	技术发展分析
5.3.1	联合收割机各结构申请情况总括
5.3.2	各技术结构发展趋势分析
5.3.3	技术集中度分析
5.3.4	技术－功效矩阵分析
5.4	主要专利申请人分析
5.4.1	全球重要申请人排名情况
5.4.2	全球重要申请人简介及近年专利申请情况
5.4.3	全球重要申请人合作申请情况
5.4.4	全球重要申请人并购情况
5.4.5	在中国的主要申请人排名
5.4.6	国内重要申请人情况简介及专利申请情况分析
第6章	久保田专利技术分析
6.1	株式会社久保田简介
6.2	久保田联合收割机专利布局的具体情况
6.2.1	久保田在全球专利申请情况
6.2.2	久保田在中国专利申请情况
6.2.3	久保田联合收割机各机构专利布局情况
6.2.4	久保田合作申请情况分析
6.3	研发团队分析
6.4	专利研发特点分析
6.4.1	内部输送机构
6.4.2	切割机构
6.4.3	行走动力机构
6.4.4	控制机构
6.4.5	清选、分离机构
6.4.6	脱粒机构
6.4.7	其他机构
第7章	收获机械领域技术研发空间研究
7.1	技术研发空间研究方法

（续）

目录	内容
7.1.1	作物种植区域划分
7.1.2	收获机械产业发展情况分析
7.1.3	技术研发空间研究路线
7.2	各作物种植区域的技术研发空间研究
7.2.1	东北平原主产区
7.2.2	黄淮海和汾渭平原主产区
7.2.3	长江流域主产区
7.2.4	华南主产区
7.2.5	甘肃新疆、河套灌区主产区
7.2.6	技术研发空间和市场发展趋势综合分析
第8章	重要专利筛选和技术改进方法研究
8.1	重要专利的筛选
8.1.1	重要专利筛选的意义
8.1.2	重要专利评价标准
8.1.3	重要专利评价指标
8.1.4	重要专利综合筛选流程
8.1.5	重要专利筛选的实例
8.2	技术改进方法研究
8.2.1	技术改进的重要性
8.2.2	专利侵权判定的方法
8.2.3	技术改进路线
8.2.4	技术改进实例
第9章	结论
9.1	专利技术缺乏核心竞争力
9.2	联合收割机领域面临专利侵权风险
9.3	铧式犁和气力式播种机领域存在研发空间
9.4	我国农机行业应当学习借鉴国外专利申请和布局策略
9.5	我国农机行业应当深化农机与农艺的融合
9.6	我国农机企业可根据自身情况借鉴国外企业并购策略
图录	
表录	

表 14－2 增材制造行业专利分析报告框架

目录	内 容
第1章	研究概述
1.1	研究背景
1.2	技术发展过程
1.3	3D 打印原理
1.3.1	离散过程
1.3.2	堆积过程
1.4	技术分解
1.5	数据检索及处理
1.5.1	总体检索策略
1.5.2	各技术分支的检索策略
1.6	相关事项和约定
1.6.1	主要申请人名称约定
1.6.2	术语约定
第2章	3D 打印技术专利总览
2.1	3D 打印技术全球/中国专利申请分析
2.2	专利区域分布
2.3	技术分支专利申请分析
2.4	国内外主要申请人
第3章	选择性激光烧结（SLS）和选择性激光熔化（SLM）技术专利申请分析
3.1	发展历史
3.1.1	选择性激光烧结（SLS）
3.1.2	选择性激光熔化（SLM）
3.2	全球专利分析
3.2.1	申请趋势分析
3.2.2	技术生命周期分析
3.2.3	首次申请人国家/地区分布
3.2.4	目标国家/地区分析
3.2.5	申请人分析
3.3	中国专利申请现状
3.3.1	申请趋势分析
3.3.2	技术构成分析

（续）

（续）

目录	内容
6.4	全球专利信息分析
6.4.1	申请量分析
6.4.2	首次申请国家/地区分析
6.4.3	申请人分析
6.5	中国专利信息分析
6.5.1	申请量分析
第 7 章	激光近净成型（LENS）专利分析
7.1	全球申请情况分析
7.1.1	全球申请趋势分析
7.1.2	全球申请分布情况分析
7.2	中国专利申请分析
7.2.1	发明人申请人分析
7.2.2	歼 15 起落架的专利应用分析
7.2.3	C919 中央翼缘条的专利应用分析
第 8 章	直接金属烧结 DMLS 专利分析
8.1.1	专利溯源——DMLS 的起源
8.1.2	专利技术对于 DMLS 的支撑
第 9 章	EOS 公司专利布局分析
9.1	EOS 公司发展历史
9.2	EOS 公司全球专利申请趋势分析
9.3	EOS 公司专利布局策略
9.3.1	地域专利布局分析
9.3.2	多边专利申请＋单边专利申请的模式
9.3.3	合作申请
9.4	EOS 公司专利发明团队分析
9.4.1	发明人排序
第 10 章	3D Systems 公司专利分析
10.1	3D Systems 公司简史
10.2	3D Systems 公司的专利特点
10.2.1	专利布局手段多样
10.2.2	专利布局覆盖范围广

（续）

第 15 章　基于专利分析报告的专利技术挖掘

15.1　专利挖掘概述

15.1.1　专利挖掘的内涵及分类

专利挖掘，是指在创意设计、技术研发、产品开发过程中，对所取得的技术成果从技术和法律层面进行剖析、整理、拆分、筛选，从而确定用以申请专利的技术创新点和技术方案的过程。这是高质量专利产生的前提，也是进行专利布局、组合的基础。

根据不同的考虑纬度和标准，专利挖掘可以划分为不同种类。

按挖掘维度的不同可分为：横向挖掘，例如产品自身结构的完善；纵向挖掘，例如产品上下游产业链的完善。

按挖掘对象的不同可分为：产品挖掘，包括产品的机械结构、位置关系、材料组分、含量等；方法挖掘，包括方法步骤、工艺参数、用途等。

按挖掘目的不同可分为：保护型挖掘、补强型挖掘、拦截型挖掘、预研型挖掘。

15.1.2　专利挖掘的现实意义

专利挖掘的意义在于：通过规范、有效的专利挖掘方法，使科研过程中潜在技术创新点显性化，进而通过专利的形式对其进行充分保护，最终使其成为企业宝贵的无形资产。概括来说，专利挖掘的现实意义主要表现在以下四方面。

1. 梳理技术创新成果

通过专利挖掘，结合企业技术研发重点和相关技术发展趋势，可以更准确地抓住企业技术创新成果的主要发明点。

2. 提升专利申请质量

在梳理主要发明点基础上，对专利申请文件的权利要求及其组合进行有效设计，从而避免专利申请的随机性和随意性，大幅度提升专利申请的综合质量。

3. 提前规避专利风险

通过专利挖掘，企业可全面梳理并掌握具有专利申请价值的主要技术点及外围关联技术，并尽早发现竞争对手有威胁的重要专利，便于企业及早在技术研发过程中进行规避设计，或采取专利包围等措施以减小专利风险。

4. 发掘未来竞争优势

专利挖掘不但可以帮助企业增强已有产品的竞争优势，同时还可以通过对未来技术的挖掘，抢占未来有发展潜力的专利技术，从而形成长期的技术竞争优势。

15.1.3 专利挖掘的实施主体

（1）企业研发人员：进行专利挖掘的人必然是对技术背景、技术研发现状都非常了解的人，优选企业一线研发人员。专利挖掘的重点是将可以申请专利的技术找出来，而不是将技术转化成专利，虽然企业研发人员可能对专利知识的了解有限，但他们对技术的敏感性较高，更容易把握专利挖掘的广度和深度，因此非常适合担任专利挖掘的执行员。

（2）企业专利工程师：企业专利工程师是专利挖掘工作的指导员，具有不可替代的作用。其要以全局性高度，统筹规划整个企业或某一具体项目的专利挖掘工作。通常，专利工程师需要完成四方面的工作：首先，制定并管理专利挖掘的实施计划；其次，以规范性方式引导研发人员围绕重点技术进行创新，并对形成的技术交底书进行把关和指导；最后，对专利代理人撰写的申请文件进行审核和把关，对整体代理质量进行评估和监控。

（3）其他岗位人员：一般情况下，企业研发人员和专利工程师是专利挖掘的主力军，但并不是说只有他们才能实施专利挖掘。实践表明，许多具有商业价值或技术价值并非出自技术人员之手，如卡拉 OK 打分系统，理论上，只要能发现潜在技术问题或者掌握用户的潜在需求，无论其处于哪个环节，均都有可能成为专利挖掘的起始点。例如：市场开发人员可以从客户口中了解他们对新功能的期待、产品质量管理人员可以从常规质量检查中发现产品缺陷，售后服务人员可以从客户投诉中发现共性的技术问题，甚至流水线上的普通操作人员也有可能成为更优方法和工艺的发现者和贡献者。从这个角度来看，其他技术相关岗位人员也是专利挖掘实施主体的良好补充。

（4）专利代理人：专利代理人主要负责将技术交底书转化为规范性申请文件。通常情况下，专利代理人仅在挖掘过程后期介入，一定程度上会影响其对技术创新点的理解深度，进而降低专利申请文件的撰写质量。具体实践过程中，也有企业采取专利代理人深度参与挖掘全流程管理或者将专利挖掘项目整体外包的情况，从而较好地提升技术沟通的完整性和效率。这种情况下，同样需要企业专利工程师对全局的整体把握和对代理机构的有效监督。

15.2　专利挖掘的基本思路

1. 技术问题导向

技术问题导向的动力源是"如何让产品的问题更少、品质更好"，其多数是为解决现实存在的技术问题而提出。

在企业的实际运营过程中，产品生产部门、技术部门、质量管理部门均有可能发现第一手技术问题，而那些具有改进价值的技术问题即可成为专利挖掘的原点。相关人员在现有技术及实际生产经验基础上，借助规范化的专利挖掘机制和流程的指导，以获得解决问题的技术方案。

2. 用户体验导向

用户体验导向的动力源是"产品如何给用户带来更好体验"，其多数是为满足不同客户个性化需求而提出，根据客户对最佳体验要求的不断升级来推动产品的迭代、技术的更新。

目前在某些专利优势企业中，专利挖掘的基本思路正在由技术问题导向向用户体验导向发生转变。在当前互联网工业高速变革的时代，互联网技术彻底打破了买卖双方信息不对称的状态，原本中心化中介化的消费格局逐步被以用户体验为中心的格局所颠覆，企业也在逐步由大规模制造向大规模定制痛苦转型。此时，想方设法满足用户个性化需求就变得极为重要，为用户创造最佳体验渐渐成为推动企业自主创新的重要力量。在这种模式下，用户可以参与企业产品的研发、设计、体验，从而为企业专利挖掘提供更广泛和更多元的创意源泉。

3. 生产流程导向

生产流程导向的动力源是"如何使产品的生产流程成本更低、运行更顺畅",从生产流程的重点环节、重点工艺切入,寻找有待挖掘的技术节点,最终确定需要进行专利保护的技术内容。

4. 全产业链导向

站在整个上下游产业链及技术链的高度捕捉待挖掘点,从产品构造、关键零部件、产品制造方法、产品外观设计、原材料、产品新用途等方面寻求突破。

5. 专利战略导向

对有一定专利数量积累的申请人而言,反思自身专利布局及组合现状,从中找到亟待补强的方面,重点针对与已有专利形成相互补充关系的技术点展开挖掘,从而形成更加全面、紧密的专利组合。

6. 市场竞争导向

针对竞争对手的特定产品,寻找其产品不足点或技术缺陷,以之作为切入点进行技术改进,挖掘出更多功能或更好效果的新产品。

15.3　专利挖掘的基本方法

1. 形成发明构思

专利挖掘工作开始的原点就是一个新的发明构思,实践过程中,专利挖掘的实施者大都是在上述挖掘思路的指引下,发现技术问题和待改进点,同时借助 TRIZ 理论、奥斯本检核表法、逻辑推理法、头脑风暴法等创新方法来探寻问题解决之道。形成发明构思的一般过程可以是:

（1）找到技术问题或者待改进点;

（2）明确要挖掘的技术主题的大致范围;

（3）以现有技术及实践经验为基础,借助创新方法,提出解决问题的技术方案,重点明确创新点及技术效果;

（4）完善技术方案,形成完整的发明构思。

2. 汇集发明构思

只有在数量可观的发明构思基础上,才有可能筛选出具有较高技术价值及商业价值的待保护主题，进而形成保护范围恰当、权利稳定的高质量专利。在汇集发明构思的过程中，还应注意以下三方面要点：

（1）需全面了解企业技术研发、商业运营状况，明确自身"优、劣"势，利用专利挖掘提升优势、补强劣势。

（2）需以开放的心态面对创新技术或发明构思，调动和激励广大员工投入专利挖掘的工作中，不仅收获更多的具有商业价值的专利技术，而且还可以大幅提升企业员工的专利意识和创新能力。

（3）需构建规范的发明构思反馈机制，建立健全发明构思的上报和接收渠道。例如：可设立联系人制度，相关部门制定专员负责接收发明构思并集中上报企业专利管理部门。

3. 分类、分层筛选

对不同部门、不同流程、不同领域收集上来的发明构思，首先应结合国际专利分类号（IPC 分类号）或者技术主题进行分类，分类的主要目的是初步确定发明构思在整个企业专利战略布局中的位置。随后，应结合技术因素和市场因素对其进行筛选，筛选的主要目的是确定发明构思属于核心专利还是外围专利。一般来讲，筛选大致可分为初筛和精筛。

（1）对收集的大量发明构思进行初筛。筛除那些明显不属于专利保护客体、明显不具备实用性、未形成技术方案、保护价值过低等的发明构思。此过程由专利管理部门开展即可。

（2）对初筛后的发明构思进行精筛。可从技术因素和市场因素两方面进行考量，技术方面主要考虑发明构思的技术创新内容是否为现行主流技术的进一步发展所必需、是否为现行主流技术的替代性技术、是否是引领未来技术发展的下一代技术等；市场方面主要考虑其商业化应用价值，以及是否容易发现侵权、是否需要尽早获得保护等。此过程由专利管理部门、研发部门联合开展，必要时还可协同市场部门等共同参与。

4. 获得初期成果

经过分类和筛选后的发明构思应以技术交底书的形式呈现、交流和归档。同时，对涉及方法、制备工艺、生产流程的发明构思，应保证尽可能采用通用的流程图和方框图表示，以弥补文字描述不清楚之处。对涉及产品结构的发明构思，也要尽量多地以三面视图及立体图的方式予以表示。

15.4 撰写技术交底书

技术交底书是专利挖掘工作的重要成果，是发明人把需要申请专利的发明构思清楚、完整地呈现给企业专利部门或专利代理机构的技术性文件[①]。

1. 技术交底书的作用

对企业而言，一份好的技术交底书具有极其重要的价值和作用：

首先，技术交底书是记录发明构思的原始文件。众所周知，发明构思是企业大量研发投入的成果体现，也是研发人员长期智力劳动的结晶。技术交底书作为发明构思的载体之一，客观、全面记录了发明构思的整体内容和技术细节，对进一步形成企业的无形资产和知识产权意义十分重大。

其次，技术交底书是判断是否申请专利的基础材料。技术交底书可以帮助专利工程师理解发明构思的内容，从而准确评估该发明构思的保护价值，以此为基础，快速做出是否实施专利保护的判断。

再次，技术交底书是技术人员与代理人的沟通桥梁。一份详实的技术交底书，不仅有利于发明人更加清楚、完整地记录和表达其技术方案，而且有利于专利工程师及专利代理人高效、准确地理解和把握发明构思，撰写出高质量申请文件，从而使企业技术创新成果得到最大限度的保护。

最后，技术交底书是专利申请规范化管理的重要内容。《企业知识产权管理规范》（GB/T 29490—2009）在其基础管理部分明确规定"保持知识产权获取记录"并"建立知识产权分类管理档案，进行日常维护"，因此，建立完整的技术交底书归档制度应是构建企业知识产权管理标准的题中应有之意。"千里之行，始于足下"，技术交底书是专利挖掘的起点，也是撰写专利申请文件的基础，更是企业专利管理规范化的集中体现。

2. 技术交底书的撰写原则

技术交底书虽然不是最终的申请文件，但其整体结构与专利说明书非常相似，可以说是"小说明书"，其质量的优劣对整个专利撰写质量起着十分重要的作用。通常情况下，技术交底书的撰写原则如下：

（1）清楚描述技术问题、技术方案及技术效果。

---

① 杨铁军.企业专利工作实务手册［M］.北京：知识产权出版社，2013.

（2）全面提供优选实施方式、附带详尽附图。

3. 技术交底书的主要内容

一份完整的技术交底书通常应包括以下部分：

1）技术主题名称

技术主题名称用于最大程度地概括发明构思内容，要求客观、清楚、简要，且不得使用宣传用语。

2）技术领域

在技术交底书中，还应概括发明构思所属或应用于的技术领域，便于专利工程师或专利代理人确定技术边界、理解技术内容。

3）背景技术

该部分应尽可能详尽地记载发明人知晓的背景技术。所属背景技术可以是与发明创造最相关的现有技术描述，也可以是发明人的经验阐述、教科书摘录，以及经检索的专利、非专利文献等。在文字描述现有技术时，应涵盖产品结构、基本原理、技术手段、制备步骤等内容；如涉及专利文献，应尽可能提供相关专利号或申请号；如涉及非专利文献，则应提供出处。

4）现有技术的缺点及本申请要解决的技术问题

该部分应客观总结和描述现有技术与本申请提案相比存在的问题和缺陷，并分析原因。所述缺点应当是技术性的缺点，比如产率过低、力学性能差、网络实体负荷过大等，不能是管理性或商业性的缺点，比如依据人的主观评价或某个管理规范推导出的缺点、商业运行上的缺点等。所述技术问题应该描述清楚、详细、具体。所述缺点和技术问题应和本发明构思提供的技术方案相对应。

5）本申请技术方案

本部分是对发明构思的详尽描述，通常包括发明目的、发明内容、有益效果、具体实施方式四部分。在发明内容部分必须说明技术方案是怎样实现的，不能只有原理，也不能只介绍功能，

对于发明构思中未作出改进的步骤或组分，简要描述即可；对于作出改进的步骤或组分，或者是新增加的步骤或组成部分，则需要详尽地描述，并说明与最接近的现有技术相比本技术方案有哪些显著效果。

应格外重视对最佳实施方式的撰写。应详细阐述诸如材料、组分、配比、设备型号、工艺参数等技术细节。必要时应结合图表进行详细说明。如果有多

种实施方式均可实现发明目的,应逐一列出。

6)附图

附图可以更加直观地表达技术方案,其类型包括:零件图、装配图、电路图、线路图、流程图、模块图、示意图等。在采用附图表达技术方案时,需注意以下内容:避免彩色附图;附图格式要规范,采用中文描述;附图中的术语要与交底书的术语相一致。

7)突出创新点和区别技术特征

建议在技术交底书最后部分再次重述本发明构思的创新点,以便帮助专利代理人迅速找到核心内容,准确把握发明构思内涵,明确与现有技术之间的区别技术特征。其次,尽量对本发明构思与现有技术不同的各个区别点进行提炼,按照区别点对本申请提案发明目的影响的重要程度从高到低顺序列出。此举便于专利代理人准确把握不同点,在撰写权利要求时抓准必要技术特征及保护对象。

4. 提高技术交底书撰写质量的要点

在实践过程中,完成一份高质量的技术交底书还应注意以下几点:

(1)撰写交底书之前应进行初步检索。

(2)可从产品和方法两个角度分别描述技术方案,避免在整体介绍发明构思时,将产品和方法混在一起。

(3)注意技术细节的丰富程度,充分挖掘技术细节的等同替代要素,避免将具体实施方式写得过窄。

(4)充分公开技术方案,以保证本领域技术人员能够实现。

(5)科技术语和符号应前后一致。用语规范、符合标准。

15.5 专利挖掘实际案例

根据上文介绍的一般专利挖掘思路,企业可从技术问题导向、用户体验导向、生产流程导向等方面进行专利挖掘。本节借由"谷歌移动视频技术的挖掘案例"① 案例,以移动视频应用中的"多屏互动"技术为例,结合全行业"多屏互动"技术的技术发展路线,梳理谷歌公司对其专利挖掘的过程,并以此分

---

① 杨铁军. 产业专利分析报告(第31册):移动互联网[M]. 北京:知识产权出版社,2015;
马天旗. 专利分析——方法、图表解读与情报挖掘[M]. 北京:知识产权出版社,2015.

析企业专利挖掘时的细节和关键点。

1. 紧密结合用户需求，抓住技术主流

各项技术手段在进行革新时都在开始考虑如何与人机交互方式相结合，或者说如何将技术的改进体现在更先进便捷的人机交互模式上。多屏互动领域的关键技术在广泛发展的基础上正在逐渐向人机交互方面集中，谷歌公司在该领域进行技术研发及开展专利挖掘可以说是顺应了消费市场的选择（参见图 15 - 1）。

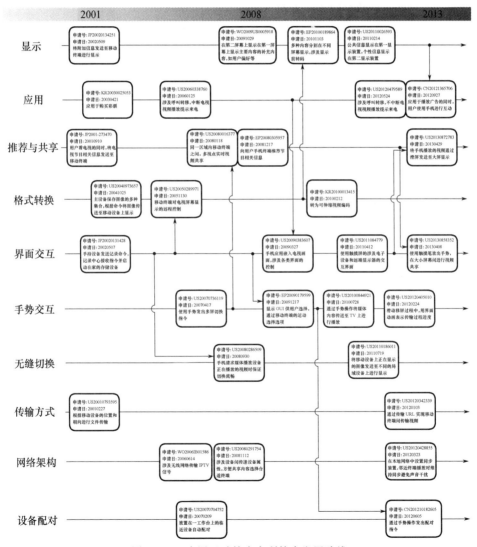

图 15 - 1　多屏互动技术专利技术发展路线

2. 深入分析技术热点和技术空白点

首先横向考察技术维度，可以看到，数据源处理、网络传输和人机交互位居前三位。结合时间维度可知，数据源处理、网络传输、界面交互起步较早，后期发展平稳；而手势交互、显示与应用前期申请量很少，到了2011年申请量增长迅速。这意味着多屏互动的热点已经从前期的基础研究转向了以应用和用户体验为主导。另外，单就人机交互这一技术手段而言，界面交互起步早、相对来说比较成熟，手势交互则还有较大的发展空间，是目前的申请热点（参见表15-1）。

表15-1　多屏互动的技术功效表

注：用户角度(348)含简化操作(86)、播放效果(86)、智能体验(60)、更加灵活(65)、减少干扰(37)、提高同步(14)；设备和网络角度(63)含提高实时性(21)、降低网络带宽(25)、节约成本(17)。各功效下分为01-03、04-10、11-13三个年份段。

手段	简化 01-03	简化 04-10	简化 11-13	播放 01-03	播放 04-10	播放 11-13	智能 01-03	智能 04-10	智能 11-13	灵活 01-03	灵活 04-10	灵活 11-13	减扰 01-03	减扰 04-10	减扰 11-13	同步 01-03	同步 04-10	同步 11-13	实时 01-03	实时 04-10	实时 11-13	带宽 01-03	带宽 04-10	带宽 11-13	成本 01-03	成本 04-10	成本 11-13
数据源处理(139) 推荐与共享(108)	9	3	1	10	18	3	12	12	2		14	17	2			1		3	4	1			1				1
数据源处理(139) 格式转换(31)			2		12	8					1	2															3
网络传输(116) 传输方式(71)	1	4	5	1	8	1		5	5					2			3			2		8	1	10			
网络传输(116) 无缝切换(8)					3	5		1																1			
网络传输(116) 设备配对(16)		2	5		1	2											2										2
网络传输(116) 网络架构(21)			3			3									3					2	1		1	2			
人机交互(68) 界面交互(43)	3	10	15		4	2		2	2	2	4	1						1									
人机交互(68) 手势交互(25)		6	15						2									1									
显示(41)			1		1	10					3	4	1	3	1		9	14									
应用(32)	1	4			3	1	4	11			2	3		2													1

然后纵向考察效能维度，简化操作上，人机交互同样具有较高的集中度，也就是说，人机交互是实现简化操作最成熟的技术，再考虑之前的分析可以看出，人机交互技术与简化操作功效具有密切的关联性，这种紧密的联系，表示人机交互技术在实现简化操作上相比其他技术具有很大的优势。再以技术手段——推荐与共享为例，其在效能维度上较为分散，10个效能分类均有涉及，说明其并非是一项"专用"技术，它在提高播放效果、智能体验、更加灵活上的专利申请数量较多，简化操作上的专利申请数量居中，提高同步与减少干扰上的专利申请数量较少，也就是说提高同步性与减少干扰上可能存在研发前景（参见表15-1）。

综合分析，多屏互动的效能主要集中于与用户角度相关的效能上，用户角度也就代表着用户体验，而在设备和网络这种技术角度上却很少，这也从一个侧面说明了多屏互动技术最关键的着眼点就是用户体验，因而企业在进行多屏互动研发时，首先考虑的也应是如何获得更好的用户体验。

3. 找准技术需求的切入点进行专利挖掘，填补技术空白

视频内容有时会提示观看者获取与视频内容有关的信息。例如，电视广告可以提示用户访问与广告的产品相关联的网站来获取关于该产品的优惠券或附加信息。在播放电视节目或电影期间，可以显现消息，提示观看者访问网站来查看更多与该电视节目或电影中的人、场所或事物有关的信息。通常情况下，用户需要在观看视频内容的同时操作计算设备，以获取与正观看的内容有关的附加信息，这可能导致用户错过或忽略正在播放的视频内容。

为了解决上述问题，谷歌于 2012 年 12 月 6 日公开了一篇专利申请 US2012311074A，旨在使用移动设备呈现与正在电视上播放的媒体内容有关的信息。该技术根据指令集执行相关应用，并在时间上与正由客户端显示的视频流协调地、在移动设备的显示屏上显示一个或多个内容文件。以这种方式，当用户正在电视上观看主媒体内容时，诸如广告主、广播商或内容原创者能够指定在移动终端上向用户显示辅助内容和/或执行应用。例如，移动终端可以显示与电视节目中正播放的比赛双方球队相关的信息，提示用户将电视上正播放的特定歌曲添加到移动终端的播放列表中，显示与电视节目相关的 Web 浏览器和网页，以及显示与电视节目中正播放的 Pizza 广告相关的优惠券。

参 考 文 献

[1] 杨铁军. 产业专利分析报告（第7册）［M］，北京：知识产权出版社，2013.

[2] 杨铁军. 产业专利分析报告（第18册）［M］，北京：知识产权出版社，2014.

[3] 李清海 等. 专利价值评价指标概述及层次分析［J］. 科学研究，2007（2）.

[4] 董新蕊. 专利三十六计之围魏救赵［J］. 中国发明与专利，2014（5）.

[5] 杨铁军. 产业专利分析报告（第13册）［M］，知识产权出版社，2013.

[6] 董新蕊. 3D打印行业巨头EOS公司专利分析［J］. 中国发明与专利，2013，12.

[7] 杨铁军. 专利分析实务手册［M］. 北京：知识产权出版社，2012.

[8] 杨铁军. 产业专利分析报告（第9册）［M］. 北京：知识产权出版社，2013.

[9] 孙亚蕾. 中国企业如何开展专利储备［J］. 杭州科技，2011，03.

[10] 董新蕊. 专利三十六计［M］，北京：知识产权出版社，2015.

[11] 李文红. 关于撰写从属权利要求的几个问题［J］. 电子知识产权，2007（3）：64－65.

[12] 贺化，毛金生，陈燕，等. 专利导航产业和区域经济发展实务［M］. 北京：知识产权出版社，2013.

[13] 徐棣枫叶，沈晖. 企业知识产权战略［M］. 北京：知识产权出版社，2013.

[14] 毛金生，陈燕，等. 专利运营实务［M］. 北京：知识产权出版社，2013.

[15] 张鹏，等. 竞争对手专利情况分析方法探讨［J］. 中国发明与专利，2011（9）：46－49.

[16] 刘红光，等. 专利情报分析在特定竞争对手分析中的应用［J］. 情报杂志，2010（7）：35－39.

[17] 于海燕，等. 基于TRIZ理论的竞争对手专利预警分析［J］. 图书情报工作网刊，2012（10）.

[18] 杨铁军. 产业专利分析报告（第3册）［M］. 北京：知识产权出版社，2013.

[19] 杨铁军. 产业专利分析报告（第16册）［M］. 北京：知识产权出版社，2014.

[20] 问题六：怎样寻找核心专利［OL］. http：//www.thomsonscientific.com.cn/searchtips/tisearchtips/tisearch07/.

[21] 标准必要专利许可的两个基本问题［OL］. http：//www.iprchn.com/Index_ NewsContent.aspx? newsId＝79950.

[22] 报告显示：我国仅四成发明专利维持时间达10年以上［OL］. http：//news.xinhuanet.com/tech/2009－07/23/content_ 11760396.htm.

[23] 杨铁军. 产业专利分析报告—汽车碰撞安全（第9册）. 北京：知识产权出版社，2013.

[24] Jane A B，Trajtenberg M. Knowledge Spillovers and Patent Citations：Evidence from a Survey of Inventors. The American Economic Review.

［25］杨铁军．产业专利分析报告 – 切削加工刀具（第 3 册）．北京：知识产权出版社，2012.

［26］王乃静．基于技术引进、消化吸收的企业自主创新路径探析［J］．中国软科学，2007（04）.

［27］追赶甚至是实现赶超的大好时机［OL］．http：//wenku. baidu. com/view/1749f3. html.

［28］李清海，等．专利价值评价指标概述及层次分析［J］．科学研究，2007（2）.

［29］杨铁军．产业专利分析报告（第 8 册）［M］．北京：知识产权出版社，2013.

［30］马天旗，董新蕊，等．专利分析—方法、图表与情报挖掘［M］．北京：知识产权出版社，2015.

［31］杨铁军．产业专利分析报告—农业机械［M］．北京：知识产权出版社，2014.

［32］杨铁军．产业专利分析报告—高性能纤维［M］．北京：知识产权出版社，2014.

［33］杨铁军．产业专利分析报告—汽车碰撞安全［M］．北京：知识产权出版社，2014.

［34］董涛．"专利权利要求"起源考［J］．专利法研究，2008.

［35］吴观乐．专利代理实务［M］．北京：知识产权出版社，2008.

［36］李文红．关于撰写从属权利要求的几个问题［J］．电子知识产权，2007（3）：64 – 65.

［37］何瑞莲．中美专利中权利要求的撰写差异［J］．IT 经理世界，2005（6）：88.

［38］北京市高级人民法院知识产权审判庭．北京市高级人民法院《专利侵权判定指南》理解与适用［M］．北京：中国法制出版社，2014.

［39］郝志国．浅谈专利保护客体的认定及专利侵权行为［J］．纺织器材，2004（6）：376 – 378.

［40］刘红光，等．专利情报分析在特定竞争对手分析中的应用［J］．情报杂志，2010（7）：35 – 39.

［41］陈金龙．久保田获得与泰州锋陵专利侵权诉讼案胜诉终审判决［EB/OL］．（2004 – 01 – 07）2015. 10. 16］http：//www. nongjitong. com/news/2013/266094. html.

［42］许玲玲．运用专利分析进行竞争对手跟踪［J］．情报科学，2005（8）：1271 – 1276.

［43］杨铁军．产业专利分析报告（第 35 册）—关键基础零部件［M］．北京：知识产权出版社，2015.

［44］于海燕，等．基于 TRIZ 理论的竞争对手专利预警分析［J］．图书情报工作网刊，2012（10）.

［45］谢顺星，等．专利布局浅析［J］．中国发明与专利，2012（8）：24 – 29.

［46］张利敏，等．专利情报分析法在竞争对手研究中的作用——苹果三星专利战带给我们的思考［J］．内蒙古科技与经济，2013（4）：16 – 19.

［47］陆海红．基于专利文献信息中竞争情报价值的分析［J］．江苏科技信息，2010（1）.

［48］王海波．专利收购策略分析［J］．中国知识产权，2011（10）.

［49］董新蕊．用舌尖品味专利分析之美［N］．中国知识产权报，2014 – 05 – 21（5）.

［50］董新蕊．从世界杯排兵布阵品味专利布局之道［N］．中国知识产权报，2014 – 06 – 11（5）.